3ds Max
影视动画角色设计技法教程

精鹰传媒 / 编著

人民邮电出版社
北京

图书在版编目（CIP）数据

3ds Max影视动画角色设计技法教程 / 精鹰传媒编著
. -- 北京 ：人民邮电出版社，2017.2（2023.8重印）
ISBN 978-7-115-43109-7

Ⅰ．①3… Ⅱ．①精… Ⅲ．①三维动画软件－教材
Ⅳ．①TP391.414

中国版本图书馆CIP数据核字(2016)第273755号

内 容 提 要

本书系统全面的讲解了影视动画中角色的设计、造型、材质、骨骼蒙皮和表情等应用技法，通过简练、抽象、生动且形象的角色表现，对角色动画的概念、形态、节奏、动感等进行生动细致、淋漓尽致的解析。书中的理论讲解均辅以丰富的角色实例，所有实例均来自日常工作中的实际项目，内容包括角色的基础部分（包括在纸质上进行手绘分镜的创作，在 3ds Max 中角色造型、材质、骨骼蒙皮、场景等的设计和制作）、角色动画在影视动画中的高级应用部分（包括基础动画的原理及制作方法和角色在影视动画中的多种形式的应用分类），并通过丰富的角色实例制作，对角色进行深入地剖析。

本书是针对 CG 动画爱好者打造的一本实用型初级角色动画教程，随书赠送全部案例的工程文件、118 个案例效果图以及 58 集教学视频。本书不但可以作为影视动画创作人员的指定读物，也可以为动画公司设计师和三维动画爱好者带来较大的帮助，还可以作为高校动画专业的参考教材。

◆ 编　著　精鹰传媒
　　责任编辑　张丹阳
　　责任印制　陈　犇　焦志炜

◆ 人民邮电出版社出版发行　　北京市丰台区成寿寺路 11 号
　　邮编　100164　电子邮件　315@ptpress.com.cn
　　网址　http://www.ptpress.com.cn
　　廊坊市印艺阁数字科技有限公司印刷

◆ 开本：787×1092　1/16
　　印张：24　　　　　　　　2017 年 2 月第 1 版
　　字数：717 千字　　　　　2023 年 8 月河北第 10 次印刷

定价：98.00 元

读者服务热线：(010)81055410　印装质量热线：(010)81055316
反盗版热线：(010)81055315
广告经营许可证：京东市监广登字20170147号

近年来，电视行业竞争激烈，网络视频如雨后春笋般纷纷涌现，微电影强势来袭、夺人眼球，多元化影视产品纷至沓来，伴随而来的是影视包装的迅速崛起。精湛的影视特效技术走下电影神坛，广泛应用于影视包装领域，让电视、网络视频和微电影的视觉呈现更为精致、多元，影视特效日益成为影视包装不可或缺的元素。丰富的观影经验让观众对视觉效果的要求越来越高，逼真的场景、震撼人心的视觉冲击、流畅的动画……人们对电视和网络视频的要求已经提升到了一个新的高度，而每一个更高层次的要求都是对影视包装从业人员的新挑战。

中国影视包装迅速发展，专业化人才需求巨大，越来越多的人加入影视包装制作的行列。但他们在实践过程中难免会遇到一些困惑，如理论如何应用于实践，各种已经掌握的技术如何随心所欲地使用，艺术设计与软件技术怎样融会贯通，各种制作软件怎样灵活配合……

鉴于此，精鹰传媒股份有限公司精心策划并编写了系统性、针对性强、亲和性好的系列图书——"精鹰课堂"和"精鹰手册"。这套教材汇聚了精鹰传媒股份有限公司多年的创作成果，可以说是精鹰传媒股份有限公司多年来的实践精华和心血所在。在精鹰传媒股份有限公司走过第一个十年之际，我们回顾过去，感慨良多。作为影视行业发展进程的参与者与见证者，我们一直希望能为中国影视包装的长足发展做点什么。因此，我们希望通过出版"精鹰课堂"和"精鹰手册"系列丛书，帮助读者熟悉各类CG软件的使用，以精鹰传媒股份有限公司多年的优秀作品为案例参考，从制作技巧的探索到项目的完整流程，深入地向CG爱好者清晰呈现影视前期和后期制作的技术解析与经验分享，帮助影视制作设计师解开心中的困惑，让他们在技术钻研、技艺提升的道路上走得更坚定、更踏实。

解决人才紧缺问题，培养高技能岗位人才是影视包装行业持续发展的关键，精鹰传媒股份有限公司提供的经验分享也许微不足道，但这何尝不是一种尝试——让更多感兴趣的年轻人走近影视特效制作，为更多正遭遇技艺突破瓶颈的设计师解疑释惑，与业内同行一同探讨进步……精鹰传媒股份有限公司一直把培养影视人才视为使命，我们努力尝试，期盼中国的影视行业迎来更美好的明天。

广东精鹰传媒股份有限公司

2016年11月

随着CG行业和中国影视产业的不断改革升级，影视产业的专业化已朝着纵深发展。从电影特效到游戏动画，再到电视传媒，对专业化人才的需求越来越大，对CG领域的专业化人才也有了更高的要求。而现实是，很大一部分进入这个行业的设计师，因为缺乏完整而系统的学习，导致理论与实践相距甚远，各种已掌握的技术不能随心所欲地使用，或者不能很好地将艺术设计与软件技术融会贯通，导致很多设计师的潜力得不到充分发挥。

精鹰传媒股份有限公司作为一家以影视制作为主营优势的传媒公司，曾在电视包装行业多次创造奇迹，其背后离不开各种特效技术的支撑。自2012年起，精鹰传媒股份有限公司开始筹划编写系统的、针对性强的、亲和性好的系列图书教材"精鹰课堂"和"精鹰手册"，这些教材汇聚了公司多年来的创作成果，以真实的案例为参考，希望能为影视制作同行们的技艺提升提供帮助。

在精鹰系列教材的编写中，我们立足于呈现完整的实战操作流程，搭建系统清晰的教学体系，包括技术的研发、理论和制作的融合、项目完整流程的介绍和创作思路的完整分析等内容。由于角色动画的呈现不仅涉及角色本身动作的制作，它还涉及对动画中所有相关技术门类的综合掌握能力，以及从概念设计到特效制作等，所以对想要在角色动画领域有所建树的读者来说，一定需要的付出相对其他动画类别更多的心血才行。同时，角色动画也对一个人的综合艺术感受力有比较高的要求，虽然只是角色的举手投足，但是观众的眼睛是雪亮的，做得不到位的角色动画是很容易被识别出来的，所以，对于角色动画的初学者来说，不仅要提升各种软件的技术水平，还要不断加强对人、对事、对物、对情、对境的感受力才行，希望读者能从此书中获得技术提高和思路上的启发。

本书得以顺利出版，得感谢精鹰传媒股份有限公司的总裁阿虎对"精鹰课堂"的大力支持，还要感谢施向荣的配合，共同完成了本书的创作。

本书提供资源下载，可扫描"资源下载"二维码获得下载方法。书中难免会有一些纰漏不足之处，在此恳请读者批评指正，我们一定虚心领教从善如流。同时，在精鹰传媒股份有限公司的网站（www.jychina.com）上开设了本书的图书专版，我们会对读者提出的有关阅读学习问题提供帮助与支持。

资源下载

自成立以来，精鹰传媒股份有限公司的目标就是成为一家引领行业发展的传媒产业集团，我们会坚持一直为客户做"对"的事，提供"好"的服务，协助客户建立品牌永久价值，使之成为行业的佼佼者。这是我们矢志不渝的使命。

莫立　施向荣

2016年10月

头部建模

身体建模

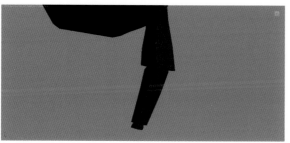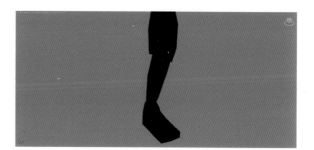

腿部建模

手部建模

衣物的添加

第4章 **角色材质渲染表现**

简单材质的渲染

程序贴图的材质表现

UV 贴图的高级应用

第5章 **角色骨骼的创建及绑定**

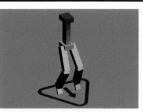

腿部骨骼的创建

脊椎和头骨的创建

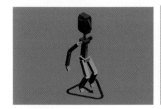

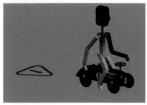
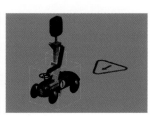

手部骨骼的创建

完成总控制

第6章 **角色的蒙皮**

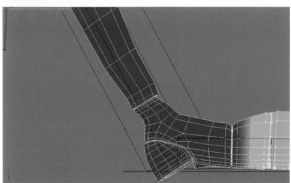

两足角色的蒙皮

第 7 章 场景的设定

写实类场景设计 抽象类场景设计

第 8 章 动画设计基础

动画节奏的设定

重量的转移

跳跃动画

预备性动作的设定

第 10 章　塑料动画的角色形态表现

塑料动画的角色形态

第 11 章　水果角色的形态表现

拳击梨

第 13 章　精简角色动画应用

精简角色效果图

第 14 章　夸张角色动画应用

狼人效果图

第15章 准确角色动画应用

鬼泣走路效果图

第17章 三维立体角色的应用

飞龙

第18章 二维平面的角色表现

海滩边的小袋鼠

第 19 章 角色在纸质上的表现

单片角色渲染出来

直接调节身体部件

第 20 章 角色表情动画的表现

表情控制器

第 21 章 表情的应用

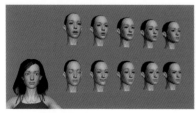  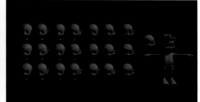

标准五官表情设计

第22章 蝴蝶角色项目制作

蝴蝶海报

蝴蝶粒子

蝴蝶效果图 + 网格线

第23章 频道版式中角色的应用

客服蚂蚁网格图

频道版式中角色应用

有背景的客服蚂蚁

第 24 章 电视广告中的角色动画应用

电视广告中角色的应用

第 25 章 App 中角色动画的应用

角色在手机 App 中的应用

内容结构

本书提供学习资料下载，扫描"资源下载"二维码即可获得文件下载方式。内容包括本书所有案例的工程文件和效果图文件，以及视频教学文件，读者可以一边看视频教学，一边学习书中的制作分解思路，同时还可以使用工程文件进行同步练习。

"工程文件"中包括书中所有案例的过程源文件，内容结构如右图所示。

20章工程源文件

"案例效果图文件"中包括书中所有案例的最终效果图，内容结构如右图所示。

118个案例最终效果文件

"视频教学文件"中包括书中所有对应章节中的实例的视频讲解，内容结构如右图所示。

58个视频教学文件

使用建议

本书所有使用的软件为3ds Max，Max文件在3ds Max 2012以上版本均可使用。

如果大家在阅读或使用过程中遇到任何与本书相关的技术问题或者需要什么帮助，请发邮件至szys@ptpress.com.cn，我们会尽力为大家解答。

目录

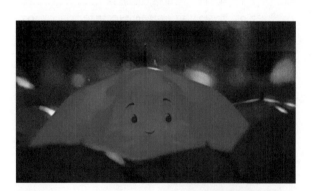

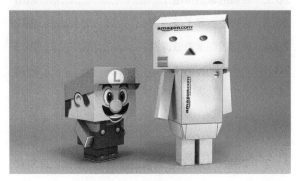

认识角色动画

第1章

1.1　角色动画概述

本章节中主要的内容是以理论阐述和历史演绎的方式把角色动画从无到有、从小到大发展的一个过程向大家展示，同时介绍一些角色动画的项目工作流程和一些基本的技术手段。

① 每个人都有丰富的想象力，当想象力发挥作用的时候，身边的任何东西都可以成为一个角色，比如喝水的杯子、睡觉的枕头、吃饭的碗筷、小区里的小猫小狗，还有摆在案头的玩具等，都可以展现丰富而奇妙的故事情节，如图1-1所示。

图1-2

③ 作为动画创作人员，在日常的工作中会遇到各种各样的问题。就像医生，没有一个病人会按照书上写的那样去生病，所以动画师将要解决的问题也不会和书上教的一模一样。让动画师在各种角色动画的工作中不断突破完成优质作品的要诀除了技术以外，更重要的是观察和思考的能力。接下来本书中，将在讲解技术的同时去为每一位读者讲解观察和思考的要领，如图1-3所示。

图1-1

② 角色动画里所要用到的技术点虽然都很重要，但是所有的这些技术点，例如，建模、表情、骨骼的设计和绑定、UV结构、材质、关键帧、动力学等。要想充分发挥作用，形成一段出色的动画，动画师必须对这个角色所处的环境、角色心理、剧情的上下关系，角色与角色、角色与场景之间的度量与比例等要素有比较全面的体察才行。为什么在这里特别强调"体察"这个词，因为这个词强调的不仅是细致入微的观察，更突显的是一种思考的能力，如图1-2所示。

图1-3

1.2 角色动画的发展

在本章节中主要通过历史事实和相关的理论来阐述角色动画发展的历程，让读者通过对历程的了解发现什么才是好的角色动画，为什么有的动画角色可以经久不衰，而有的只是昙花一现就销声匿迹的背后原因，有助于在这个行业中的读者设定明确的目标。

① 1892年10月28日埃米尔·雷诺首次在巴黎著名的葛莱凡蜡像馆向观众放映光学影戏，标志着动画的正式诞生。到今天已经有100多年的历史了，在这100多年中非常值得注意的一个时间点是1928年米老鼠这个卡通形象的创作成功，给每一位立志在角色动画领域决定有所成就的人开启了一种可追寻和研究的创作模式，如图1-4所示。

图1-4

② 在米老鼠诞生之前，沃尔特·迪斯尼先生也创作过其他的卡通角色，但真正开启迪斯尼动画帝国的就是从这只叫米琪的老鼠开始的。为什么米老鼠会有如此强大的生命力呢？因为米老鼠从它诞生的那天开始就和美国人民当时的内心世界密不可分，如图1-5所示。

图1-5

③ 美国的经济大萧条时期是1929-1933年，米老鼠是1928年诞生的，可想而知在大萧条前一年的美国经济自然也并不景气，很多人失业，家庭收入锐减，沃尔特·迪斯尼在这个时期也正处于他事业的低谷。在简陋的工作室里，时常会有一只小老鼠跑出来寻找食物，一来二去，迪斯尼就开始观察这只灵活而聪明、对探寻食物富有着百折不挠精神的小老鼠。后来虽然小老鼠再也没有出现了，但是迪斯尼已经将从这只小老鼠身上得到的灵感融入了动画角色的创作中，如图1-6所示。

图1-6

受。米老鼠这个动画角色从诞生起就和当时那代美国人的情感融为一体，折射的就是当年那一代美国人的生活与情绪，成为鼓励人们从困境中走出来和自嘲解闷的一个工具；这种角色与观众相互依存、相互鼓励的经历培养了角色与观众的深厚感情，随着时代的变化，上一代人会自然而然地把这种对动画角色的认知与感情传递给下一代人，如图1-7所示。

图1-7

④ 在经济不景气的时期，廉价的娱乐活动就是去剧院看电影。而在电影开始之前总会有一段热场的动画短片，早期迪斯尼的动画短片都是在这个时间段里播放的。迪斯尼将自身在艰难时局里创业的各种体会和小老鼠为了食物的机灵与勇敢都加入动画片的创作中。

⑤ 在银幕上，这只带有当时大萧条时局里人们情绪上的共性，又能在艰难中不认命，并且开动脑筋奋勇前进活灵活现的小老鼠形象立刻就得到了广大观众的接

⑥ 传承者中既有观众也有创作者，下一代动画创作者又会将他们这一代人在他们这个时期的生活与情感融汇到新一代的动画创作中。所以，为什么迪斯尼的动画周边产品会经久不衰，就是因为从他最早创造的那些经典角色开始，这些角色就已经和每一代人的生活紧密联系在一起了。

⑦ 迪斯尼在他那间简陋的工作室中对小老鼠的观察不仅仅是对其作为一只老鼠会有怎样的运动轨迹和运动模式的观察，而是将这只小老鼠看作是一个人，是自己的亲人、朋友、伙伴，投入了自己的情感在这只小老鼠身上。迪斯尼也将自己想象为就是这只小老鼠去体会它的感受，难怪迪斯尼的合作伙伴第一次看到米老鼠时都不约而同地说：这不就是迪斯尼自己嘛！如图1-8所示。

图1-8

⑧ 将自己想象成这个角色，站在角色的角度去体会和感受，然后站在委托人（客户、观众）的角度去想象他们看到这个角色以后会有什么感受和反应，当然同时也必须加上对角色运动方式细致入微的技术性观察。要想成为一名成功的动画创作人，必须对生活的环境要多一份热爱与关心，对各方面的知识和信息都要有所了解，同时加上移情和换位思考，就一定可以创作出生动、到位的角色动画。

1.3　角色动画表现的分类

　　本节中通过对全球著名的动画影片的赏析，让读者了解到这些经典卖座的动画影片之所以可以成为经典，之所以票房能不断取得佳绩的原因是它们都有自己独特和多年坚持的表现风格，通过对这些知识的了解，可以让读者对现在动画片的核心原理有所感知。

　　① 作为一个富有创新精神的艺术创作者，可以用任何能想象的方式去表现角色动画，不用拘泥于任何现有的材料和资源的限制。这些能够生生不息，为人们津津乐道的优秀动画角色们都是有着自己的特色且非常专注而经典的一块领域。

　　② 迪斯尼着重表达人性对悲欢离合的反应，这方面迪斯尼从早期的平面动画到如今的三维动画都是一贯的强项，比如《白雪公主和七个小矮人》《小飞象》《人猿泰山》等，这些故事里面总有那些令人心碎的情节，这些情节容易触动我们的心灵，如图1-9所示。

图1-9

　　③ 坐落于旧金山的皮克斯非常善于表现一个不受待见的小人物是如何一步步通过努力逐渐证明自己的价值，一个草根是如何活得不让自己失望的故事。比如《怪物电力公司》《海底总动员》等，迪斯尼在和皮克斯合作以后也将皮克斯对于草根人物的成长与改变纳入了它传统的偏重情感的表现方式里，出品了如《闪电狗博尔特》《疯狂原始人》等。在日本还有一位白胡子的老爷爷宫崎骏先生，他的动画里的角色更有一种对生存状态的危机情怀，带有很多反思性质的表达，如《蒸汽男孩》《幽灵公主》《千与千寻》等；英国的阿德曼工作室和英国广播公司联手制作的定格动画《小羊肖恩》则侧重于小人物的小智慧，令观众联想到身边的小孩子，邻居家的宠物等，非常亲切逗趣，如图1-10所示。

图1-10

图1-10（续）

④ 从表现技法上来说，可以分为二维动画、三维动画、定格动画等，同时他们又可以被抽象或者具象的方式呈现，也可以混搭。对于艺术家来说只要能创作出有趣的作品是不会局限于某一种特定的表现方式。比如愤怒的小鸟，这款游戏现在也开发出了动画片，其中鸟的形态是抽象化的、三角的、方的都有，表情也是拟人的，但是羽毛却是真实鸟类的羽毛质感；中国很有名的水墨动画里面的人物角色都是很抽象的形态，但是运动方式并不抽象，如图1-11所示。

图1-11

⑤ 现在也有一些完全写实的三维动画，比如2002年的《最终幻想》就是第一部按照真人的形态、结构和动作来制作的，但是票房并不理想。看来不管是采用什么表现方法，不论是写实，还是夸张，或者Q版，关键还是这个角色是否能打动观众的心灵，如图1-12所示。

⑥ 由于观众的心灵会被前所未见的科技打动、会被夸张搞笑的角色性格吸引，更会被角色坚韧不拔、足智多谋的品格震撼，所以对于角色动画来说，再好的科学技术也必须植根于对观众观感的换位思考上。虽然小时候看过的日本动画片《机器猫》，从画工上来说并没有什么夺人眼球的绘画技法，但是它的情节却让我们在长大以后对它仍然充满津津乐道的回味。《机器猫》这部动画片反应的是每一个人孩子时期的小心理、小愿望、小情结。《机器猫》正是植根于这样厚实的土壤里的，所以它能经久不衰，到现在到处都还在贩卖有关它的玩具、画册等延伸产品，如图1-13所示。

图1-12

图1-13

1.4 角色项目工作流程

在本节中，通过"城市蚂蚁"的实际项目案例向读者揭示一个由角色主导的项目是如何构思和开展的。通过本节的学习，读者可以了解到这样的项目背后都有哪些工作内容，都需要做哪些前期和后期的工作与规划。

① 从实战的情况出发，当遇到一个角色项目的时候，应该如何思考与如何建立工作流程呢？例如一个名叫城市生活的电商网站需要有一只小蚂蚁的形象来作为这个网站的吉祥物，当拿到这个项目的时候，首先要做的不是开始画蚂蚁的草图，而是应该思考为什么一个网购平台会希望用蚂蚁来代表它自己呢？这就是角色动画项目思考要诀的第一步——换位思考，站在客户的角度为这个角色项目做顶层设计，如图1-14所示。

图1-14

② 如果从技术创作的角度去思考的话，可能会觉得蚂蚁是个六只脚的昆虫，可能不如狗、猫来得可爱，在角色的表现上可能也不如猫和狗来得有趣。国内确实也有以猫和狗作为吉祥物的电商平台，运营得也非常好，如果从动画创作的角度去看这些电商为什么选择猫和狗作为吉祥物的时候，或许会得出这样的结论：因为狗和猫是四条腿，四条腿动画起来总要比六条腿容易，另外狗和猫的动作更可爱，更萌，甩甩头、转转耳朵、吐吐舌头等，可以利用很多有用的元素，如图1-15所示。

图1-15

⑬ 从动画创作的角度去思考狗和猫作为电商吉祥物只是一种思考路径，而当在实际工作中处理实际的商业项目的时候更需要站在委托人（电商平台）的角度去思考为什么这些电商会选择用狗和猫或者蚂蚁作为吉祥物，如图1-16所示。

图1-16

⑭ 当把自己放在电商的角度的时候，会发现客户选择狗作为电商平台的吉祥物是因为狗忠诚的品质，象征这个网站所销售的产品也是诚实可信，物流与售后服务也具备相当的可靠性，如同人类最好的朋友一样可以值得信赖。

⑮ 选择猫作为电商平台的吉祥物是因为猫具有挑剔、眼光独到、精明的含义，象征网购消费者的智慧与选择，暗示网站会竭尽全力满足挑剔精明的消费者的所有需求。

⑯ 城市生活网站作为委托方选择用蚂蚁作为吉祥物的意义在于，通过思考和同客户沟通后，可以发现客户之所以选择蚂蚁作为购物网站的吉祥物，是因为蚂蚁是具有很强社会性生活的一种昆虫。这种组织形式与人类社会的组织形式很类似，同时勤劳勇敢、有组织、有纪律性、团队意识强，象征这个购物网站具备高效、快速、贴心的品质。同时，客户认为这是一只穿行在这座城市里面的城市蚂蚁，强调了这只蚂蚁所服务的对象和产品是具有本地化特色的。

⑰ 当站在客户的角度去思考蚂蚁的时候，就会发现蚂蚁到底是六只脚还是四只脚已经不重要了。皮克斯的成名作之一《虫虫特工队》里面可爱生动的蚂蚁就是四只脚的，从严谨的角度来说应该让蚂蚁保留六条腿的

样子，但是从动画表现的角度来看四条腿更有利于拟人化的表现，如图1-17所示。

图1-17

⑱ 而对"城市蚂蚁"这只蚂蚁来说，最重要的是这只蚂蚁首先应该是一个组合，因为组合是可以承担各种服务与导购任务的，因此不应该只是一只蚂蚁。同时蚂蚁应该采用拟人化的四肢，而非六只脚。因为这样更像人，在作为服务与导购的时候更能让观众有亲切感，而不是一只虫子在眼前，如图1-18所示。

图1-18

1.4.1 角色的构思与绘制

当通过换位思考的方法去对"城市蚂蚁"有了一个顶层设计以后，接下来要做的事情就是要把蚂蚁可能具有的功能罗列一下，也就是第二步——拆分角色功能。将角色放在实际的环境中去考虑其可能的形象问题，而不是坐在画板前开始随性地勾勒简图，因为当直接去勾勒简图的时候，这只蚂蚁可能的形态也许会有几万种，会出现因为缺乏一个可靠的标准而无法抉择的情况。如果只是从好不好看这一个角度去判断的话，则会陷入绕不出来的艺术选择怪圈，因为永远都有更奇怪、更有特点的角色形态出现，而那个确凿的标准却无法寻找，如图1-19所示。

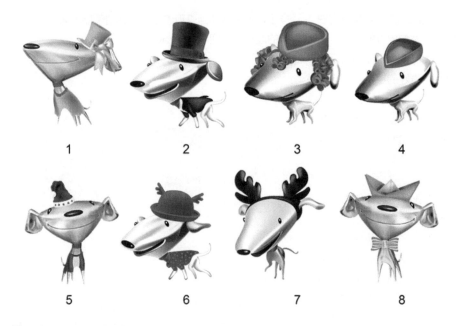

图1-19

拆分角色功能，将城市蚂蚁放入它将来需要担任的任务里面去思考其形态是一条正确的思考路径，根据它将来可能担任的导购员、客服员、快递员、电视直购栏目的预告员等的功能与职责，这只蚂蚁从外轮廓形态来说应该尽量地简化，从而在吸引观众和消费者的注意的同时又不会干扰真正需要观众去关注的产品和服务信息。所以，皮克斯的《虫虫特工队》里面的蚂蚁的形象虽然很好，但是并不能完全搬过来用，因为皮克斯的《虫虫特工队》是一部三维动画电影，它是通过蚂蚁的形象去撑住画面的，而这只"城市蚂蚁"并不需要靠外形支撑画面，它负责的更多的任务是指示、提醒和辅助装饰作用，更重要的信息是产品和服务信息。所以，当将小蚂蚁放在要承担的任务里面去思考时，蚂蚁的大概轮廓就已经出现了，本着外轮廓简洁的大方向，这只城市蚂蚁的外轮廓不是往圆的方向走就是往方的形态表现，如图1-20所示。

图1-20

显出来，如图1-21所示。

图1-21

将这个关于蚂蚁形态的问题放入蚂蚁将要承担的任务里面去思考是最简单的办法。如果蚂蚁的外轮廓是以圆为标准形的话，这只蚂蚁在作为电视画面和网站的页面呈现的时候，在艺术感受的角度上会缺乏力度。也就是说这只蚂蚁与电视机或显示器的外形没有共性。因为电视的外形是矩形的，网站画面也是矩形的，一只具有圆形特征的蚂蚁形态放在其中会显得很不合适。这也是某些平台的吉祥物的外形趋于方形和直线条的原因，因为它必须可以被网站画面和电视直购画面中各种方形区域隔断与块面功能性构图的张力力场所适合，而不是突

当知道蚂蚁与狗、猫一样，都有一个由直线条形成的外轮廓时，接下来就可以坐到画板前动笔勾勒这只外轮廓需要有很多直线条的蚂蚁并思考什么样的造型才是好看的。这时，才是通过艺术技能与审美能力推敲好看不好看的阶段。通过一段时间的推敲以后，逐渐会得到看起来像图中那样的"城市蚂蚁"，然后给它设计一些简单的动作，比如推手推车、举重等，看看它是否可爱好玩。最后将有着各种示范动作的蚂蚁平面设计图拿去和客户讨论听取客户的意见，通过几次修改以后最终形成了一只"城市蚂蚁"的平面设计图，如图1-22所示。

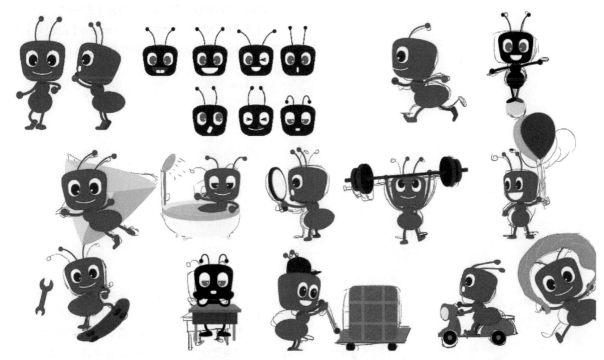

图1-22

接下来，要做的是对这只平面设计的蚂蚁进行三维工作前的分析。作为平面设计图来说它没有除轮廓线以外的任何蚂蚁细节的设定，而且平面设计图里面的蚂蚁的手部是一个球形。虽然客户没说球形的手有什么问题，但是作为一个有丰富动画经验和客户服务经验的动画创作人员来说应该要注意到这样的球形手在需要承担搬运货物、指示方向、拿产品的时候会出现没有手指的功能性问题，如图1-23所示。

图1-23

技巧提示： 做事情的思考要诀永远是从实际的情况出发而不是从个人的审美出发。审美应该是实际情况搞清楚以后才去做的事情。基于实际的功能性需要，三维的蚂蚁必须使用手指，而不是一个球代替手部；同时二维平面设计图里面蚂蚁的脚部太大了，在将来做三维动画的时候对走路不是很方便，所以脚部也需要做出一些调整；然后是细节的设计，这时可以充分参考一下皮克斯的《虫虫特工队》里面蚂蚁的细节，需要注意到蚂蚁的手臂并不是一根直直的棍子，蚂蚁的腿、胸、腰和腹部都是有相应的结构细节的，并不是光板的，特别是蚂蚁的大腿根部。这种结构设计就让蚂蚁与脊椎动物，也就是皮毛裹在外面，骨骼在内部的那种形态的动物能区分开来，如图1-24所示。

图1-24

虽然这只"城市蚂蚁"的设计是以规整化的logo呈现，但是在三维应用的时候相应的细节还是需要添加的，这就像20世纪80年代《变形金刚》的二维动画片

与2007年第一部三维变形金刚真人电影里面变形金刚的形态区别一样。在三维动画的画面里必须要有足够的细节，否则一旦动画出来就会出现由于细节不够而无法承担作为三维动画吸引眼球的任务，这点是很关键的。

通过对《虫虫特工队》等国外优秀动画蚂蚁形态与细节的参考，并确定好"城市蚂蚁"方块脑袋的这种符号化的设计思路，接下来就可以开始针对这只"城市蚂蚁"做建模的工作了。

1.4.2 角色的构建与修饰

在本节中主要讲述的是一个角色从概念构思、平面设计稿，再到三维建模的一个制作思路和注意事项，通过本节的学习可以让读者对一个角色是如何从平面的设计稿变成三维立体模型的过程有一个整体思路上的认识，为后面更加复杂的具体实例的学习打好思路上的前站。

关于角色构建和修饰的更加详细的解析会在第3章的实例部分进行详细的描述，在这里以"城市蚂蚁"的为例对角色的构建和修饰做一个思路上的阐述。

① 在3ds Max菜单栏的Customize【自定义】菜单下点击Units Setup【单位设置】，如图1-25所示。

图1-25

② 在Units Setup【单位设置】对话框中可设置3ds Max的显示尺寸，单击System Unit Setup【系统单位设置】按钮，该按钮可以设置实际物体的尺寸，实际物体尺寸决定这个物体在3ds Max中的实际大小，也关系到与其他特效软件在比例上的关系，以及其他3ds Max场景混合时在尺寸上的匹配问题。一般来说做角色动画的时候显示尺寸和实际尺寸都设置为毫米比较合适，做建筑动画的时候一般用厘米或者米，如图1-26所示。

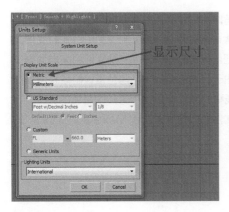 

图1-26

知识提示： 当准备开始为这只"城市蚂蚁"建模的时候，首先要做的是设想一下这只蚂蚁的尺寸大小，也就是度量的问题，虽然说建模完成了可以通过缩放工具去放大缩小，但是实际上当以后可能需要让这只蚂蚁的【网状物】导入其他的软件，比如Realflow【流体模拟软件】，或者进行max的某些插件的动力学运算时，mesh【网状物】的原始尺寸比例就非常关键，有时并不能通过之后的缩放来解决问题，如图1-27所示。

图1-27

⑬ 在做一些刚体和软体流体模拟时，以及Cloth【布料】等动力学模拟时，会出现一些摸不着头脑也找不出原因的怪事，明明设置都没问题，为什么动画出来总是出现很奇怪的事情。而且涉及蒙皮绑定的时候，物体的尺寸在一旦绑定以后是无法再放大或者缩小的，虽然3ds Max自带的Bone【骨骼】在绑定了以后可以有一定的伸缩，但是并不能挽救比例错误的问题。

⑭ 所以，当要开始建模的时候，首先要做的并不是导入平面设计稿的线稿，而是先想想这个卡通角色是否在后面会有遇到布料运算、流体计算等跨软件的问题。如果有的话，就需要了解其他软件内部比例的要求，比如Realflow【流体模拟软件】，它与Maya的比例关系是1:1的，但是与Max的比例关系却是1:100，也就是3ds

Max导入Realflow【流体模拟软件】的文件需要在Realflow【流体模拟软件】里把比例尺调到0.01，也就是缩小100倍，这样一来在初期设定角色模型的比例时就要考虑到这个问题，同时也不能死板地完全按照实际尺寸来，因为那些拟真软件像Realflow【流体模拟软件】等，还有Max自己的cloth【布料】解算器在一些比较大的真实尺寸条件下的运算速度是相当慢的，这不利于制作动画去满足电视播放和网站调用的需要，如图1-28所示。

图1-28

⑤　因此，既要注意这个角色在后面可能会遇到的跨软件问题，也要考虑到那些软件实际模拟所需要的工作时间，同时还要考虑到将来可能需要把这只蚂蚁Merge【合并】到另一个场景中，或者从另一个场景把东西Merge【合并】到这个场景中，比例设置的问题是很需要留心的，如图1-29所示。

图1-29

⑥　设置蚂蚁的高度。除触角外，设置200mm以上500mm以下的尺寸，这样比较有利于将来可能遇到的布料和流体的运算，同时又不至于身高太大导致模拟速度过慢。然后就可以把蚂蚁的平面设计线稿导入max中

作为模型建造时的边界作为参考。实际工作中拿到的角色设计文件大部分为Illustrator制作的ai格式的线稿，设计师需要把ai格式的线稿导入三维软件中来作为制作参考，不过由于"城市蚂蚁"在角色设计阶段并没有提供ai制作的线稿，所以这里使用另一个角色的ai线稿手臂来解析ai文件是如何导入3ds Max中的，如图1-30所示。

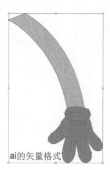

图1-30

⑦　当角色的设计图是Illustrator 矢量软件产生的ai格式的时候，确实可以把ai文件导出成jpg图，然后把这张图作为3ds Max建模的背景参考，但是由于jpg毕竟还是位图图像（由像素构成的图），当导入3ds Max作为背景的时候，一旦放大以后位图图像就看不清了，全是像素块，也就无法准确地知道角色设计图的外轮廓边界在哪里。这时最好是需要导入ai矢量文件作为背景，但是3ds Max本身又无法直接导入Illustrator的ai格式，虽然在illustrator里面将ai文件输出为Auto CAD的*DWG格式是可以在max中置入，但是其缺点是这些貌似矢量的线条都是由无数的点组成的，不仅占系统资源，而且有时可能会造成你的3ds Max出现找不到理由的报错现象，如图1-31所示。

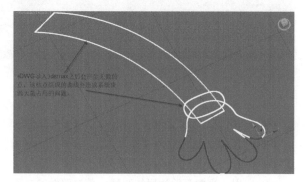

图1-31

⑧　把ai的文件选择后复制粘贴到Photoshop的一

个新建画布上，在置入模式中选择Path【路径】，然后再将Photoshop里面的这个Path to Illustrator【路径输出到AI】任意位置保存为Illustrator的ai格式，这个ai格式是可以在3ds Max里面导入的，在视图中可以看到这只卡通手臂只有少量的关键结构点，同时还能保持曲线，而另一侧直接由AutoCAD的DWG格式导入的手臂则有无数的点，如图1-32所示。

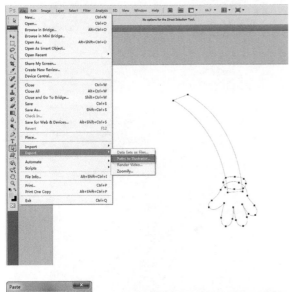

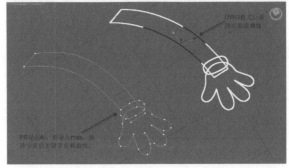

图1-32

⑨ 当在3ds Max的背景中导入了蚂蚁ai设计图以后，需要拉出一个box【盒子】作为蚂蚁头部建模的基础形状。从建模的角度来说box是建模的万能基础形，通过分段数可以粗略的设置一下蚂蚁头部基础形的分段数，这个分段数有利于后面对其进行挤压和修整。刚开始的时候可以把基础分段数设置为4，然后在Front【正面】也就是正视图里将蚂蚁正面的形状先拉大到和ai设计图差不多，从大局入手更有利于对形状的整体把握，如图1-33所示。

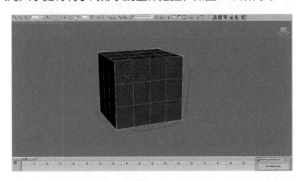

图1-33

知识提示： 由于蚂蚁的平面设计图没有设计过蚂蚁的全侧面到底是什么形状，对于三维蚂蚁的侧视图只能根据想象来做一些调整，不过别忘了蚂蚁头部整体的感觉还是呈一个矩形的就好了。蚂蚁的表情部分放到后面去讲，这里通过一些点线面的调整可以得到一个蚂蚁头部的基本形状。然后思考一下蚂蚁的胸部、腹部和屁股的问题，由于蚂蚁是节肢动物不是哺乳动物，所以蚂蚁的脖子部分是否需要与头部产生无缝连接就不重要了，如果是哺乳动物的话，特别是身体和头部是分开制作的话，就要预先设定好头部下边与脖子衔接处的点的数量，因为如果衔接处的点的数量不一样的话，就会造成无法焊接的问题。但这里的蚂蚁

不需要考虑头部和颈部的衔接问题，如图
1-34所示。

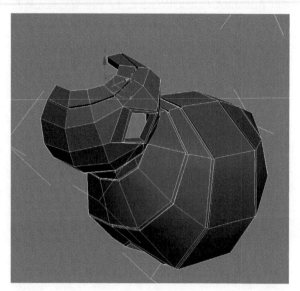

图1-34

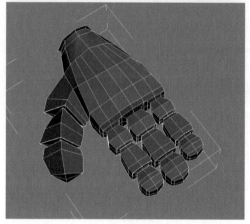

图1-36

⑩ 之所以将蚂蚁的表情制作放到最后去做是因为在这里采用的是传统的Morph【变形】表情修改器，这种变形器要求作为表情的目标物体与作为源物体的网格点数要保持一致。因为蚂蚁的身体和四肢还没有建模，在轮廓不变的情况下，二维变三维的过程中可能会增加很多新的细节，这些身体和四肢的细节又可能会影响到蚂蚁面部的细节的程度，所以表情应该放在最后做，而不是一开始就盯着表情做下去，以防出现表情做了半天，最后无法使用Morph【变形】来拾取目标物体的问题，如图1-35所示。

图1-35

⑪ 关于蚂蚁的手部的塑形问题，需要注意的是将来蚂蚁需要做一些动作的时候可能会因为比较大的头部而无法实现上举或者摸自己的嘴巴、将双手交叉在胸前等动作，所以需要将蚂蚁的手臂做得比正常的稍微长一点，以免做上举动作时插入头部里面，另外作为一只节肢昆虫蚂蚁手部应该有的一些细节，同样对于蚂蚁的手指还是采取传统卡通人物的四个手指的做法（具体建模的技术会在后面具体章节中细说），如图1-36所示。

⑫ 蚂蚁的胸部的细节需要制作出节肢类动物的外骨骼常有的结构线，在三维建模中可以通过增加环形边的方式来强调这样的结构线。接下来是蚂蚁的腿部，首先需要在蚂蚁的腹部下方的结构线上用Chamfer【开槽】产生两块大腿根部的面，然后将这两块面删除，通过Extrude【挤出】命令可以产生向内凹陷的结构，然后腿是在身体以外另外制作的，所以要留心一下腹部下大腿根部与腿连接处的点的数量，为之后制作腿设定边数打好基础，如图1-37所示。

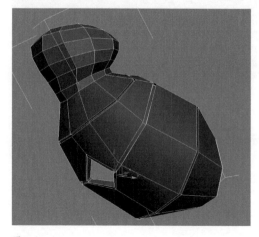

图1-37

⑬ 蚂蚁是一只节肢动物，所以大腿根部必须有凹陷进去再长出来的结构，而不是像哺乳动物那样直接长在腹部下方，由于蚂蚁的头部比较大，为了在结构上让整只蚂蚁角色看起来结构平衡、重量分布均匀，因此需要对蚂蚁腹部的配重做一定的设置；蚂蚁尾部的尖尖处到底应该在身后的什么位置取决于蚂蚁环视起来的重心和整体配重的感觉，同样需要给蚂蚁的尾部刻画结构线，用以增加细节，如图1-38所示。

的这些结构线都是很重要的，因为在将来渲染的时候，可能会因为缺乏细节而显得画面很空洞和贫乏，如图1-39所示。

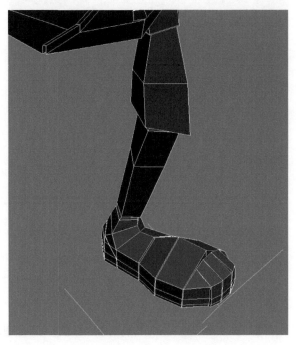

图1-39

⑮ 当完成了蚂蚁的四肢和身体的建模以后，就可以返回蚂蚁的头部工作了。参考平面设计图会发现蚂蚁的两只眼睛是很大的，几乎占了蚂蚁头部的2/3。当一个角色的眼睛占据面部的2/3的时候，留给这个角色嘴部和其他区域的面和线的空间和数量就会更有限，如果处理不好就会在加了Mesh Smooth【网格光滑】以后，出现令人不满意的一些凸起或者不够平滑的地方，对后面制作蚂蚁的表情也是不利的。

⑯ 建模上要先刻画出蚂蚁眼睛的区域，先把眼睛的空间和相应的布线给做好。当完成了眼睛的总控布线以后，需要把蚂蚁嘴部的区域给刻画出来，将区域内的面都删除；然后选择嘴部的轮廓线使用挤压工具往里挤出嘴巴的厚度。虽然蚂蚁没有鼻子，但是为了蚂蚁在转头到趋于侧面的时候面部不会太平，还是需要稍微把蚂蚁相对于人鼻子部分的点拉出来一些，这样蚂蚁会在侧面有一定的凸起。然后在蚂蚁的脸颊上需要做两块苹果肌，这样做也是为了让平面的蚂蚁在三维里面具有更多的细节，更加立体。苹果肌的制作也是选择相应位置的面，将其稍微拉起到合适的位置，然后调整其周围的点，直到感觉舒服为止，如图1-40所示。

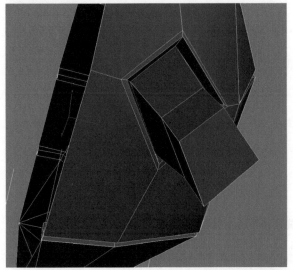

图1-38

⑭ 在制作蚂蚁腿的时候，它们其实和手部的制作类似，都需要考虑到以后骨骼绑定时关节弯曲对结构线数量的需要，同时也需要对蚂蚁的脚做一些细节的处理，需要通过加结构线的办法来强化其脚部的细节，如果没有这些结构线的话，脚就是光溜溜的，对于全身一个颜色，没有什么出彩贴图的蚂蚁来说，它身上、脚上

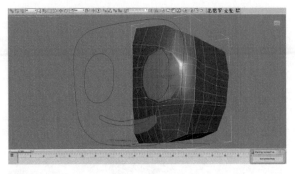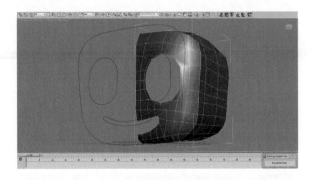

图1-40

知识提示： 在整个蚂蚁头部细节调整的过程中，一般都会使用蚂蚁的半张脸，这样在最终调整完以后通过镜像工具可以复制出另半张脸，虽然命令面板中有Symmetry【镜像】命令，但是根据经验来看，有时建模的时候不可能让位于中心的点全都处于一个平面上，Symmetry【镜像】命令的使用反而会让这样的镜像焊接改变模型的宽度，所以保险起见，还是使用比较传统的镜像命令copy【复制】一个镜像的对象，然后通过Edit poly【编辑多边形】的Attach【合并】把另一个对象拾取进来，再将中间重合部分的点一起选中，使用Weld【焊接】按钮把这些点焊接起来，注意看被选中的点的数量的变化，是不是减少了一半，如果减少了一半，那就说明两半模型已经无缝焊接为一个物体了。然后根据蚂蚁剧情的需要，可以通过调整蚂蚁面部的点的位置去设计一些蚂蚁的面部表情的变化，有撒娇，有生气，有张大嘴，有在想办法等。

⑰ 蚂蚁的眼睛还是按照传统眼球的处理方式来处理，先建一个球，然后将一部分面选中将id号设置为2，这部分是蚂蚁的瞳孔的部分，再将其往里面挤压一点，之后再给它贴上贴图，最后在外面覆盖上用半个球体制作的角膜即可，如图1-41所示。

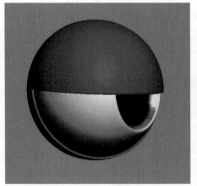

图1-41

技术提示： 在蚂蚁面部处理的时候，有一个技术的关键点是蚂蚁的眼睛，虽然真实的蚂蚁是没有眼皮的，但是卡通角色为了表现更丰富的角色情绪性格，给角色设置可以眨眼的大眼睛是每一个卡通角色都必须有的，但是这里蚂蚁的大眼睛是竖立起来的椭圆形，这对于半圆形的眼皮眨眼来说不是很方便，这时，需要用到空间变形修改器，在space warp【空间扭曲】的 geometric/deformable【可变形的】里面的ffd box【自由变形盒】或者ffd cylind【自由圆柱物】，由于这里使用的是ffd box【自由变形盒】，把眼球和眼皮都用ffd box【自由变形盒】给链接起来，链接的时候用的是空间变形【链接工具】。这样眼球的转动和眼皮的转动都被约束在这个ffd【自由变形】的范围内了，眼皮还是可以按照它的原型半球那样沿着中心点旋转，而不会出现与椭圆眼球有矛盾的地方。

⑱ 接下来完善蚂蚁的牙齿和舌头，给蚂蚁做一个类似人类又像卡通画那样的牙齿，如图1-42所示。舌头也采用同一种风格。最后制作两根蚂蚁的触角，触角在制作的过程中也是需要增加细节的，而不能像平面设计图那样只是一根线上面顶着个球，如图1-42所示，这样有利于三维表现。（以上关于角色构建与修饰的更加详细的解析会在第3章的实例部分加以详细解答。）

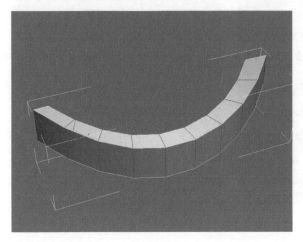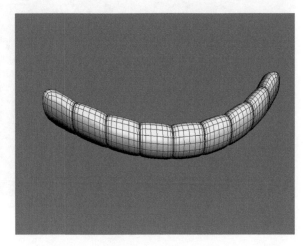

图1-42

1.4.3 角色的骨骼与蒙皮

在本节中，主要以理论的方式向读者介绍角色动画中用以驱动角色的骨骼，和骨骼用来作用于角色网格的蒙皮修改器的功能。骨骼方面介绍了Bone【骨头】、Biped【两足动物】和CAT三种骨骼的特点，蒙皮方面介绍了Skin【皮肤】、Physique【体形】和Bones Pro【骨骼蒙皮】的特点。通过对这些功能的了解使读者在后面实际操作骨骼和蒙皮的时候对其运作的原理做到心中有数，为后面的实例操作打好理论基础。

① 当完成了一个角色的模型建构以后，就要开始为这个角色设计骨骼和蒙皮绑定。3ds Max配置了Bone【骨头】、Biped【两足动物】和CAT骨骼系统，如图1-43所示。

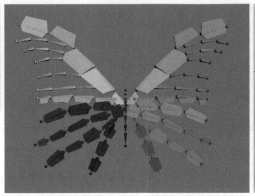

图1-43

② Bone【骨头】骨骼是通过鼠标点击左键就可以创建的一种基础性骨骼，创建的位置位于3ds Max系统面板的Bone【骨头】按钮，它比较适合用在一些比较不规则角色和某些角色的局部变形的调整使用，比如之后的案例里面有一只蝴蝶飞舞的动画，这只蝴蝶就是用3ds Max最基础的Bone【骨骼】来绑定的，之后会详细地讲解，如图1-44所示。

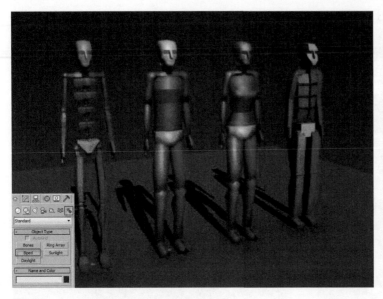
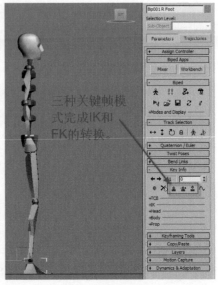

三种关键帧模式完成IK和FK的转换。

图1-44

③ Biped【两足动物】骨骼系统是3ds Max的传统骨骼系统，创建位置在3ds Max系统面板的Biped【两足动物】按钮。在3ds Max很早期的版本就已经作为它的一个必备骨骼放在里面了，Biped意为"两足动物"，当然如果让这副骨骼趴下来的话也是可以表现四足动物的，这套骨骼系统通过三种关键帧的方式来完成骨骼动画的IK【反向动力学】、FK【正向动力学】之间的转换，使用起来也是很方便，不过缺点是这套骨骼系统在动画的时候不能产生骨骼的拉伸变形，同时整个动画过程是线性的，无法随意调节，也就是如果改了前面的关键帧，就一定会对后面的动画产生影响，这对于修改动画来说不是很方便，虽然Biped【两足动物】骨骼系统有Mix【动画混合】工具，但那也必须是两套动作的融合，而不能在一套动作里面进行非线性和不损坏前后关键帧关系的调节，如图1-45所示。

图1-45

④ 接下来就是3ds Max从2011开始内置的强大的CAT骨骼动画系统，创建位置位于3ds Max创建面板的虚拟物体创建面板下拉菜单中的CAT Object按钮。这套系统当初是新西兰的一家公司为3ds Max9开发的插件，自这套插件问世以来就深受广大3ds Max用户的欢迎，因为CAT骨骼系统是一套能真正制作出高级别动画的骨骼系统，它的IK【反向动力学】与FK【正向动力学】可以通过滑条更加随意和平滑地过渡，内置的走路和奔跑模式可以更加快捷地形成行走和跑动的循环动画而且质量都很高，当然并不是所有CAT的预置骨骼和自己设计的骨骼都可以通过CAT的自动运动模块实现走路和跑步循环动画，很多还是需要手动进行调节的，但是相对Biped【两足动物】骨骼系统来说已经是节约了动画制作人员的大量时间了，如图1-46所示。

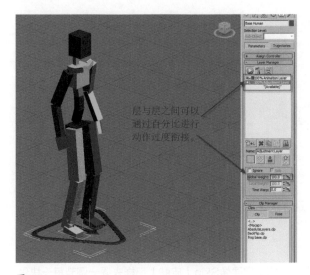

图1-46

⑤ 同时CAT骨骼系统可以实现不相干的动作与动作之间的平滑非线性过渡，因为它有动画层的功能，就像调节Photoshop的层与层的透明度一样，只需要调节每一层动画的权重百分比，就能实现两个毫不相干的动画的平滑无缝过渡。同时CAT骨骼有大量已经内置好的骨骼结构比如"外星人""马""猩猩"等，这些内置骨骼也能为我们的动画工作节约不少时间。实例部分的"城市蚂蚁"的骨骼系统就采用了CAT的"Alien【外星人】"这套预置骨骼，因为这套骨骼与"城市蚂蚁"的模型一样都有触角，都有一个大的腹部、相对短的腿和相对长的手。通过对这套预置骨骼的调整，将这套骨骼调整得与已做好的蚂蚁的模型一致，另外，CAT的骨骼可以自由编辑成更加接近角色模型的形状，这点也是相对于Biped【两足动物】骨骼和Bone【骨头】骨骼对蒙皮更有利的地方，如图1-47所示。

图1-47

⑥ 接下来探讨一下关于蒙皮的问题，蒙皮是一个表面变形修改器，能够让骨骼驱动周围的网格产生变形，相对于Bend【弯曲】、Tape【锥化】等物体空间变形修改器来说，骨骼的蒙皮能产生更加多样和精准的变形效果，而Bend【弯曲】这类物体空间变形修改器更适用于一些变形形状更加整齐，变形方向更加单一的变形效果，比如在"城市蚂蚁"项目中，小蚂蚁头部的触角在用骨骼蒙皮之后发现操控并不方便，换用Bend【弯曲】变形修改器来制作触角的前后左右摇晃效果时，发现就要比骨骼蒙皮制作触角的晃动更方便快捷，效果还更好，所以比较简单的变形还是应该用Bend【弯曲】这类的物体变形修改器，而更加复杂的变形应该使用针对骨骼蒙皮的变形修改器，如图1-48所示。

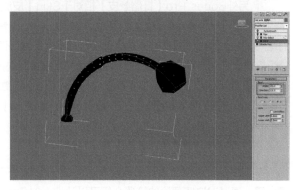

图1-48

⑦ 骨骼蒙皮变形修改器在3ds Max中有很多种蒙皮的方式，比如Physique【体格】、Skin【皮肤】，还有大家非常欢迎的Bones Pro【骨骼蒙皮】蒙皮插件。对于工作效率来说最好的当然是Bones pro【骨骼蒙皮】，因为这款插件相对于Skin【皮肤】和Physique【体格】来说是更加智能的一款蒙皮插件，它不像Skin【皮肤】和Physique【体格】那样每一个点都必须手动去调节其权重，当然Skin【皮肤】后来引入了刷权重以后要稍微方便一点，但是更为智能化的Bones Pro【骨骼蒙皮】对于不在这根骨骼控制范围内的点的权重默认是0，同时在Bones Pro【骨骼蒙皮】就算是0也还是会智能的分配一点点隐隐约约的权重，这样的特性对于生物体来说是很需要的，因为生物体的每一块皮肤和肌肉都是活的，不会某一块皮肤就只是被这块地方的骨骼控制，对于生物体来说周边的骨骼只要有一点点的联动，四周相关的肌肉的皮肤都是会产生相应的联动的，这点对于生物动画来说确实很重要，如图1-49所示。

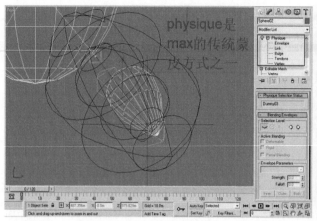
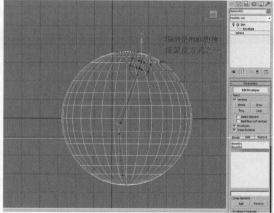

图1-49

⑧ 另外Bones Pro【骨骼蒙皮】相对于Skin【皮肤】来说它不需要像Skin【皮肤】那样去逐一调节每一块骨骼的封套去设置骨骼对蒙皮的影响范围，Bones Pro【骨骼蒙皮】在初始状态下就已经可以大致地为角色依据骨骼的走向分配上比较好的权重，之后只需要对其进行微调即可。而Skin【皮肤】和Physique【体格】就不会智能地分配权重，它们必须由动画师去手动将模型上面的点进行权重分配，所以对于动画工作效率来说使用Bones Pro【骨骼蒙皮】要比Skin【皮肤】和Physique【体格】更节约时间，更快地得到正确的蒙皮权重。在后面的实例章节中会以"城市蚂蚁"这个项目来详细讲解Bones Pro【骨骼蒙皮】是如何进行蒙皮的。

1.4.4 角色的运动与情绪

本节主要对角色在运动和情绪表达时的一些有关于角色心理层面和人机工学的物理层面的知识和经验进行了介绍，通过对这些理论的简要介绍可以让读者对角色在运动和情绪表达时的一些需要注意的特点有一个概括的了解。

① 一个角色总有跑、走、跳、打、踢等各种运动方式，也会有各种情绪变化，这些运动都要求动画师在建模和绑定的时候事先考虑进去，否则会出现需要肘关节变形弯曲时肘关节的布线不够，或者在肘关节设置的蒙皮权重不对的问题。从理论的角度看，不管什么运动方式，对于一个角色来说都是需要一定的准备时间的，也就是蓄力。根据实际动作的情况，这个蓄力的时间可能很短，也可能比较长，但是都必须有蓄力这个动作存在的。否则物体从静态到动态的突然变化就会呈现没有源头的力，因为每个人都是有生活经验的，当看到一个运动时，大脑会立刻思考这个运动的发生源是什么，然后根据生活经验去认可或者怀疑这个运动的真实性。所以如果没有这个蓄力的动作的话，大脑会立刻怀疑这个运动的真实性，也就是经常说的感觉很奇怪，如图1-50所示。

蓄力准备是必不可少的动作。

图1-50

⑫ 由于角色是在地球上运动，所以任何运动都会有一个缓冲，而不会戛然而止。这个缓冲可以通过调节曲线，或者在最后一个动作帧后面设置几帧作为专门的缓冲帧来实现，具体的帧数取决于当时这个运动的幅度，这就是很多动画制作要求里面说的动作要柔软，指的就是蓄力与缓冲的作用，如图1-51所示。

图1-51

⑬ 关于角色的情绪，这个情绪一方面会来自制作时委托方的要求，比如一个镜头里，蚂蚁需要表现突然找到一个问题的答案时的灵光一闪的情绪，这个情绪是来自客户的要求的，但是来自委托方的要求是不会写该如何实现这个情绪的，所以作为角色动画的制作人员，需要将自己换位成蚂蚁本身，去设想一下，如果苦苦寻找了半天，终于找到了一个问题的答案的时候，自己会有什么样的情绪演绎呢？如图1-52所示。

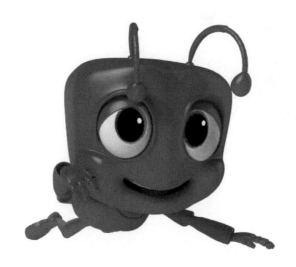

图1-52

⑭ 注意这里用的是演绎这个词，而不是表达，表达这个词更强调的是反应委托方的要求，也就是一个"及格"的情绪反应，但是一个更高分数的角色动画就像真人演员在表演电视剧或者电影的时候一样需要去演绎它，而不是去简单的表达它。举个例子，当小蚂蚁去表达一个发现答案线索的情绪时，它可能会跳起来，可能会单只眼睛眨眼或者打响指来表达这种情绪，而当小蚂蚁要去演绎这个找到答案的情绪时，它还是采用跳起来的动作，但同时在一开始的起始动作的时候它是撅着屁股，趴在地上找线索，手里还会拿着增强这种起始情绪的一些道具，比如放大

镜，它自己也可能会戴一副眼镜来告诉观众它有多么专注于此事，然后当它终于找到线索的时候，它再一跃而起，这时前后的情绪会产生对撞，也叫戏剧矛盾，或者叫戏剧张力，这时就是演绎，如图1-53所示。

图1-53

⑤ 虽然要表达的是欢乐，但是要让观众知道这种欢乐的"强度"和"厚度"的时候，会先让观众知道这个角色为了得到这种欢乐到底背后付出了什么，当两种戏剧矛盾相冲突的时候，这种情绪就会被演绎出来，而不是表达出来。所以，在生活中需要做一个有心人，去细心地观察和记录各种可以被用来演绎的元素和情绪状况，一个好的角色动画师一定是一个全方位用心和细心的人，如图1-54所示。

图1-54

第2部分　角色基础

第 2 章

从故事版开始

本章内容

◆ 关于角色动画分镜
◆ 单色明暗草图：绘制粗略场景
◆ 分镜的角色设计

◆ 故事版的表现手法
◆ 分镜大图：创作故事片段
◆ 色彩的指定

本章主要介绍了从storyboard【故事版】开始到色彩的指定与布局的概念与思考方式，重点讲解了storyboard【故事版】的侧重点，基于三维软件的技术特点创作故事片段的重要性；分镜角色的设计，也就是layout【布局】在三维动画里面的特点；还有特殊色彩指定在情节整体布局上的意义。

2.1　关于角色动画分镜

① 角色动画在制作的时候一定会需要storyboard【分镜头脚本】，因为动画制作是一个导演带领几十名动画师一起工作的，如果没有分镜头脚本的话，导演一个个与动画师去说戏的时间就会非常长，这样不论是导演还是动画师来说都是不堪重负的，如图2-1所示。

否有特殊效果等。有了分镜头脚本以后，在一部动画片中不同的工种之间的工作人员就有了一个可以共同交流的基础，也能以最快的速度明白一部动画片、广告等的一个基本的制作思路是什么样的。不管新的动画师是什么时候加入这个集体，都能迅速掌握需要面对的问题，所以分镜头脚本是非常重要的动画组成部分，接下来通过几个国外经典的案例来向大家阐述一下角色动画的动画分镜是如何工作的，如图2-2所示。

图2-1

② 分镜头脚本一般都以图表的方式来说明角色动作的构成，并标注了镜头运动的方式、时长、对白，是

图2-2

2.2　故事版的表现手法

故事版的绘画一般来说不需要画得很详细，关键是为了把画面的意思交代清楚，所以大部分故事版都是手绘的，可以用铅笔，也可以用单色的水彩，也可以上一些简单的颜色让画面里面的内容更加立体。

① 比如图2-3所示这组《超凡蜘蛛侠》的分镜头故事版，就是单色手绘的表现手法，虽然是单色手绘，但是其对蜘蛛侠落地、后仰翻腾还有车辆坠落的力度的刻画都是很到位的，也就告诉动画师在动画表现的时候对于蜘蛛侠的力度和弹性是表现重点，是需要特别用心刻画的。铅笔勾勒角色，单色灰度水彩渲染一下环境氛围，用简单的箭头来指示蜘蛛侠的力量的方向，对动画师来说一看就能明白导演对这个镜头的制作思路。

② 图2-4所示这张《超凡蜘蛛侠》的分镜头的表现方式，与常规的分镜头的表现方式不太一样，这张分镜更像是漫画书的一部分，如果不是加了一行描述摄像机运动方式的小字的话，真的和漫画书一样。通过类似漫画的分镜表达方式，会更贴合《超凡蜘蛛侠》是来自"漫威漫画"这个起源。让动画师在制作动画的时候，能时刻想到这部电影的灵魂是一部畅销漫画，因为不同的动画师对于同一个角色的诠释会有风格上的差异，而用漫画的风格来统一提醒每一个动画师注意到这点，相对于平铺直叙的叙事性质的故事版分镜头来说更有实际的动画生产的管理意义。

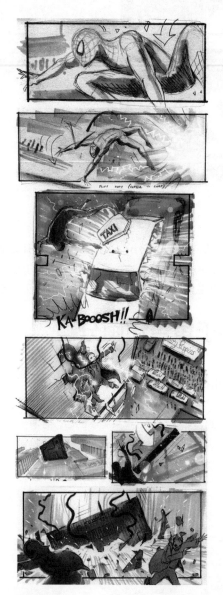

图2-3

图2-4

③ 图2-5所示的分镜是功夫熊猫第一部开场时的动画分镜，非常简单的手绘效果，简单到简直有点太节约了。幸好边上有台词。

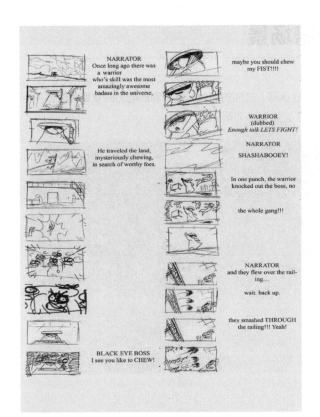

图2-5

④ 大家仔细看的话会发现台词与看到的正片里的台词是一模一样的，说明这张分镜确实是用在了实际的动画制作中，为什么前面蜘蛛侠的分镜画得如此细致，而功夫熊猫开篇的分镜却画得如此的简明扼要呢？还是风格的问题，功夫熊猫的影片风格是幽默诙谐的，特别是《功夫熊猫1》，就算熊猫阿宝再怎么痛苦于求学武术不得要领，影片还是用非常诙谐幽默的方式去描绘的。大家仔细看这张功夫熊猫的分镜就会发现，虽然画得很简单，寥寥几根线，但是线条间透露出来的这段开场动画的无厘头风格还是很跃然纸上的，看正片的时候会知道这段开篇动画其实是熊猫阿宝做梦时的梦境而非真实的情况，里面阿宝装腔作势的无厘头风格通过这些非常简单的线条还是很精确地表达出来了，仔细看看还是真有点令人忍俊不禁的呢，如图2-6所示。

图2-6

⑤ 分镜画得好不好，像不像其实是次要的，更重要的是分镜是否能把导演对于这段动画想要表达的风格和思路让第一线制作动画的那么多来自不同成长背景的动画师了然于胸，深谙导演对于这段动画表现风格的那种基调性的、灵魂层面的要领，是否能领悟它们才是最重要的，有过动画片或者广告制作经验的朋友一定懂得如果出现了方向性的错误，那对实际制作动画的动画师来说将意味着加班熬夜的修改，所以有了《超凡蜘蛛侠》的分镜用近似于漫画的风格来表现，《功夫熊猫1》的开篇的动画分镜用很荒诞的、无厘头的风格来表现，这一切都是为了能让动画师和导演想到一块儿去，不至于出现方向性的错误，为整体上提高动画的制作效率做出分镜应有的贡献。

2.3 单色明暗草图：绘制粗略场景

　　绘制粗略场景的时候采用单色的明暗草图，其基本功来自速写、素描的能力，这方面的能力的获取需要参加专业的训练班，然后加上自己平时的刻苦练习，这里就不阐述了，如图2-7所示。

图2-7

2.4 分镜大图：创作故事片段

　　画分镜大图，创作故事片段一定是基于剧本的，如果没有剧本的话也一定有客户的一个基本的要求，但是在实际工作中具体进行角色动画制作的创作者，不能简单地按照故事情节来计划故事片段，而要以三维动画的技术为基础去设定故事片段，以便于后续的改动。

　　以"城市蚂蚁"的一个"接下来"的节目菜单为例。客户的要求是蚂蚁开着送货的电动车一个转弯来到画面中间，再跳下车手指着后期画面里会显示三节目菜单的预留位置，然后收回手靠在电动车上。这些是客户的一个基本要求，在实际操作动画的时候需要简单地把这一连串的动作分为几个部分：

　　① 开车进入画面，如图2-8所示。

　　② 转弯停在画面中间，如图2-9所示。

图2-9

　　③ 下车指示节目显示位置，如图2-10所示。

图2-8

图2-10

④ 靠在车旁，如图2-11所示。

图2-11

⑤ 这样分的依据是来自角色动画在用骨骼驱动，路径约束以后可以被修改的区间决定的，意思就是，蚂蚁开车这部分和转弯这部分是属于两个区间，路径动画从起始到停下是两个区间。开车是约束在路径上，但是停下和刹车缓冲就是这个路径约束的结尾，从动画制作上来思考的话，路径上开车是一个区间，停下刹车和缓冲就是另一个区间，区间与区间临界的地方往往是对动画制作来说最不容易修改的地方。因为这里可能会有各种必须有先后顺序的链接关系，当这个地方改动之后很有可能会影响到后面全部的链接关系，特别是当使用了link constraint【链接约束】的时候，这时如果前面的link【链接】的时间点换了，那就会影响后面一连串的动画的时间点。如果在制作动画的时候对这些时间点没有分块做到心里有数的话，往往是改了前面，后面就乱了，最后不得不把后面的动画全都删了重做。

⑥ 在实际的动画工作中，作为角色动画的执行者，一方面要看导演或者客户提供的故事内容，同时一定要记得客户和导演在都做完以后一定会有修改，而很多修改也许会造成大返工，这将是非常悲痛的事情。所以对于角色动画的具体执行者来说，一定要在自己的本子上或者脑海里有一个基于动画技术操作上来说的故事片段。比如，蚂蚁在什么时间下车，这个下车的时间点就需要记住，因为蚂蚁从车上下来到地面上时其的总控dummy【虚拟体】从link【链接】在车上变成link【链接】在world【世界】坐标上，如图2-12所示。

图2-12

⑦ 如果不幸前面蚂蚁开车的时间需要缩短，拐弯的时间点需要改变，在缩短了前面的时间改变了拐弯的时间点以后，一定要记得这个下车的时间点也需要改变其总控的dummy【虚拟体】的link【链接】时间，然后已约束在这个总控dummy【虚拟体】上的蚂蚁的全部骨骼动画就依据这个之前的时间点去找相应的骨骼动画帧，然后把这些帧找到，也移动到相应新的时间位置，如图2-13所示。

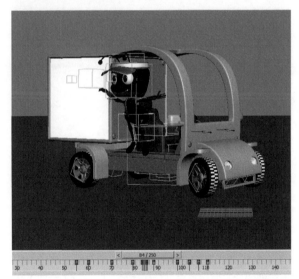

图2-13

⑧ 由于动画总是很复杂的，一个物体link【链接】另一个物体，每个物体本身都有一大堆动画帧，要是脑海中没有一个技术上的分段的话，而是线性地从头往屁股做，就一定会在客户或者导演提出修改意见以后搞得自己手忙脚乱，改了前面，乱了后面，改了后面，前面又出怪事了；所以，对于角色动画的具体操作者来说不能只看故事情节去创作分镜大图，而是还要有一个技术上的"分镜大图"用以给复杂的动画环境进入"块面化记忆"，动画的区间与区间要自己留心记得，以防以后再修改的时候改得自己晕头转向。

2.5　分镜的角色设计

从角色设计的流程上来说，应该是在分镜之前就应该得到了角色的设计稿了，那为何还要在分镜的时候再考虑一下分镜的角色设计呢？这个工作流程在国外叫layout【布局】，这个英文词从表面翻译的话是无法说清楚动画制作的时候这个工序到底是在干吗，它实际意思是用画面来阐述摄像机意识，包括空间关系、镜头运动、镜头时间、分解动作、台词，以及文字说明，迪斯尼早期二维动画时的layout【布局】，如图2-14所示。

① 在动画制作前layout【布局】主要的作用是告诉动画创作人员角色与角色、环境、摄像机之间的空间关系、相对运动关系，某个重要的动作的时候是否有分解动作的提示等。早期的二维动画里的layout【布局】主要做的工作是对摄像机的入位角和用镜头的方式，还

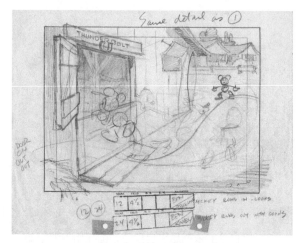

图2-14

有光线的来源等在后面的动画的制作中将要遇到的问题进行规定，如图2-15所示。

图2-15

② 这些规定的结果就是大家一起开会来确定，因为后期的动画制作是多部门协作的，layout【布局】的作用就是把大家叫到一起进行纸上作业把后面会遇到的问题给定了，有点类似军事里面的兵棋推演，如图2-16所示。

③ 后来，随着科技的发展，特别是三维动画开始成为主流以后，与三维动画有关的layout【布局】工作流程也越来越细化，以皮克斯《怪物大学》从分镜到layout【布局】为例，如图2-17所示。

图2-16

图2-17

⑭ 从这组layout【布局】可以看出，当三维动画成为主流以后所有的流程都是围绕着三维动画的技术约定展开。与二维动画不同的是三维动画里进行初级动画的成本很低，也就是让"城市蚂蚁"从空间中的a点移动到b点，中间挥挥手比二维动画做同样的事情要容易得多。三维动画不需要一张张的关键帧，只需要把一个物体拖来拖去即可，这样对一个场景中要放多少东西，每个东西的大小、相对距离，摄像机在运动的时候与角色与环境的相对关系都可以预先演练。如果摄像机有穿帮，可以及时调整，角色与角色之间要有重叠，也可以及时拉开距离，避免后面正式制作的时候来不及改，如图2-18所示。

图2-18

⑤ 就像《怪物大学》里面一样所有的layout【布局】都是带动画的，都是从大局着手，然后大局定了再做细节，也就是先定"城市蚂蚁"先从a点移动到b点，摄像机是跟随的，这点确定以后，动画师再做后面的蚂蚁的走路步态，而不是先把步态做到完美无缺，然后才得知蚂蚁应该是从c点走到d点，这就会导致返工。任这些简单的动画里面，上到导演下到具体的动画、材质、灯光、特效的人员都可以通过这个"动画的分镜头"很清楚地知道自己的工作量和可能存在的困难，以及是否需要别的部门帮助自己做什么，特别是摄像机的运动，这里的摄像机是三维空间的，可能会出现穿帮和焦距的问题，有时按照原先导演的摄像机走位，摄像机会在某一帧插到角色头里面去，焦距的目标点会在某一帧的时候忘了跟进到该跟踪的物体等，这些三维动画里遇到的问题就会由三维的layout【布局】——动画分镜去完成，这样对于后面动画师可以放心大胆地去演绎角色，灯光师可以按部就班地给场景照明都做出了很关键的贡献。角色演绎的灵感很多时候都不是可复制的，而是动画师的一个灵光一闪，一旦重做一遍就不一定还能有上次的神来之笔了，所以layout【布局】动画分镜是很重要的前期工作，如图2-19所示。

图2-19

2.6 色彩的指定

不论是二维动画还是三维动画，色彩的指定都是需要从全局开始考虑的，比如这个情节是一个悲剧还是喜剧，当然悲剧的话肯定从大的色调上来说不会是明快的颜色，而是比较深重的色彩，快乐的场景自然是比较显眼、明亮的颜色。这些都属于调性，这是色彩学里的基本常识，如图2-20所示。

图2-20

白雪公主快要吃毒苹果了，画面是悲剧阴郁的色彩。

玩具总动员大家齐聚一堂非常欢乐自然是清新明快的色调，如图2-21所示。

图2-21

① 除了这些常规的色彩指定外，最想和大家分享的是非常规的色彩指定——色彩布局。比如，有时导演并不会采用什么淡入淡出或者一晃等指示时间改变的信号去提醒观众时间开始回忆，而是想让观众在看影片的过程中突然自发性地意识到这个场景是过去的一个时间发生的。比如《功夫熊猫2》里面讲到熊猫小时候的时候的画面是有点相对于电影主色调是偏黄的，这可以让温暖的颜色弥漫在画面里，虽然切入回忆的时候有个光效，但这个光效的速度很快，并不是特意制造这是回忆的开始了，因为小时候的遭遇对孤儿熊猫阿宝来说其实并不能算是温馨的，其实是一个悲剧，但是因为鸭子的收养才活了下来，收养对于孤儿阿宝来说是一个幸运的开始，是一个新的成长的机会，同时对鸭子来说是辛劳付出与岁月的老去，如图2-22所示。

图2-22

② 看到网上很多人说在看这段时掉了眼泪，在这段阿宝小时候的剧情中其实是两股力量交织在一起才催人泪下的。一股力量是阿宝遇到好人了，为他感到庆幸；另一股力量是对自己小时候成长和父母老去的回忆。当这两股力量交织在一起的时候，心中会出现回忆的温馨与过去的再也不会回来的无奈，这时这个温暖的色调其实就是一个假象，它把观众毫无防备地引入泪点，触动两个时间暗示。一个是回忆儿时时光，一个是蓦然回首，让人感觉心灵受到冲击的是在回忆儿时时光时，突然意识到父母已老，这是真正有冲击力的一个布局。

③ 《功夫熊猫2》在这里之所以没有简单地把画面变淡或者用一个一晃去指示时间开始回忆就是这个用意，情绪在现实和回忆中交叠在一起，还有后面阿宝负伤以后想起来他小时候和父母的生活场景，是用的水彩画的风格，色彩明快而稚嫩，就是一个天伦之乐的家庭生活，这里导演的用意就是去强调当坏人来了以后与之前的差别，所以小时候用的是绿色调，明快，然后坏人来了，画面突然由明快的绿色嫩黄变成了红与黑，如图2-23所示。

图2-23

④ 色彩的指定从表面上来看是气氛与固有色的博弈，但是如果想让观众的思维也运动起来，一同去感受一点一滴的话，就必须对色彩有所布局。这样有时的画面明明是回忆，但是并没有任何明确指示回忆的颜色出现，这就是色彩的布局欺骗了观众的眼睛，让你放松了戒备，但是当观众突然意识到这是回忆的时候，已经来不及了，已经进入了他们设好的情节"圈套"之中。

⑤ 色彩只是工具，而如何运用色彩达到目的才是色彩指定的真正意义，色彩布局，是与观众的智慧进行博弈的全盘考量的艺术。

角色的造型

本章内容

◆ 实例1：头部建模
◆ 实例2：身体建模和腿部建模
◆ 实例3：手部建模
◆ 实例4：衣物的添加

角色的造型表现

图3-1

实例1：头部建模

本节主要介绍"城市蚂蚁"头部建模实例操作中的技术要点。比如，介绍了采用方形作为基础形的Edit Poly【编辑多边形】建模法、FFD晶格变形命令建模、采用空间变形的FFD来变形眼球等技术和工作流程；再比如，介绍何将平面的线框变成一个三维立体的模型，通过详细的步骤介绍来向读者演示一个角色的头部是如何从无到有被创建出来的，其中的建模思路和步骤，还有所采用的编辑工具都是非常值得研究和参考的。

STEP 01 整体观察。

以"城市蚂蚁"作为角色造型表现的建模实例，首先会拿到"城市蚂蚁"的平面设计稿，这份设计稿指明蚂蚁的最大特点是方头，有点像倒梯形，头部上面有两个很大的椭圆形眼睛，咧嘴微笑，身体部分很简单，但是这种简单在三维动画里面就会显得过于粗略，所以后面需要进一步给其增加细节，如图3-2所示。

图3-2

STEP 02 头部外轮廓描边。

　　如果直接将这张平面的蚂蚁置入3ds Max的视图背景或者作为贴图贴在一块平面物体上让其成为3ds Max视图中的工程参考背景的话，会发现在放大视图以后这张位图就变得模糊不清了，这不利于建模的时候调整点、线、面的位置。而是需要程序化的、矢量的边线，所以需要在创建面板中选择二维的line【排线】来勾勒一下蚂蚁的头部轮廓，之后依据这根线再来调整蚂蚁头部的轮廓，如图3-3所示。

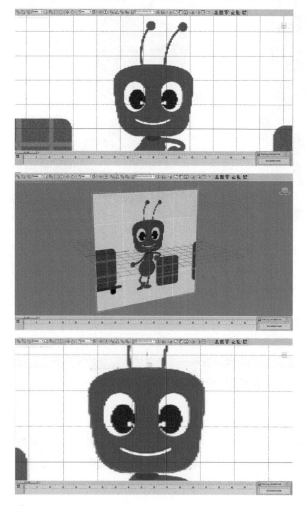
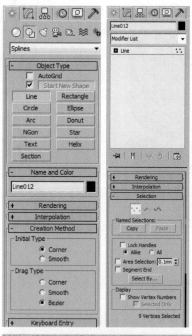
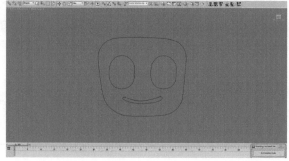

图3-3

STEP 03 建立头部基础形。

当开始建模蚂蚁头部的时候，需要使用一种基础形作为建模的基础，一般情况下都会选择正方形作为建模的基础。在视图中拉出一个正方形，大小和蚂蚁头部轮廓线基本一致即可。正方形的分段数采用长：3，宽：4，高：3的设置，如图3-4所示。

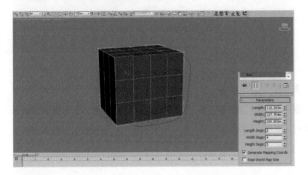

图3-4

STEP 04 将正方形大形调整与蚂蚁轮廓线接近。

在调整大形的时候，在命令面板中使用Edit Poly【编辑多边形】命令，先把正方形上的点沿中线删除一半，这样只需要调整一半的形状，通过移动点的位置将外形调整与轮廓线接近，在最后可以通过【镜像工具】来复制另一半，减少前期调整模型的工作量，如图3-5所示。

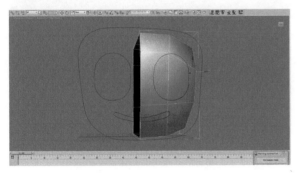

图3-5

STEP 05 大胆地使用切线工具切刻出眼眶与嘴巴的轮廓。

建模是一个熟能生巧的过程，所以一开始对着一个四方体的时候一定要足够胆大地放手做，把应该有的结构线都通过Edit Poly【编辑多边形】命令下的Edit Geometry【编辑几何体】卷展栏下的Cut【切线工具】Cut 去切刻出来，不用担心刻得不对，尽管大胆地刻即可。万一搞错了，就删除再来。通过切刻命令以后，就给这个模型增加了很多孤立的新的点，这些孤立的点虽然指示了新的结构，但是它们的孤立性质会在后面的操作中造成麻烦，所以需要对其进行循环边的创

建与编辑，如图3-6所示。

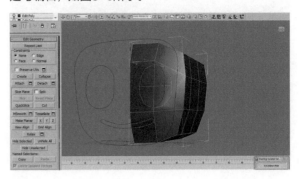

图3-6

技巧提示： 在眼眶与嘴巴的轮廓线切刻出来以后，需要把切刻形成的所有新产生的点用cut命令 Cut 将其左右四周都延伸出去，形成可循环的边。这样在以后的光滑命令加上去以后，光滑命令对整个模型的光滑拉扯力能在模型全身保持均衡，这样模型都是光滑圆整的，也就是增加循环边的意义。同时这些新形成的循环边也自然地形成了新的结构线，对于在模型上产生自然、舒适的新结构起到关键作用。这个过程就是布线，布线的好坏决定了模型制作的好坏，这里面经验是最重要的，关键在于刻苦地多练和善于总结里面的规律，如图3-7所示。

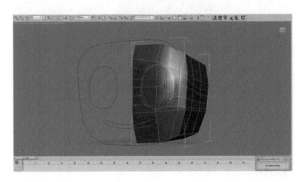

图3-7

STEP 06 删除眼睛和嘴巴上的面形成眼眶和嘴巴。

选择眼睛和嘴巴上的面，然后删除它们。形成眼睛和嘴巴的位置，然后继续为这些位置上还不完善的点增加新的循环边和结构线，将这些线与点调整到比较舒适的位置，因为平面设计图里面并没有对蚂蚁的头部细节做出设计，只有一个外轮廓，所以必须依据对于角色面部结构的理解去自己创作了，如图3-8所示。

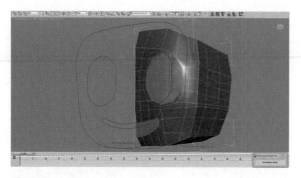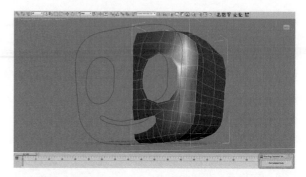

图3-8

STEP 07 调整蚂蚁头部各个角度至感觉舒适为止，并开出头与脖子链接的洞。

蚂蚁头部除了正面的其他几个角度，如侧面、顶面、底面究竟应该是怎样的，与脖子链接的部位究竟应该采取怎样的连接方式，这些在平面设计稿中并没有设计过，所以这些问题也必须根据动画师自己对于角色的理解去调整，如图3-9所示。

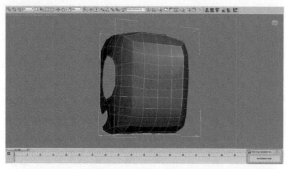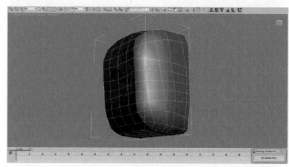

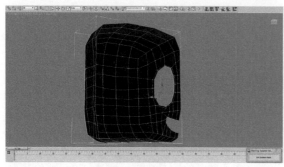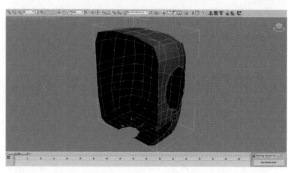

图3-9

技巧提示： 之所以在眼眶与嘴巴周围的轮廓线需要用【复线】来强调结构，这是因为蚂蚁是一个比较卡通的角色，而蚂蚁应该是没有嘴唇的，所以口部的轮廓线是不需要复线的，要强调结构，就需要给眼眶先加上复线，为以后使用了光滑命令之后，结构线依然保持清晰状态打下基础，这就是增加复线和循环边的意义，如图3-10所示。

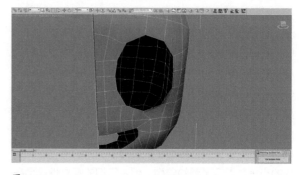

图3-10

STEP 08 使用FFD【晶格调整命令】去调整蚂蚁头部的大形。

当蚂蚁的头部基础布线已经完成以后，这时就需要再返回到大形上去看看蚂蚁的头部的大形是不是合适，从平面设计稿上来看蚂蚁的头部正面是一个倒梯形的形状，那肯定侧面，顶面，底面都是会受到这个倒梯形形状的影响，如果还是在Edit Poly【编辑多边形】命令里面通过调整点线面来规整这个大形也是可以的，但是那将是很麻烦的事情。所以在调整大形的时候会在命令堆介里面加入一个FFD3×3×3的【晶格调整命令】来做到这一点，采用3×3×3的FFD是因为这个数量的晶格顶点既可以照顾到蚂蚁头部模型的轮廓，也可以用最少的中间晶格顶点来最大限度地影响蚂蚁头部模型中间部分的网格点，具体如何调整得到位是大家对于物体空间的感受力的问题了，这个只有熟能生巧，如图3-11所示。

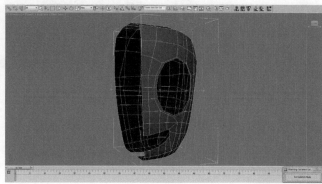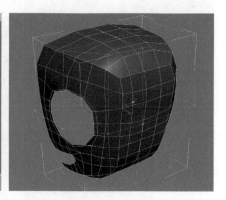

图3-11

技巧提示： 在命令面板中使用了很多个不同的Edit Poly【编辑多边形】的命令，形成了一个个命令的堆介，这样的好处是，如果在编辑多边形的时候出错了，可以通过删除一个命令层去保留前面成功的调整。虽然直接在视图中选择模型点击右键，也可以把模型转换成可编辑多边形，但如果在建模中遇到错误也可以通过Ctrl+Z快捷键去返回之前的步骤，根据经验使用下来还是觉得命令堆介更实用一些。比如：当需要调整大形的时候，只需要在堆介里毫无心理负担地加入一个FFD晶格调整命令即可，如图3-12所示。

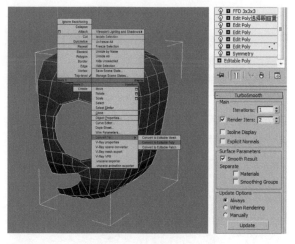

图3-12

STEP 09 使用Symmetry【对称】命令去镜像复制蚂蚁头部，并使用Weld【焊接】命令完成头部缝隙合并。

在完成了对蚂蚁头部倒梯形大形的调整以后，使用命令面板里的Symmetry【对称】命令去镜像复制蚂蚁头部的另一半，使用了这个命令以后，大部分的点都可以自动焊接在一起，但还是会有一些点需要手动焊接，如图3-13所示。

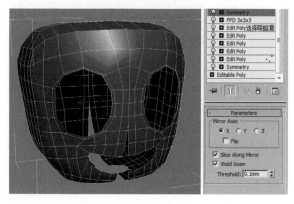

图3-13

这时需要在命令堆介的Symmetry【对称】命令上面再加一个Edit Poly【编辑多边形】命令，选择对称后还未合并的那些点，设置焊接的尺度，在Edit Vertices【编辑点】卷展栏下用Weld【焊接】 Weld 命令将这些位于蚂蚁头部中心线处的未合并的点两两合并为一个点，如图3-14所示。

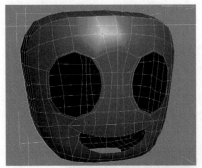

图3-14

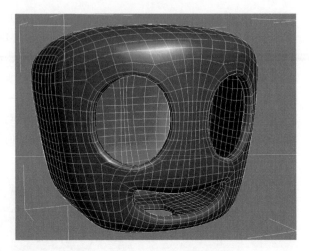

图3-16

STEP 10 在命令面板中使用Shell【壳厚度】命令给蚂蚁头部增加厚度以便观察与后续调节。

通过一段时间的调整，已经把蚂蚁头部的形状调得比较到位了，这时可以给蚂蚁加一个厚度来观察一下这个头部的情况，这里给蚂蚁头部的向内的厚度为5毫米，如图3-15所示。

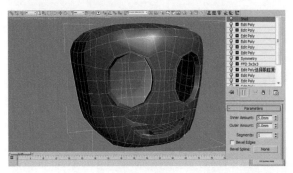

图3-15

然后可以给一个Turbosmooth【涡轮光滑】来观察一下增加细分面以后的头部布线情况，这个观察可以有利于思考一下后面表情和更多面部细节该如何去着手，如图3-16所示。

技巧提示： 使用Shell【壳厚度】命令和Turbosmooth【涡轮光滑】命令并不是为了基于这两个命令继续进行建模，而只是为了观察。因为将来蚂蚁的模型在口周部和眼眶周围都是需要体现厚度的，使用Shell【壳厚度】和Turbosmooth【涡轮光滑】命令能快速地观察到如果在这些部位做了厚度和光滑以后会是什么样子，为后面的制作打下基础。

STEP 11 继续各种面部细节的调节，塑造眼眶和"苹果肌"。

去掉模型上用来观察布线分布情况的Shell【壳厚度】命令和Turbosmooth【涡轮光滑】命令，然后继续调节各处点的位置，使蚂蚁看起来更可爱立体，这里需要选择蚂蚁眼眶一圈的面，然后使用Extrude【挤压】 Extrude 命令向外挤压出一个眼眶的厚度出来，如图3-17所示。

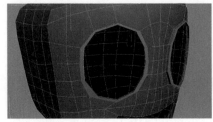

图3-17

同时蚂蚁的眼眶向内也应该有一个厚度，这时选中蚂蚁眼眶内侧的边，然后给这些边在Edit Edges【编辑边】卷展栏中按Extrude Extrude 【挤压】命令，使其向内也挤出一个厚度，如图3-18所示。

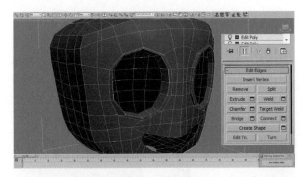

图3-18

对蚂蚁的口周轮廓上也选中一圈边，然后在Edit Edges【编辑边】卷展栏中按Extrude Extrude 【挤压】命令，使其向内也挤出一个厚度，如图3-19所示。

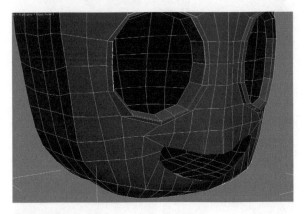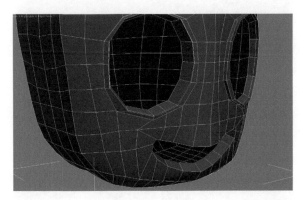

图3-19

从蚂蚁沿嘴角到脸颊处用点层级或者边层级里面的Cut【切线】按钮 Cut 来增加结构线，然后用Soft Selection【软选择】的方式来提拉脸颊处的线来让脸颊处有一个明显的凸起。在各个角度里面调整脸颊上这两个区域直到形成在比较侧面的地方观察时也有一定的凹凸立体感，如图3-20所示。

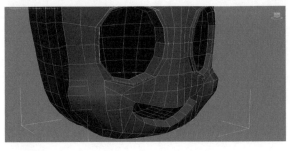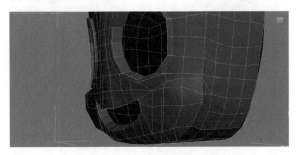

图3-20

STEP 12 眼睛、舌头、牙齿和触角的制作。

基于上面的制作，已经有了一个蚂蚁头部的基础模型，有了完整的模型的布线，在后面才可以制作表情。现在需要为这个头部模型增加五官，首先是眼睛，当观察"城市蚂蚁"的眼睛时，可以发现它的眼睛不是圆球形的，而是椭圆形的，这样的眼睛虽然卡通可爱，但是无法让眼皮在眨眼睛的时候覆盖眼球。

这时就需要使用一个空间变形调整晶格FFD（Box）方形空间变形晶格来变形原本圆形的眼球与眼皮，它位于创建面板的空间扭曲按钮下，然后在下拉菜单里选择Geometry/Deformable【几何体/可变形】，然后选择FFD（Box）方形晶格变形器，如图3-21所示。

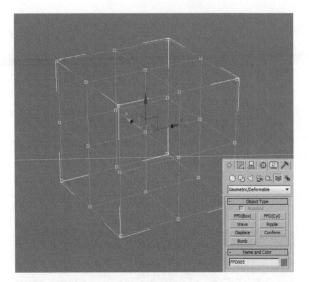

图3-21

眼球的创建可以按照传统的方式来，使用一个Sphere【球体】，通过Edit Poly【编辑多边形】命令来编辑上面的点线面，来形成一个原始状态的眼球，如图3-22所示。

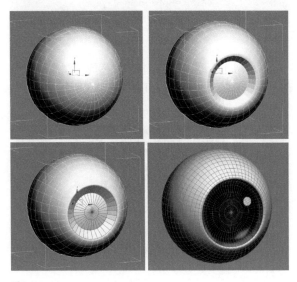

图3-22

技巧提示： 眼球为什么一定要通过建模的方式去构建，而不能使用一个简单的球体呢？因为首先真实的眼球的构造就是上图所示的，这种真实的眼球构造在三维渲染环境下能产生比较高的细节，能与比较高细节的角色模型和谐地

相处；其次，当为眼球添加了角膜以后，这个角膜能通过反射提供比较漂亮的眼睛高光，同时也有一定的折射能让眼睛的瞳孔部分看起来更加深邃，比只是一个圆球来代表眼睛更传神，如图3-23所示。

图3-23

在未添加FFD（Box）的状态下，把眼球、角膜、上眼皮、下眼皮都调整到位，只要在正常状态下眼皮是可以覆盖眼球的，那在添加了空间变形之后眼皮也是依旧可以覆盖眼球，如图3-24所示。

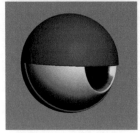

图3-24

然后给这个眼球添加一个FFD（Box）空间扭曲变形晶格，大小只要可以罩住眼球即可，并将这个方形的晶格通过【空间变形链接】▦按钮与眼球、上下眼皮、角膜相连接，在链接状态下将眼球的形状调整到与眼眶的形状一致即可，如图3-25所示。

图3-25

虽然蚂蚁是没有牙齿的，但是为了它张开嘴以后嘴巴里不至于空荡荡的，还是需要制作牙齿的舌头来丰富一下它的口腔。牙齿可以使用一个长方形，通过Edit Poly【编辑多边形】命令来建模，注意要让牙齿有一点齿缝，这样比较好看，舌头和触角的建模是同理，这边就不赘述了，如图3-26所示。

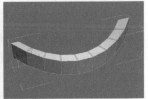
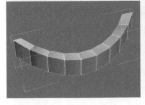
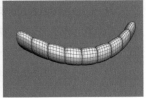

图3-26

　　总结：当头部的各部分都构建完毕后，就得到了"城市蚂蚁"的头部模型，如图3-27所示。

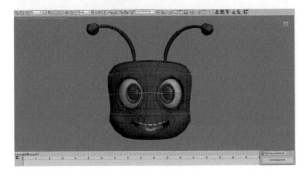

图3-27

实例2：身体建模和腿部建模

　　本节主要讲解蚂蚁的身体建模和腿部建模，针对蚂蚁的身体和腿部轮廓在建模时进行思路上和建模技术上的调整，使读者通过阅读此小节之后理解到建模时针对不同的外形，应该进行因地制宜的思路调整和技术手段，活学活用。

STEP 01 分析蚂蚁身体的结构。

　　进行蚂蚁身体部分的建模，首先要分别找一张真实的蚂蚁照片和一张卡通蚂蚁照片作为参考。真实蚂蚁的照片有助于帮助建模工作者了解一只真实的蚂蚁身上会有哪些结构，有哪几部分组成，卡通的蚂蚁参考有助于了解一个成功的卡通角色都会对真实的蚂蚁形象做哪些概括和改进，哪些部分又得以保留，如图3-28所示。

图3-28

　　真实的蚂蚁是一只很常见的黄蚂蚁，如图所示，通过这张真实蚂蚁的照片可以看到蚂蚁的身体分为胸和腹两部分，胸部由两部分组成，蚂蚁的腹部其实有点类似于人体结构的臀部这个部位，有6条腿。蚂蚁虽小，但是胸部和腹部还是由甲状的外甲覆盖，并且这些外甲之间是有生长的缝隙的。这些特点在皮克斯1999年制作的著名动画电影《虫虫特工队》里的卡通蚂蚁角色身体的结构上都有体现，同时为了加强卡通动画的拟人效果，蚂蚁的6条腿都改成了类人的四肢，蚂蚁腹部的结构被设计成类似人类的胯部。对于"城市蚂蚁"这个卡通角色来说，它的身体部分的建模也需要考虑到：①真实蚂蚁的生理结构；②卡通蚂蚁的四肢简化和类人比例结构的协调。

STEP 02 选择球体作为蚂蚁身体的基准形。

根据蚂蚁身体的外轮廓特点，在创建面板中选择一个Sphere【球】作为蚂蚁身体的原始基准形状。然后使用【缩放工具】将其稍微压扁，这样这个球状体就类似于蚂蚁腹部的形状了。同时将Sphere【球】球状体的段面数设置为10，如图3-29所示。

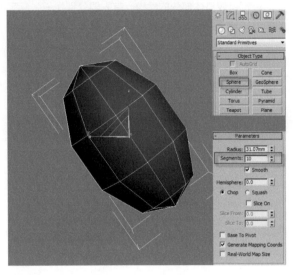

图3-29

知识提示： 这个段数是比较适合早期模型编辑的面数，太多则眼睛看花，太少则不能产生足够的结构线。在角色建模的时候，由于角色往往都是左右对称的，所以可以通过Edit Poly【编辑多边形】命令删除一般的模型，再建一半的模型即可，最后通过镜像复制再焊接重合点的方式得到一个完整的模型。

STEP 03 将这个球一切为二。

在创建完一个段数为10的球体之后，由于10个边是个偶数，所以这个球是没有中心线的，这就需要在命令面板中使用Slice【切线命令】将球体从中间一切为二，这个命令类似于Maya中的增加环形边。使用Slice【切线命令】的好处是，选择Refine Mesh【细分面】后，它可以在将一个物体一分为二的同时在这个物体的切分处产生一条分隔线，这条分隔线就可以成为此物体的对称轴线。然后在命令堆介中加入一个Edit Poly【编辑多边形】命令，将球体删去一半，如图3-30所示。

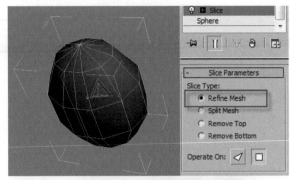

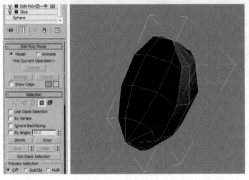

图3-30

STEP 04 开挖腿洞以定位蚂蚁腹部以下的结构。

在命令堆介中加入一个Edit Poly【编辑多边形】命令，选择球体从上至下第二道横向结构线最靠近对称轴线的那个点，然后使用Chamfer【开槽】命令将这个1个点变成4个点，然后在面选择状态下将这块由新生成的4个点所产生的四边面删除，形成一个空洞。这个空洞就是蚂蚁大腿的根部位置，这个位置的定位非常重要，它是整个蚂蚁的重心所在，接下来的所有结构都由这个受重力影响的中心位置，以可信的方式生长出去，如图3-31所示。

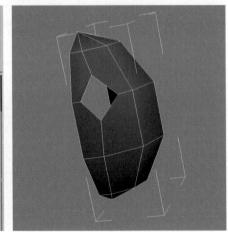

图3-31

STEP 05 为这个腿洞增加细节。

其内侧的厚度是由这个腿洞延展开的蚂蚁结构线，也是基于这个腿洞开始生长的。还是使用Edit Poly【编辑多边形】命令，去移动腿洞周围的点线面到合适的位置。模型制作的好坏其中有一条是很至关重要的——结构的可信度，这些结构不是突然就出现在这里的，也不是硬生生地被安排在这里，应该需要在生理和逻辑上都有所提示才是最好的。所以每一根线在移动的时候都要思考一下这个位置的结构是怎样才最好看，如图3-32所示。

图3-32

通过Edit Poly【编辑多边形】命令，根据前面拿来作为参考的真实蚂蚁照片和卡通蚂蚁图像，由这个腿洞延伸出去，发挥想象力和艺术加工的能力，一些相应的蚂蚁腹部的结构线就应运而生了。同时这些结构线必须是凹凸有致的，这样在灯光的照射下会产生真实的凹凸，并在三维空间里把蚂蚁腹部的外形调整得和真实的蚂蚁类似。

STEP 06 以腹部为基础开始建模胸部。

沿着腹部现有的形状，根据蚂蚁胸部的形状，通过Edit Poly【编辑多边形】命令将腹部的封口点删除，使其呈现一个开放的状态，然后拉动开放出来的这个缺口上的点或者边，将它们置于适合生长出胸部的位置上即可，如图3-33所示。

图3-33

知识提示： 在从腹部往胸部建模的时候，建模者心中要有一种模型在生长的感觉，这种感觉有助于建模的时候把握住模型之间的比例关系，令其协调。通过Edit Poly【编辑多边形】命令，不断地调整蚂蚁腹部顶端的点与面，将其塑造出一个可以生长出蚂蚁腰部的结构来。并在腰部感到合适的时候果断地调整出蚂蚁胸部的形状，这个形状在调整的时候需要不断比对蚂蚁腹部的大小和前后空间关系，以免胸部、腰部与腹部的大小及位置关系不协调，如图3-34所示。

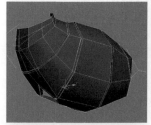
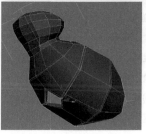

图3-34

技术提示： 让蚂蚁模型沿着腹部的顶端结构边线向上生长，塑造出腰部和胸部时，由于采取了对称建模法，所以蚂蚁腹部的顶端只有结构边线而没有结构面，当只有结构边线的时候，也是可以使用Extrude【挤压命令】的，只是挤压出来沿着边线继续延展出来的面是向四面散开的，这不要紧，只要通过缩放工具就可以把四散延展开的面收拢，就算只有边线，也是可以通过Extrude【挤压命令】来生长建模的，如图3-35所示。

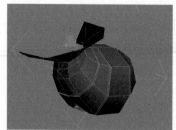
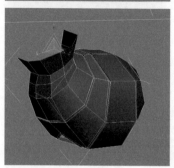

图3-35

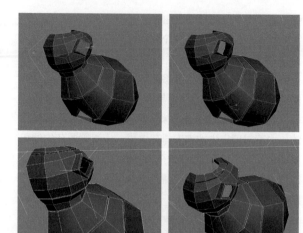

图3-37

STEP 07 在蚂蚁胸部大形出来以后设定蚂蚁手臂生长的位置。

使用Edit Poly【编辑多边形】选择蚂蚁上身合适作为手臂生长出来的位置处的一个点，在Edit Poly【编辑多边形】面板中找到Chamfer【开槽】命令按钮，将这一个点通过Chamfer【开槽】命令变成四个点，这样这四个点在拉出的时候中间就会形成一个面，这个面删掉就是一个洞，这个洞就是手臂可以生长出来的位置，如图3-36所示。

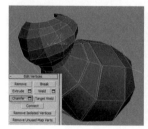
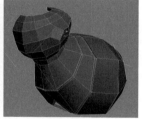

图3-36

知识提示： 在蚂蚁的腰和胸的大形塑造出来以后，需要立刻确定蚂蚁手臂从胸部生长出来的结构位置，这个结构位置的确定有助于把蚂蚁上半身的格局定下来，这样蚂蚁四肢在接下来应该到达怎样的长度和空间位置，蚂蚁全身应该占有多大的空间体积，在制作者的脑海中就比较有数了，如图3-37所示。

技术提示： 采取的建模方法与上面开蚂蚁大腿洞的方法一样，都是选择一个合适的结构点，然后对这个点使用Chamfer【开槽】命令，这样一个点会变成4个点，这4个点又会拱卫出一个新的4边面，这个面就是之后手臂生长的基点。同时不断参考和比对真实蚂蚁的照片和皮克斯卡通蚂蚁的图片来增加蚂蚁胸部和腰部的结构线，这些结构线主要是环状的蚂蚁外甲结构线。蚂蚁胸部的结构制作截止于靠近脖子处的环状结构。

STEP 08 在蚂蚁胸部、腰部和腹部的样式定下以后，再次开始制作蚂蚁的下肢。

当返回再次制作腿部的模型时，首先需要将刚刚为了制作大腿根部周边结构而删去显现出来腿洞的这个洞补上。用选择边界工具选择模型后，单击Cap【覆盖】按钮。填上以后就会产生一个面，这个面可以让大腿通过Extrude【挤压】命令，从这个洞中生长出来。然后选择这个4边面，通过Extrude【挤压】命令将这个面挤压出四边形柱状体，来充当蚂蚁的大腿，如图3-38所示。

边界选择

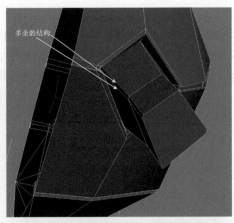

多余的结构

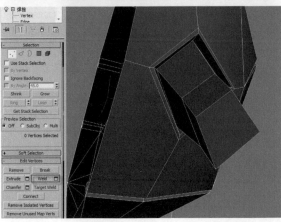

图3-38

知识提示： 与动画片制作的规则类似，都是大处着眼，小
处着手，不拘泥于某一处细节的精雕细刻，而
是先将精力放在整个大的格局规划上，当大
的格局大致确定以后，再返回到小处去制作
更多的细节，这样的制作规则有助于制作者
时刻保持头脑清楚，对模型的制作持有充沛
的新鲜感，对模型结构的互相关系和对日后
动画的影响了然于胸，如图3-39所示。

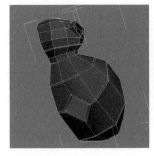 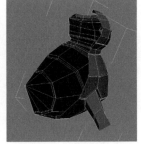

图3-39

技术提示： 这里需要注意的是当蚂蚁的腿被挤压出来时，

它继承了之前制作大腿根部细节时的细分，而
这个细分在蚂蚁大腿的结构和日后绑骨骼上
都可能会制造一些困惑和麻烦，所以需要在
点选择状态中，通过Weld【焊接】命令去把这
些多余的结构点给两合并成一个点，一个结
构，这个过程就是焊接，在调整形状和布线中
焊接都是非常重要的一个命令。

STEP 09 完善蚂蚁的下肢模型。

在多余结构均被清除整合之后，蚂蚁的腿部可以
大刀阔斧地推进了，通过Edit Poly【编辑多边形】命
令，把蚂蚁下肢逐渐调整为图3-40所示的模样，蚂蚁
的腿部与整个身体的结构关系也初具雏形。

图3-40

知识提示： 接下来需要把腿部的关节加以强调，通过对
比真实蚂蚁照片和皮克斯的卡通蚂蚁图像，
蚂蚁类似人类大腿的部分是比较长的，类似
人类小腿的部分是相对比较短的，根据这个
重要比例关系就可以确定蚂蚁的膝关节的位
置，一般来说在一个模型的关节处会以3～4
根结构线的方式来指示这个结构，同时为绑
骨骼时，骨骼旋转的时候在这个结构处有足
够的面可以产生平滑的过渡。当确定了这个
位置之后，就需要对这个位置和其周边制作
相应的结构关系来让这个膝关节生长得令人
感到信服，特别还需要注意蚂蚁是昆虫，昆
虫的腿部是一节套一节的样子。

STEP 10 沿着腿部结构制作出蚂蚁的脚掌。

　　"城市蚂蚁"的脚也需要制作成与人类的脚类似的样子，根据这个脚建模的原则，通过对Extrude【挤压】命令和Edit Poly【编辑多边形】里点线面的调节，制作出蚂蚁脚部的结构。同时蚂蚁是具有昆虫的特点，每一个结构，特别是有关节的结构处需要呈现结构与结构相互套在一起的甲壳效果，最后还可以为蚂蚁的脚部增加一些卡通的效果，比如制作一些脚趾的凸起结构，如图3-41所示。

图3-41

知识提示： 通过对比参考图可以发现真实蚂蚁的脚掌是非常小的，而皮克斯卡通蚂蚁为了能像人一样直立行走，其脚掌比例与人类脚掌与身体的比例一致。对于"城市蚂蚁"来说，它也是需要直立行走的，所以其脚掌的比例和结构关系也应该像皮克斯的蚂蚁脚掌一样，如图3-42所示。

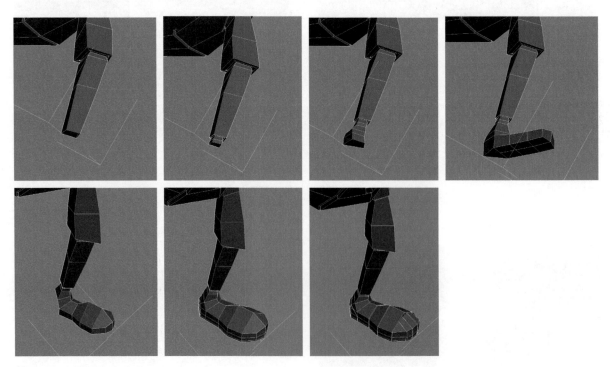

图3-42

STEP 11 蚂蚁手臂的制作成型。

　　以之前在蚂蚁胸部侧面开的手臂生长的面为手臂生长的基准面，通过Edit Poly【编辑多边形】命令里的Extrude【挤压】命令一段段地把手臂给结构出来，在参考了真实蚂蚁照片和皮克斯的卡通图像后，确定蚂蚁的前臂需长于其上臂，并在关节处增加线段数，同时保持蚂蚁是昆虫的特点，让前臂和上臂在结构上呈现一个套一个的样子。并将前臂的末端，也就是相当于人类手腕的位置的结构预留制作出来，以便之后与蚂蚁的手进行连接，如图3-43所示。

图3-43

STEP 12 完成蚂蚁身体部分的建模工作。

　　在手臂制作完成后，可以在命令面板中对蚂蚁的身体采用Symmetry【对称】命令，来检查一下一个完整的对称的身体的蚂蚁看起来是否协调匀称，结构是否令人感到信服。因为建模中难免会有错误，比如会留下一些三角面，这些三角面在光滑以后可能会在模型上产生一些不正确的凹凸，不利于模型呈现光滑的外形，可以通过加一个光滑命令来检查一下蚂蚁的各部分结构是否正确，如果确实有问题，就还需要返回编辑多边形命令里面去一点点地调整，直到整个模型在光滑以后看起来是圆润的即可，如图3-44所示。

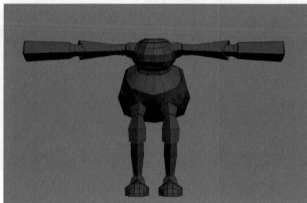

图3-44

实例3：手部建模

　　本节的主要内容是如何创建一个手掌模型，其中重要的技术思路是，手掌不是孤立存在的，要考虑到手掌如何与手臂相连接，在制作出五个手指的基础上还要制作强调昆虫的节肢甲壳的效果，这里使用的建模技术仍然是Edit Poly【编辑多边形】。

STEP 01 设定手部模型的初始形态。

　　"城市蚂蚁"手部的建模工作也是从一个基础形开始的，在建它的手部的时候需要考虑到之前已经建好的蚂蚁手腕处的结构有多少个边从而决定蚂蚁手部的建模的基础形是采用一个正方形还是一个圆形。由于蚂蚁手腕部分在将来需要与蚂蚁的手进行焊接，所以手部的建模采用一个Sphere【球】来作为手部的基础形，同时将这个球的细分段数设置为8，如图3-45所示。

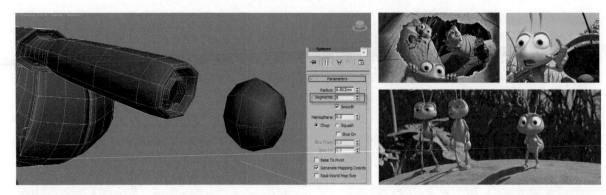

图3-45

知识提示： 真实的蚂蚁是没有像人类一样的手掌的，所以在"城市蚂蚁"的手部建模时可以完全参考皮克斯的《虫虫特工队》里蚂蚁的手的结构。通过观察皮克斯的蚂蚁手部可以发现，虽然小蚂蚁们都长着和人类一样的手掌，还有四个手指，但同时这些手掌和手指的结构还是保持了昆虫的特点，即一个套一个的甲壳类结构，这个结构的呈现有助于让蚂蚁拥有与人一样的可以灵活拿捏物品、指示方向的手的同时，还让它们看起来带有昆虫的风格。

STEP 02 对球形进行Edit Poly多边形编辑，将球形塑造成手掌的形状。

通过Edit Poly【编辑多边形】命令将Sphere【球】逐渐编辑成呈现手掌形状的物体，并在手掌的基本形状展现之后分出手指的位置，手指的位置分为大拇指和其他手指，由于是卡通角色，所以选用卡通角色标准的4个手指的模式，切分分段和面的切线工具为Edit Poly【编辑多边形】命令里的Cut【切线】工具，然后使用Extrude【挤压工具】将手指挤压拉伸出来形成手指的样子，如图3-46所示。

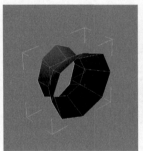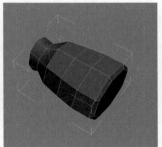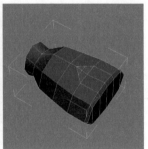

图3-46

STEP 03 对手掌模型切分段数，从手掌中拉出手指。

调整四个手指之间的长度，让每个手指都不一样长，同时也将大拇指使用Extrude【挤压工具】把它的形状拉出来。同时不要忘了蚂蚁是昆虫，昆虫的手指与人类的手指还是不一样的，它是有一个套一个的节肢甲壳特性的，通过不断地调整点线面，将这个原型为球体的物体逐渐塑造成一个手部模型，同时带有昆虫的特点。最后给这个手部模型加一个光滑命令，如Mesh Smooth【面光滑】或者Turbo Smooth【涡轮光滑】都可以，来观察一下光滑以后的手部模型是否令人感到满意，这样就完成了蚂蚁手部的建模工作，如图3-47所示。

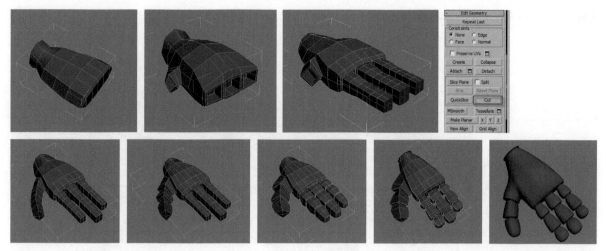

图3-47

实例4：衣物的添加

本节的主要内容是学习如何为蚂蚁添加衣物，使用的技术是Cloth【布料】的相关技术，在制作流程上着重强调的是在正式制作蚂蚁身上的具有布料效果的衣物之前，先要使用Cloth【布料】在蚂蚁身上沉降出一个作为起始状态的衣物，因为这样的衣物会有自然的褶皱效果。基于这个效果以后，再去制作跟随蚂蚁身体运动的布料动力学效果。

"城市蚂蚁"的动作库中有一组小蚂蚁作为超市的服务生招呼大家来购物的动作设计，其中的蚂蚁系着围裙拿着小喇叭，带着导购员的帽子，一副勤劳朴实的样子，惹人喜爱。作为添加的衣物来说，帽子和喇叭属于物品，围裙属于衣服范畴，帽子和喇叭只需要通过链接工具链接在头部和手部相对应的骨骼上，即可与蚂蚁的动作同步，而围裙是布料制品，则需要通过特殊的计算布料才能与蚂蚁的动作相匹配，如图3-48所示。

图3-48

STEP 01 创造出围裙在没有添加Cloth布料之前的起始状态。

将绑好的骨骼，设置了初始动作的蚂蚁的模型全部选中，然后在主菜单栏里面选择SnapShot【快照复制】命令将选择的蚂蚁复制出一个Mesh【网格】复制品，如果3ds Max的图形化菜单里面没有SnapShot【快照复制】命令，可以在3ds Max主菜单栏的Customize【自定义】菜单下选择Show UI【显示用户界面】下面的Show Floating Toolbars【显示浮动工具条】，在弹出来的一大堆浮动工具条里面找到Extra【额外】这个图标即可。在选择了SnapShot【快照复制】以后，选择Single【单帧】模式复制，并选择复制的结果为Mesh【网格】物体，如图3-49所示。

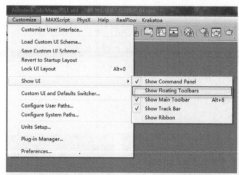

图3-49

　　复制完成后，便会得到一个看起来和绑了骨骼的蚂蚁一模一样的、处于初始状态的蚂蚁Mesh【网格】复制品。这个复制品有助于在它上面通过Cloth【布料】的动力学属性沉降出一个围裙作为布料这种物体的初始状态。

技术提示： 需要注意的是通过建模的方式也是可以建出与蚂蚁肢体吻合的围裙模型，但是这比较费时间，而且也不如电脑布料计算出来的精确，所以通过将制作了大致形态的衣物放在角色身上，通过重力作用自然沉降来得到一个有着自然褶皱效果是聪明的做法。

STEP 02 完善围裙的结构，为蚂蚁的围裙添加特殊的固定带子。

　　接下来，在不会动的蚂蚁网格复制品上，根据蚂蚁的身体的形态制作出身体可以带得上的围裙，由于蚂蚁的身体结构特殊的缘故，这个围裙相比人身上的围裙多了一些固定的带子，如图3-50所示。

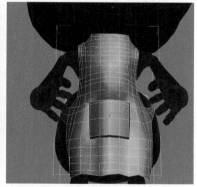

图3-50

技术提示： 通过命令面板里的Edit Poly【编辑多边形】命令不断地给围裙增加细节，但在建模阶段要控制好点线面的数量，不要增加太多的面，因为最后在给围裙添加Cloth【布料】命令之前还要用Turbo Smooth【涡轮光滑】来增加面数（增加面数是为了布料在模拟的时候能与蚂蚁的身体有足够多的接触点），以免后面进行布料模拟的时候由于面太多导致模拟速度过慢，如图3-51所示。

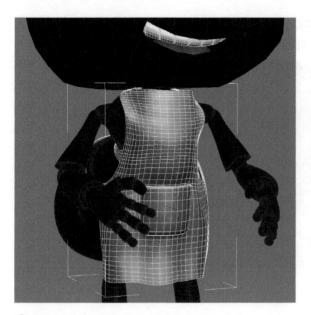

图3-51

STEP 03 为围裙添加Cloth【布料】解算器。

接下来，便可以为这个围裙添加Cloth【布料】修改器了，Cloth【布料】修改器在命令面板的下拉菜单里，选择Cloth【布料】修改器之后可以看到这个修改器有非常多的控制参数，如图3-52所示。

介于篇幅限制这里不做展开研究，只对本节需要用到的功能做一些说明。

首先单击Object Properties【物体属性】按钮，如图3-53所示。

图3-52   图3-53

会弹出一个物体属性的设置面板。将围裙选择为Cloth【布料】属性物体，将围裙会发生挂坠沉降的蚂蚁的脖子和蚂蚁的身体选择为碰撞物体，如图3-54所示。

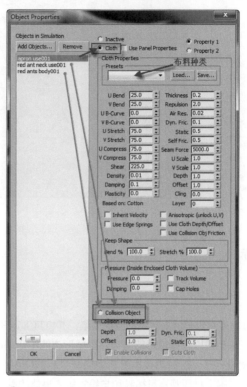

图3-54

同时可以在布料的种类下拉菜单里面为蚂蚁的围裙制定一个布料种类的属性，比如cotton【棉布】，如图3-55所示。

STEP 04 模拟布料的垂坠沉降效果。

关闭Object Properties【物体属性】控制面板，来到命令面板中的Simulation Parameter【模拟参数】卷展栏，依据蚂蚁模型的大小和布料需要呈现的飘动的幅度将cm/unit设置为2.0，如图3-56所示。

图3-55   图3-56

然后在Object【物体】卷展栏里面单击Simulate【模拟】按钮，模拟成功以后，围裙就会由于Cloth【布料】命令中的地球重力的原因而挂在蚂蚁身上发生垂坠效应，如图3-57所示。

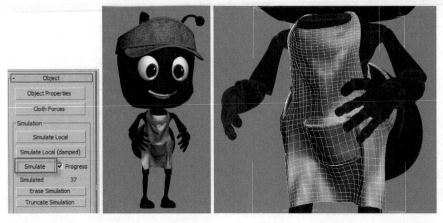

图3-57

技术提示： 围裙以棉布的属性方式与蚂蚁的身体和脖子发生碰撞，而形成自然的褶皱效果，由于模拟时，布料是以动画的方式计算的，所以蚂蚁的模型使用不会动的Mesh【网格】复制品是比较好的选择，同时由于这个网格物体没有绑定骨骼，计算的时候也会比较简单，不容易发生死机。

`STEP 05` 将带有垂坠沉降效果的围裙塌陷，并将其绑定在蚂蚁骨骼上。

接下来就可以将模拟好的呈自然垂坠形态的围裙塌陷成一个独立的网格物体，塌陷之后原先的Cloth【布料】修改器就没有了，这时需要再给它添加一个新的Cloth【布料】修改器。然后把它放置在绑定了骨骼的蚂蚁角色上，并可以附上材质观察其褶皱和与蚂蚁角色身体的贴合效果。在正式模拟之前需要在围裙上设置一些与蚂蚁骨骼相连接的固定点，这些固定点类似于真实生活中围裙系带的打结处，如图3-58所示。

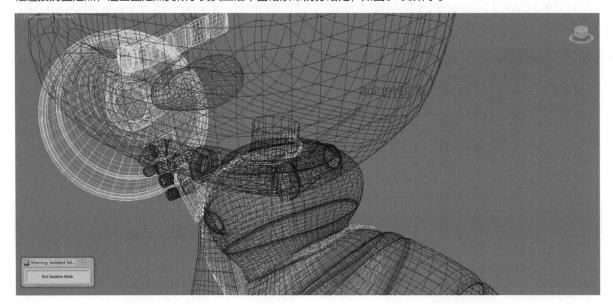

图3-58

知识提示： 注意这里不是将围裙上的固定点与蚂蚁的Mesh【网格】相连接，而是应该将这些固定点与驱动蚂蚁运动的相对应的骨骼相连接。

STEP 06 在Cloth【布料】命令的展开子层级中选择Group【组】，会展现出一系列的面板和控制按钮。同时鼠标处于一种可以选择网格上的点的状态，如图3-59所示。

图3-59

STEP 07 先在围裙上选择相应的点，被选择的点呈现红色，这些点就是需要将其设置为与蚂蚁骨骼相连接的固定点。（由于蚂蚁的身形比较特别，衣物在蚂蚁身上的固定点就需要设置得多一点，以免模拟的时候从蚂蚁身上滑落。）

根据蚂蚁的身形结构特点，设置了6组固定衣物的点的群组。

如后腰部，如图3-60所示。

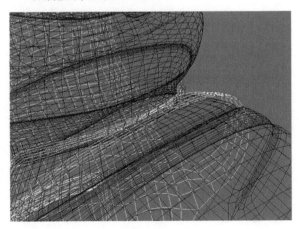

图3-60

后脖颈，如图3-61所示。

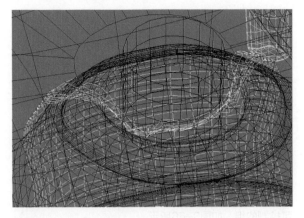

图3-61

腰带处，如图3-62所示。

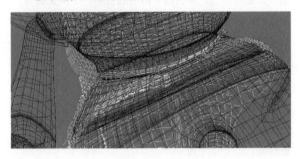

图3-62

肩膀，如图3-63所示。

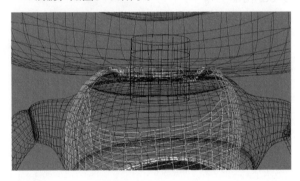

图3-63

腰腹部，如图3-64所示。

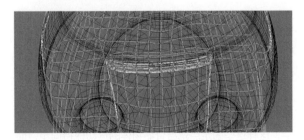

图3-64

胸部两侧，如图3-65所示。

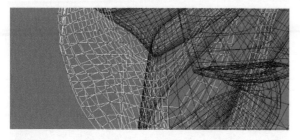

图3-65

STEP 08 选择了这些点以后，点击Make Group【设置群】按钮，这时这些被选择的点就被设置为了一个集中可控制的组，如图3-66所示。

同时，这个Group【群组】会弹出一个对话框，对话框里面可以自己命名这个群组的名字，中英文皆可，如图3-67所示。

图3-66   图3-67

下面的群组框内显示的就是各个组的名称，如图3-68所示。

STEP 09 然后单击Node【节点】按钮，这个按钮的作用是给这些成组的固定点找一个父物体，如图3-69所示。

图3-68   图3-69

知识提示： Node【节点】这个按钮要能处于激活可用状态，必须是在已经做过前一步Make Group【设置群】这个动作之后，否则这个按钮是不可用的。

STEP 10 这时鼠标呈现十字形的状态，用鼠标点击这些固定点需要固定在它上面的那块骨骼物体，在组与父物体的显示框中也会呈现出"组物体to父物体"这样的文字，这样这些固定点就与骨骼物体的运动保持同步，而不会由于布料模拟的缘故在蚂蚁模型上滑动，造成围裙

滑落，固定点的作用与现实生活中围裙上打的固定节一样，如图3-70所示。

STEP 11 通过设置了一系列的固定点以后，便可以基于之前完成的蚂蚁的动画，让围裙与蚂蚁的动作进行动力学的匹配碰撞了，模拟方式还是在Cloth【布料】命令主层级中按Simulate【模拟】按钮，如图3-71所示。

STEP 12 Cloth【布料】在模拟的时候如果发生很奇怪的事情，比如按了按钮就是没反应，或者3ds Max呈现一种飞快的运算之后就死机了，如果出现任何很奇怪的事情的话，应该都是Simulation Parameter【模拟参数】卷展栏下的cm/unit【单位尺寸比例】的设置不是很合适造成的，如图3-72所示。

图3-70   图3-71   图3-72

知识提示： 这个参数的设置并没有一定的标准，这个数值反应的是布料自身的尺寸和其单位重力之间的一个比例关系，它是受到布料的材料和建模时布料的具体大小，还有角色运动时的速度等各种综合因素共同影响的结果，一般来说当模拟出现"怪事"的时候，就把这个数值先向大的方向调节一下然后再模拟看效果，然后再向小的地方调节一下模拟看看效果，逐渐在模拟中找到一个适合具体模型和动画运动速度的合适数值为止。

当模拟取得正确合适的效果以后，就可以得到围兜跟随蚂蚁身体运动的效果，如图3-73所示。

图3-73

第 4 章

角色材质渲染表现

本章内容

◆ 关于角色的材质渲染　　◆ 材质的类型　　◆ 纹理贴图制作
◆ 使用灯光塑造角色　　　◆ 灯光的作用　　◆ 布光的方法和原则
◆ 角色的材质渲染实例

4.1　关于角色的材质渲染

　　本章节主要内容讲解了角色材质的艺术和技术的表现原理，主要以简单材质的渲染、程序贴图的表现和UV贴图的高级应用为实例展开介绍，如图4-1所示。

图4-1

　　材质渲染驾驭力的好与坏，是由创作者对色彩造型与软件相关技术的融会贯通能力的高低决定的。这里面涉及的知识点非常庞杂，比如色彩造型里面，除了明暗可以塑造物体的形状外，还有色相也是可以塑造物体的体积，也就是除了黑白灰可以表现体积感以外，柠檬黄和中黄、橘黄正确比例的搭配也是可以表现体积的，而且画面会比黑白灰来表现体积时要明快。在软件的相关技术领域会发现当今最强大的几款渲染器，如3ds Max自带的Scanline【渲染器】，强大的Vray渲染器，制作了很多卖座动画电影Pixar【皮克斯】公司自己开发的Render man【渲染器】，还有小而强悍的Brazil【巴西】渲染器、Final Render【终极渲染器】、Mental Ray【基础渲染器】等渲染器，这些渲染器对应各自的材质编辑命令。每一款渲染器的编辑命令都有其独特的地方，这里以最常用同时效果又相当不错的Vray渲染器作为范例来简单赏析一下3张来自Vray官网的动画角色渲染作品。

4.1.1 清晰明暗交界线与GI之间的矛盾

① 这张正在奔跑的人物的画面是Vray官网上的图片，从画面上看应该是展示一种可以增强运动员体育效力的外皮肤的运动服，穿上了这种运动服以后可以增强人体肌肉的效力发挥，也可以减少空气阻力。在渲染的时候需要注意，为了凸显穿着以后的肌肉线条，所以必须在人物形体上形成清晰的明暗交界线，这样可以清楚地展示运动人体肌肉线条的力与美，如图4-2所示。

图4-2

② 为了得到清晰的明暗交界线，在明暗造型上就要注意光线的来源，可能一个逆光会比较容易产生这样的交界线，也就是反向的从人物的背后射过来，这样人物会有一个高亮的轮廓高光，同时给予一定的环境和反射光即可。在这张图中需要推敲的难点在于清晰的明暗交界线与GI（光能传递以后的辐射照明）和天光照明之间的关系，一般来说开了GI和天光后，明暗交界线都会比较柔和，不会出现非常犀利有型的明暗分界，但是这个项目又确实需要创作者呈现清晰的明暗交界线，所以创作者需要综合应用主灯光的种类、角度，还有辅助灯光的帮助来塑造明暗的大形，如图4-3所示。

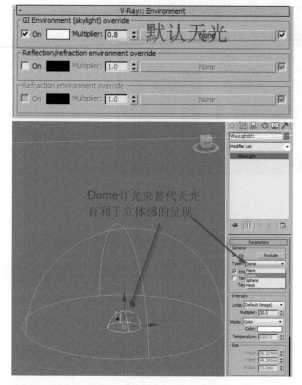

图4-3

③ 同时，Vray渲染器默认的天光可能会被关掉，用Vray灯光中的Dome灯光来模拟天光，这种Dome灯光形成的天光比Vray系统默认的天光要更有利于造型，而默认的天光的效果会过于平板。到底是采取怎样的参数来和谐清晰明暗交界线与光能辐射之间的矛盾，还有高科技运动服的材质的调节来使这种面料的高光部分与灰度还有暗部都能取得一个在明暗关系上和谐的状态，同时又能让观众感受到这个是一个类似某种碳氟纤维化学纺织物而不是什么类似没有科技含量的棉布之类的纺织物呢？这就需要在材质和灯光上围绕这些要求去不断尝试。

4.1.2 大平光、大曝光的处理

同样是一张Vray官网上的图片，一个胖胖的小女孩高举着棒棒糖，糖上面还站着一只可能是蜜蜂的小昆虫。这是一个卡通的画面，而且小女孩面朝太阳的方向，这时的难点是容易出现大平光照射角色以后，让角色失去明暗的体积感，而显得很平。在这种情况下，这幅画面的创作者可能给小女孩的皮肤使用了Vray的3S半透光材质来规避这种风险，同时小女孩的贴图层里应该还有高光贴图，让其在阳光直射的时候能帮助角色形成正确的体积。同时可能在Vray摄像机的Mapping

【映像】上采用了"幂"的结算方式，而不是线性解算方式，可能Max的系统设置也是gamma2.2，这样的设置也是为了让太阳光直射角色的时候不至于过于曝光让角色失去体积感和细节，如图4-4所示。

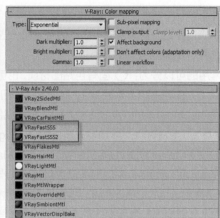
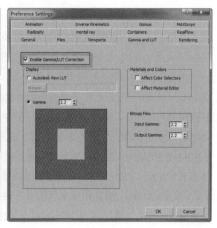

图4-4

4.1.3　当各种画面内主要物体都是白色时的处理

❶ 这张Vray官网上的图的特点是非常卡通的两个角色，但是它们却处于非常真实的生活家居环境里，这可能是一支洗衣液的电视广告。大家要知道，当卡通的角色一旦来到日常真实的生活环境以后，由于观众的生活经验，观众会很容易的辨识这个角色身上的光影与材质是不是与这个生活场景里面的光影与材质是协调的，如图4-5所示。

图4-5

❷ 在这支电视广告画面中，创作者需要解决的难题是两只小白熊与白色的布、白色的洗衣液瓶子、白色的洗衣机，还有白色的窗台、窗外白色的积雪树木之间各种"白色"的微妙区别，就像当初张艺谋在拍摄《英雄》的秦王宫时，对于美术设计来说最难的事情是调校秦王宫里面各种黑色的微妙差别。灯光布局的微妙

差别是很重要的，否则等到摄像机取景的时候那就是一片漆黑，根本分不出黑色里面的层次，如图4-6所示。

图4-6

❸ 这支以白色为主的广告片里，创作者也需要妥善解决各种白色之间的微妙区别，让这些白色既要干净，又不能因为要有所区别而灰得像脏的，同时各自的灰度还要有所不同，让画面有丰富的层次感，这确实需要创作者在灯光布局还有各种材质的质地和制作上花不少脑筋去调节各种参数，不断尝试才能制作出优秀的作品。

4.2　材质的类型

本节的主要内容是对3ds Max的材质编辑器中的一些常用的材质球的特点和一些基本的材质分类进行介绍，同时也对采用Vray作为渲染器时会常用到的几种Vray的材质球的特点进行介绍。

根据在角色动画制作时的材质应用，常用的可以分为：① 固有色贴图材质，也可以叫漫反射贴图材质Diffuse Maps；② 高光贴图材质 Specular Maps；③ 透明贴图材质Opacity Maps；④ 凹凸材质Bump Maps；⑤ 法线贴图材质Normal Maps；⑥ 置换贴图材质Displacement Maps；⑦ 反射/折射贴图材质Reflection/Refraction maps；⑧ Vray3S材质（也就是半透光材质）；⑨ 毛发材质；⑩ 自发光照材质VrayLightMtl；⑪ 混合材质（包括Max标准材质的Blend和Vray的VrayBlendMtl）；⑫ Matter材质（包括3ds Max自带的Matter/Shadow材质和Vray的属性调节Matte Object效果以及在包裹材质VrayMtlWrapper中达到类似效果）；⑬ 卡通材质（包括3ds Max自带的Ink'n Paint和Vray的Cartoon材质）；⑭ 车漆材质VrayCarPaintMtl；⑮ 复合多维子材质Multi/Sub-object。

① 固有色材质是贴在Diffuse【扩散的】材质槽里的表示物体基本的颜色和纹理的贴图，通常为由像素点构成的Bitmap【位图】，如图4-7所示。

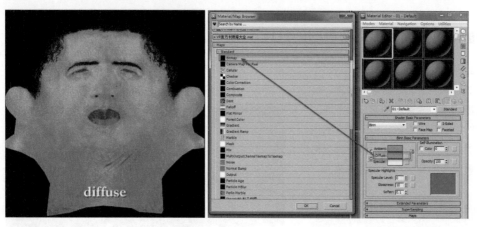

图4-7

② 高光贴图材质是贴在Specular【镜子】材质槽里的通过灰度来指示高光区域的贴图，通常为黑白位图，白色为高亮部分，逐渐通过灰度往黑色过渡，如图4-8所示。

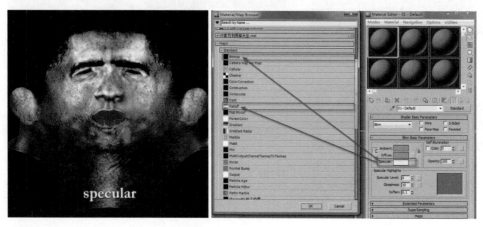

图4-8

③ 透明贴图材质是贴在Opacity【不透明】槽里的通过灰度来指示透明与不透明区域的位图，通常为黑白色，白色部分为不透明，黑色部分为透明，灰度部分的透明度介于它们之间，如图4-9所示。

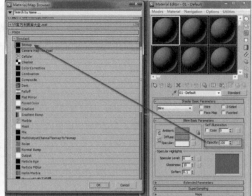

图4-9

④ 凹凸贴图材质是贴在Bump Maps【凹凸贴图】槽里的贴图，可以为位图，也可以是3ds Max的程序贴图，通常会使用灰度贴图作为凹凸贴图，贴图中越白的部分属于凸起的区域，越黑的部分是凹陷的区域，与Normal Maps【法线贴图】不同，这种Bump【凹凸】贴图是一种假的凹凸，它的凹凸不会受光照的影响产生投影，如图4-10所示。

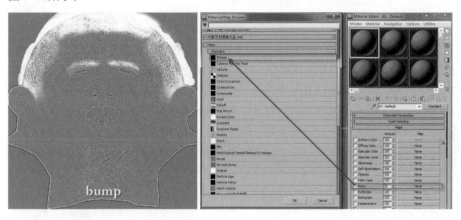

图4-10

⑤ 法线贴图材质是贴在Normal maps【凹凸贴图槽】双击打开以后，有个淡蓝色的选项叫Normal Bump【凹凸贴图槽】的槽里的一种基于UV坐标的，可以反映真实光照和摄像机角度变换的真实凹凸的贴图。这种贴图一般都是由第三方软件，比如Crazy Bump【超级法线凹凸】、Mudbox【数字雕刻和纹理绘画】或者Zbrush【画笔】生成的，对于制作高细节的模型非常有用，如图4-11所示。

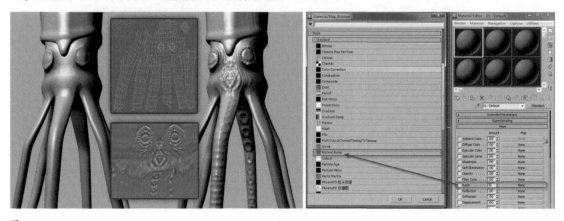

图4-11

⑥ 置换贴图材质是贴在Displacement Maps【置换贴图】槽里的灰度贴图，一般为位图，通过黑白灰度来控制凸起和凹陷，这是一种真实的凹凸。其与法线贴图不同的是，置换贴图并不能准确地描述每一个细节不同的，微妙的凹凸变化，它更像是一种浮雕的凹凸效果，而角色往往都是圆雕，对于圆雕来说只有法线贴图才能精准地描述其具体的凹凸变化，如图4-12所示。

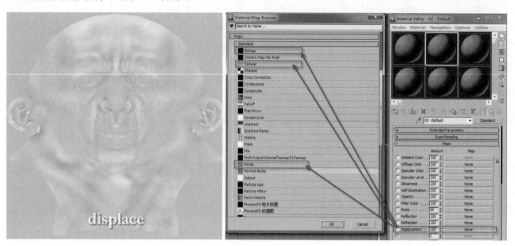

图4-12

⑦ 反射/折射贴图材质是贴在Reflection/Refraction maps【反射/折射】槽里的贴图（3ds Max标准材质和Vray基础材质均有这两个槽），可以为各种颜色和贴图类型，在3ds Max标准材质球的反射折射槽里一般贴Raytrace【光线跟踪】或者Reflect/Refract【反射】材质，而在Vray【材质】的相应材质槽里一般不会贴管理反射和折射的贴图类型，因为它的反射折射都是通过黑白灰度来调节的，如图4-13所示。

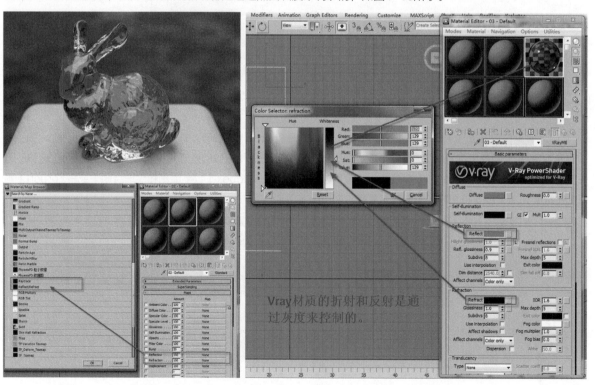

图4-13

⑧ Vray3S材质是一种允许光部分进入的材质，在较高版本新增了可以快速调取预设值的新的3s材质Vrayfastsss2，里面有很多预设好的参数，比如牛奶、奶昔、奶油、土豆、巧克力、大理石等，对于制作此类半透明的物体很是能够提高制作效率的，如图4-14所示。

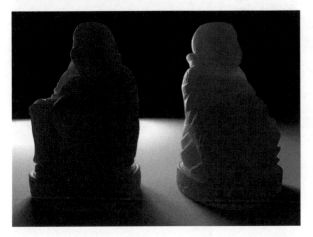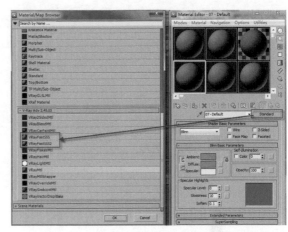

图4-14

⑨ 3ds Max的Hair and Fur在3ds Max默认的Scanline【扫描线】渲染器里面是不需要什么特定的毛发材质的，但是如果使用Vray渲染的话,这个3ds Max集成的毛发修改器就无法渲染出毛发阴影了。由于【材质】已经内置了VRayHairMtl毛发材质，所以这个材质只是添加给3ds Max的毛发物体的话是仍然渲染不出正确的毛发和阴影的，而是需要在Environment and Effects【环境和特效】面板里选择Effects【效果】面板，在其的Hair and Fur【毛发修改器】卷展栏下将Hairs【发型】后面的可选下拉箭头由buffer【缓冲区】改为mr prim，然后再将VrayHairMtl材质球拖曳到max右边的修改器面板中，将Hair and Fur【毛发修改器】里面的 mr Parameters【参数】卷展栏的Apply mr Shader【适用材质】槽勾上才能有效，如图4-15所示。

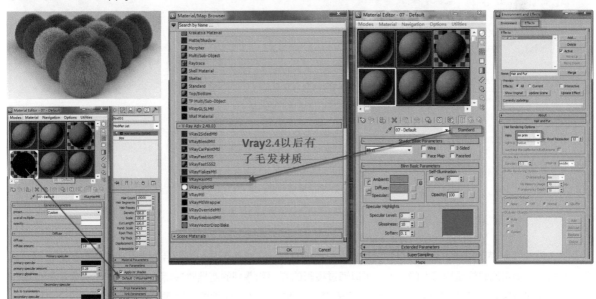

图4-15

⑩ 自发光照材质是在Vray卷展栏里面名为VrayLightMtl【灯光材质】的材质，使用它给物体加上以后，可以使物体自身成为光源，并可以照射出阴影。需要注意的是如果需要物体的反面内部，需要勾选Emit light on back side【在背面发光】这个选项。比如，一个用作环境反射和光源的平面贴图信息能够被身处这个环境中的角色所反

映，如图4-16所示。

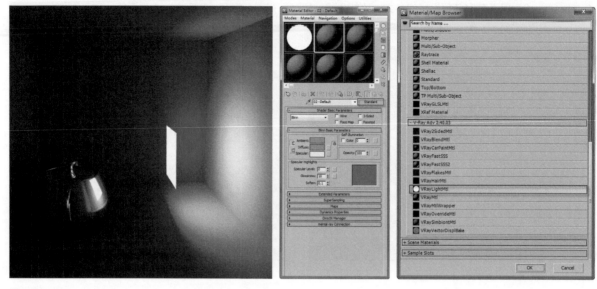

图4-16

⑪ Blend【混合材质】在3ds Max自带标准材质里和Vray里都是通过与透明材质黑白指示相反的方式去表示透明与保留底部的起始材质的。也就是混合材质是用白色表示透明部分，而黑色是不透明部分也就是保留起始材质的部分，这点需要注意，如图4-17所示。

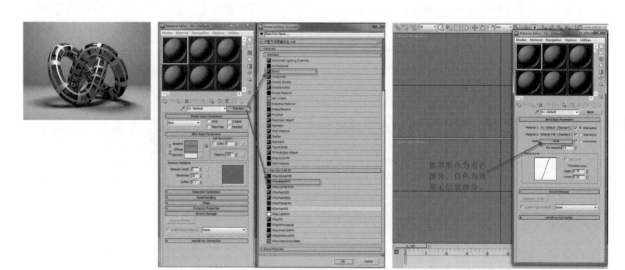

图4-17

⑫ Matte【粗糙】材质也就是可以和背景融为一体的材质，在将角色与一张图片或者一段拍摄好的影像进行摄像机匹配动画渲染的时候是用得上的，因为可以通过投影的方向和遇到的遮挡物来矫正角色相对于摄像机的位置和角度。如果是3ds Max自带Matte/Shadow【天光/阴影】材质的话，就需要将地面和环境物体给予这个材质，如图4-18所示。

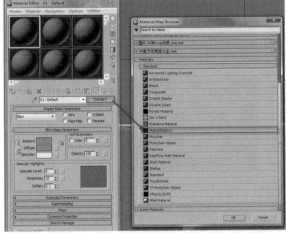

图4-18

⑬ 如果是Vray材质的话，需要右键单击需要作为背景阴影承接物的物体然后选择Vray属性；在属性面板里面勾选Matte Object【无光对象】，然后在其下面将Alpha Contribution【通道贡献】的值改为-1.0。这样才能使阴影承接物与背景融为一体，同时勾选Shadow【阴影】选项，产生阴影，如图4-19所示。

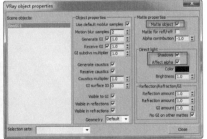

图4-19

⑭ Vray的包裹材质VrayMtlWrapper【包裹材质】的Matte Properties【亚光参数】栏目下的Matte Surface【亚光面】勾选以后，阴影承接物即为不可见物体，与背景融为一体，勾选Shadow【阴影】以后才会有阴影，将其Alpha contribution【通道贡献】设置

为-1时，效果与Vray属性里面做类似操作时的效果一样，都是在Alpha【通道】里均没有实体的阴影承接物（地面为不可渲染），但是画面中是有阴影的，阴影与背景色融为一体，如图4-20所示。

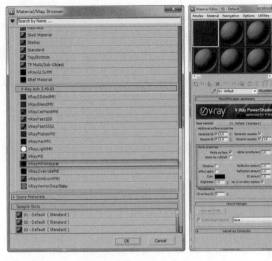

图4-20

⑮ 卡通材质比较简单，赋予对象以后，对象会渲染出边线和卡通的高光，过渡色和暗部的着色效果，轮廓线和叠加轮廓线等边线都是可以改变它们的粗细的，使用还是很方便的，如图4-21所示。

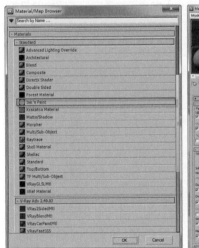

图4-21

⑯ Vray有一个VraycarPaintMtl【车漆材质】，使用简便，需要注意的是Flake Color【小碎片颜色】的相关参数，这个颜色决定了车漆着色以后在光照条件下所呈现的颜色，这个颜色将有别于其基础色，这个是模拟金属车漆在光照以后，其中的各种金属成分和化学涂料成分对光波里面的相应波段做出的反应，在设置车漆的材质时要注意这块，否则会得到一个与车子本来颜色相去甚远的颜色，如图4-22所示。

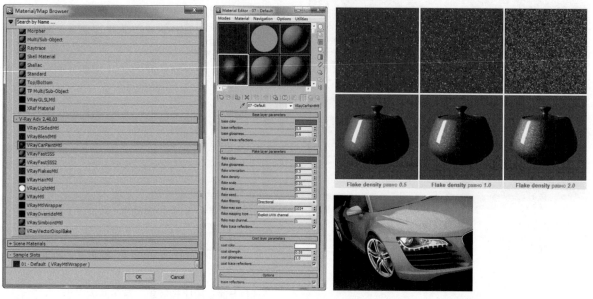

图4-22

⑰ Multi/Sub-object【复合多维子材质】也是一个很方便使用的复合材质，可以给一个物体的不同ID编号的部分给予不同的材质。首先需要在3ds Max的Edit Poly【编辑多边形】里面选择相应的物体的Face【面】；然后将这些面在set【建立】ID里面给予它们不同的ID号码；选择Multi/Sub-object【复合多维子材质】，每一个材质槽前面的阿拉伯数字就是这个材质槽所对应的ID号，将其赋予物体即可，如图4-23所示。

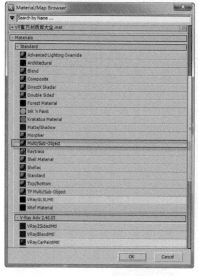

图4-23

知识提示：需要注意的是ID号只能给予比较规则的物体区分不同位置的贴图与材质，但是遇到角色的表面的时候，比如一个人或者一匹马的时候，靠分ID是无法给予正确贴图的，这就需要通过拆分UV的方式来绘制贴图。

4.3　纹理贴图制作

本节的主要内容是介绍纹理贴图制作使用的软件工具，和这些软件工具在绘制纹理贴图时需要注意的一些问题。

① 纹理贴图一般指贴在diffuse【漫反射】通道里的现实物体本来颜色和材质的贴图，它的制作可以采取很多种方式，有Photoshop平面二维绘制，也有Mudbox或者Zbrush、Deeppaint3d等软件可以在三维里面绘制贴图，如图4-24所示。

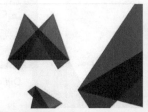

图4-24

② 但前提是必须先将被绘制的角色UV切割好，并展开，一般会使用Unfold3D来切割和展开贴图，它是款小软件，但功能很强大，也很方便使用。按住Shift键+鼠标左键是选择切分路线，在被切分物体上点击右键，软件会自动计算出最佳切分路线。鼠标左键是移动视图，在场景空白处拖曳鼠标右键可以旋转视图，鼠标中键可以放大缩小视图，左视窗是切分操作视窗，右侧视窗在展平UV后是贴图区，如图4-25所示。

③ 切分好以后需要点击Cut【切割】按钮来把切分线变成UV分隔线，然后还要点击展开UV按钮将切分好的UV展平在右侧视图成一张二维UV贴图，如图4-26所示。

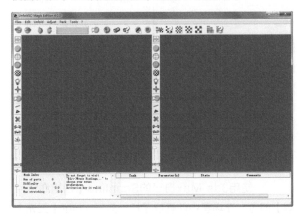

图4-25

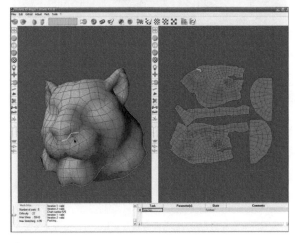

图4-26

④ 在UV切割的时候需要注意一些常识性的问题，由于贴图绘制的时候都在某些地方会有一定的穿帮或者重叠的现象，所以在设置UV切割线的时候尽量将切割线放在角色不太容易被摄像机拍到的地方，比如耳朵后面、后脑勺、腋下等，尽量少穿帮，如图4-27所示。

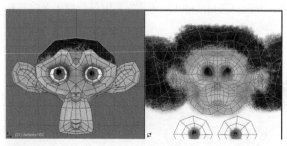

图4-27

⑤ 然后在使用PS绘制的时候需要注意在边缘的地方尽量画出去一点，这样系统在将这张贴图合并在一起渲染的时候，它的接缝处和边缘处会尽量融合，减少穿帮的现象。使用手绘板绘制是最好的选择，不论在PS里面平面的绘制还是在雕刻软件或是专门的三维贴图绘制软件里面绘制，都是考验一个人素描、色彩等艺术能力的环节，这里就不赘述了，如图4-28所示。

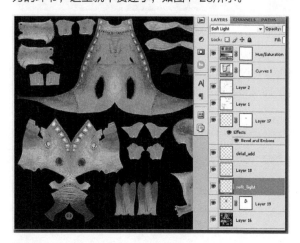

图4-28

知识提示： 需要提一下的是在一些穿着盔甲的角色或者身体上有一些饰物的角色，或者是一些机械角色，比如坦克装甲车等在车身上会有很多的附着设备，这些附着设备会和角色的身体产生一个密切的接触区，在这些接触的部位会产生可以称之为脏或者比较黑的暗部，但同时这些暗部又有一定的从中心向四周的放射性延展，这就是AO贴图，也叫AO贴图

（Ambient Occlusion 环境咬合贴图），这种贴图一般会和纹理贴图在Photoshop软件中通过层叠加的方式合并为一张最终的纹理贴图来使用，如图4-29所示。

| Diffuse Only | Ambient Occlusion | Combined |

图4-29

⑯ 关于AO贴图（Ambient Occlusion 环境咬合贴图）的制作方面，3ds Max自己就有不错的AO贴图制作模块，在选中场景中需要烘焙AO贴图的物体的情况下按键盘上的0键，就会弹出AO贴图烘焙的面板，如图4-30所示。

图4-30

⑰ 使用3ds Max自己的Scanline【扫描线渲染器】即可，在场景中任意位置打一盏Skylight【天光】即可，如图4-31所示。

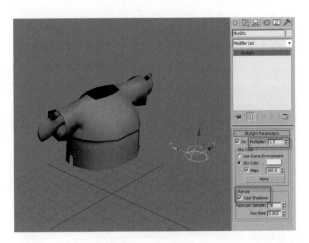

图4-31

⑧ 在烘焙面板的Output【输出】卷展栏下选择add【添加】按钮，在弹出的小选择框中加入烘焙贴图的类型为ShadowsMap【阴影贴图】，如图4-32所示。

图4-32

⑨ 选择相应的输出尺寸，然后单击烘焙面板最底部的Render【渲染】按钮就可以渲染出AO贴图了，如图4-33所示。

图4-33

⑩ 在渲染出的图中可以看到有很多黑色的留痕状着色，这就是AO贴图的效果。AO贴图的渲染尺寸应设置与纹理贴图的尺寸一致为最好，然后将这张AO再置入PS中，与纹理贴图通过合适的叠加模式，形成一张效果丰富的纹理贴图，如图4-34所示。

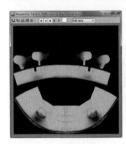
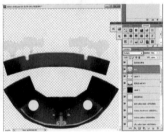

图4-34

知识提示： AO贴图的烘焙必须基于UV贴图的正确切分，如果UV没有设置好的话，AO贴图是烘焙不出来的。

4.4 使用灯光塑造角色

本节的主要内容是介绍3ds Max中的灯光是如何对角色进行造型的,并介绍了3ds Max的默认灯光和Vray的灯光,同时通过赏析一些优秀的作品来解析各种灯光的不同特性以及在使用了GI(全局热辐射能量传递)的间接照明和线性工作流Gamma2.2的一些在渲染工作中经常会遇到的问题。

① 在3ds Max中自带的常用标准灯光有Omni【泛光灯】、Spot【聚光灯】、Direct【直射光灯(平行光)】等,同时这些光都可以自带目标点或者不带目标点;不带目标点的叫Free Spot【自由聚光灯】和Free Direct【自由平行光】;携带目标点的叫Target Spot【目标聚光灯】和Target Direct【目标平行光】等,如图4-35所示。

图4-35

② Vray的VrayLight【日光灯】一种光就可变成平面光源、球形光源、环境光源;对于室外场景Vray还有VRay Sun【太阳光源】等,如图4-36所示。

图4-36

③ 当要使用灯光去塑造角色时,主要需要注意的是灯光的强度与阴影的模式,当使用Vray渲染器时,会有Indirect illumination【间接照明】这个选项,也叫GI。这与3ds Max自带的标准Scanline【扫描线】渲染器不同,3ds Max自带的Scanline【扫描线】渲染器本身是没有GI(全局热辐射能量传递)间接照明效果的,如图4-37所示。

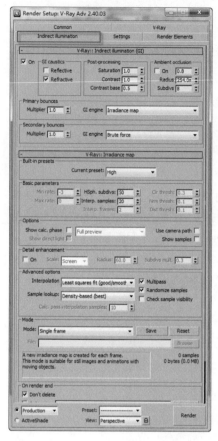

图4-37

④ 只要勾选Indirect illumination【间接照明】标签面板下的On左侧的小勾,全局照明即被开启,如图4-38所示。

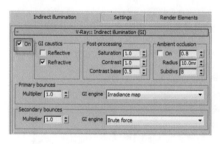

图4-38

⑤ Vray的GI全局有两个光能传递的层级,第一个叫Primary Bounce【一级反射】,其对应的引擎叫Irradiance Map【发光贴图】,这个引擎是以物体的固有色作为光能的反射源,使物体的固有色可以照亮环境,如图4-39所示。

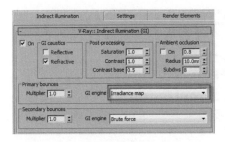

图4-39

⑯ 它下面的是Secondary Bounce【二级反射】，指的是光能照射到物体以后，进行的第二次弹射，这些光能会传递到周围的角落里，照亮那些在Scanline【渲染器】里渲染成不透气的暗部的地方，如图4-40所示。

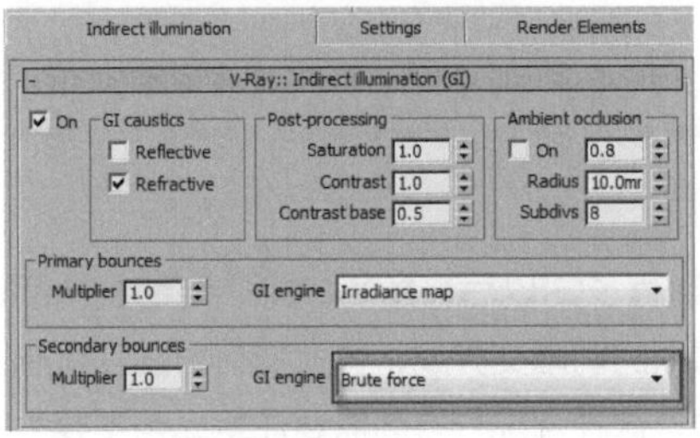

图4-40

⑰ 在这个二级反射里使用的引擎有好几种，常用的为Brute Force【直接渲染】、Light Cache【光子缓存】、Photo Map【光子贴图】，常用的是前面两种。Brute Force【直接渲染】渲染速度快，这是一种蒙特卡洛概率运算引擎，实行抽样定光子的方式来渲染，所以在渲染动画时，特别是当摄像机移动，物体不动的时候会产生一定的阴影跳动；而Light Cache【光子缓存】与Irradiance Map【发光贴图】搭配能产生很好的阴影效果，缺点是渲染时间会增加很多，如图4-41所示。

图4-42所示。

技术提示： 安装了Vray渲染器后，选择茶壶，单击鼠标右键，在弹出的菜单中选择一个叫Vray Properties【Vray属性】的选项，如图4-43所示。

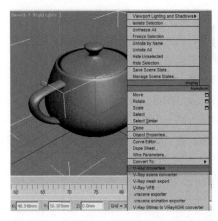

图4-43

⑲ 单击后会弹出一个Vray属性的面板，这个面板中有Generate GI【产生GI】和Receive GI【接受GI】两个可以增减数值的选项，这两个选项前者可以提高茶壶向外界弹射出去的光能的强度，后者可以控制茶壶本身对外界光能的接受度，也就是数值越大曝光越强，数值越小则反之，如图4-44所示。

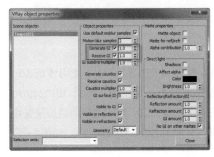

图4-44

⑳ 就算只有一盏从窗外射入的太阳光，只要开启了GI（全局热辐射能量传递）间接照明效果，整个房间还是可以被照亮，这种GI带来的光能照射到物体后

图4-41

⑱ 从下面的茶壶的渲染效果可以看出，上面一排是GI（热辐射能量传递）间接照明效果数值从0递增到4.5时的渲染效果，下面一排茶壶的渲染效果是逐渐增加茶壶对GI辐射的接受强度，可以看到就算场景中如果只有一盏灯光存在，只要开启GI（热辐射能量传递）间接照明效果，物体还是可以被充分照亮的，如

进行第二次、第三次的二级反射效果是3ds Max默认的Scanline【渲染器】不具备的,而像Vray这样的智能渲染器就具备这样的功能,如图4-45所示。

图4-45

现在大部分的初学者和从业者一般最常用的渲染器是Vray渲染器,下面就关于灯光在一款有间接照明的渲染器中工作的时候,会遇到的一些最基本的需要注意的问题进行解析。

① 首先就是当有了间接照明以后,环境中的灯光就不需要那么亮了,因为一组光线射出去以后,通过间接照明会进行第二次散射,将灯光的能量辐射到周围的环境中去。这样一来,就不需要用好多的灯光去照亮整个环境,只需要几盏灯就可以为一个很大的环境照明。其中只有从室外摄入的一个光源,但是通过勾选间接照明的二次反射之后,整个场景都会因为光能的二次传递而被照亮,如图4-46所示。

图4-46

② 在以前没有GI全局的时候必须使用传统3ds Max灯光命令面板内的Exclude【排除】和Include【包括】选项去解决环境内由于灯光太多而造成某些物体过于明亮,有些物体有照明不足的问题,如图4-47所示。

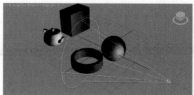

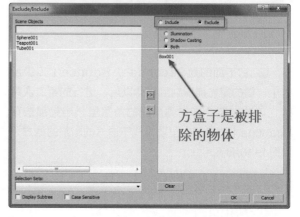

方盒子是被排除的物体

图4-47

③ 其次是当有了GI以后,角色和物体容易全局都很亮,而失去清晰的明暗交界线,也就是有时候立体感不够强烈的问题,这种情况一方面需要注意光照不要太亮,另一方面是在需要在画面中出现清楚的明暗交界线的时候,尽量使用逆光去表现物体的立体感;也就是把光源放在物体的后面或者侧后方,然后适度地降低一些天光,让附着在物体上的天光减弱,从而强调灯光对物体的影响。同时角色或者物体本身最好也是有比较多细节的,特别是曲面细节的,这样可以让角色或者物体在自己身上产生投影,清晰的明暗交界让物体变得更有体积感,如图4-48所示。

图4-48

技术提示: 还有一点需要注意的是Vray渲染面板里面的Environment里面的skylight是一种Override覆盖型的天光,严格意义上说不能算真实的天光,所以这种天光会在角色身上附着一层颜色,而缺乏对于角色身体上细节与细节之间不同部位对于光照辐射的不同反应的区别解算,如图4-49所示。

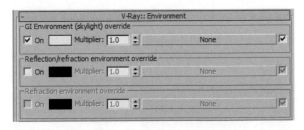

图4-49

④ 如果要得到真实的，能计算物体表面细微变化的天光，应该使用Vray灯光里面的 Vray light，然后将Plane【平板】模式改为Dome【半球】模式，同时参数要小，一般就2~5，然后将Vray渲染面板里面的天光（GI Environment skylight override）勾选去掉，让Dome成为唯一的天光来源，如图4-50所示。

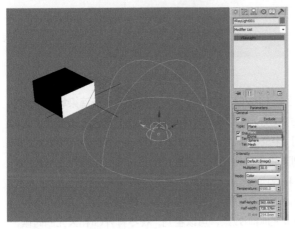

图4-50

⑤ Vray的Dome光源是一种真实的环境天光，放在场景中任何地方都可以照明的，不论是角色还是建筑动画，使用这种天光以后对明暗效果的帮助会大大加强，也就是天光对物体产生的阴影的效果会更加真实，当然这种真实是需要付出很多渲染时间作为代价的。

⑥ 使用灯光塑造角色最需要注意的是角色的体积感，就算再暗、再亮也不能丢失体积感，其次就是角色的情绪、氛围等，这些元素就需要创作者通过灯光的颜色，明暗的区域，灯光的高光，反射对于角色上的不同材质的不同反射强度去做出艺术化的调整，如图4-51所示。

图4-51

4.5 灯光的作用

本节通过对线性工作流的讲解向读者解释了灯光在动画工作中所起的作用，它不只是将场景照亮，或者照射得美观，它还肩负着对环境和镜头呈现的主次关系进行管理的任务。

① 三维软件里灯光的作用基本与真实拍摄环境里灯光的作用相同，其作用都是照明场景、强调结构、渲染气氛等，如图4-52所示。

② 不同于真实灯光的是，有的时候在制作水和玻璃器皿的时候需要使用专门发射光子的灯光，同时它又不会照射出Diffuse【漫反射】光；有时物体的阴影太深也是可以用灯光去减弱；有时通过给灯光加入大气Effect【效果】，可以制作质量光光束等。

图4-52

技术提示： 在场景中的灯光上点击右键选择Vray Properties【对象设置】，就可以弹出灯光的光子命令面板，这个面板中的Generate Caustics【产生光子】后面的数值就是调控场景中这盏灯射出的Caustics Subdivis【光子的细分数量】和Caustics Multiplier【光子强度倍增值】，如图4-53所示。

图4-53

⑬ 需要提一下的是，在Vray等智能渲染器问世之前，3ds Max自己的Scanline【渲染器】在渲染场景时通常其暗部会很暗，不通透。这不符合人眼观察到的真实环境的情况，所以会用一种叫线性工作流的方式去矫正这种不正确的情况。LWF全称Linear Workflow【线性工作流】，中文翻译为线性工作流。在Vray等智能渲染器问世以前，这些比较暗的画面部位只能依靠三维艺术家通过肉眼判断和手动补光的方式进行修正，自然这些修正与真实的环境里的数据一定是不一样的，线性工作流就是用来矫正这种靠肉眼和手动方式产生的误差。

⑭ 但是随着Vray等智能渲染器的问世，它们有着自动计算的GI，可根据环境的具体情况去对环境内的各种角落进行照明，不留死角。如下图为没有开GI时的一盏灯对场景的照明效果，可以看到，在不打开GI和天光的时候，场景的四周和角落都淹没在黑暗中，场景中没有光能在传递，如图4-54所示。

⑮ 这个是开了GI和天光以后，同样是一盏灯对环境的照明效果，这张图虽然角落里都照亮了，但是出现了曝光过度的问题，这个问题很好解决，在本节最后的技术提示里有进一步的解析，如图4-55所示。

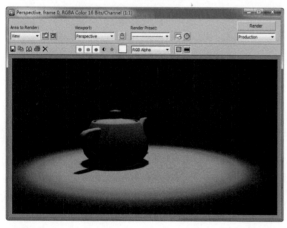

图4-54

图4-55

⑯ 在3ds Max菜单栏的Customize【自定义】栏下选择Preference【自定义界面】，如图4-56所示。

图4-56

⑰ 在弹出的对话框中选择Gamma and LUT标签，勾选Enable Gamma/LUT Correction【伽马矫正】后，图像的输入和输出的伽马值都变成了2.2，这时这个场景就被伽马矫正了，如图4-57所示。

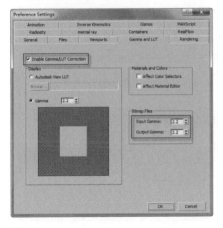

图4-57

⑱ 从渲染出来的示例图像来看其暗部会比之前更透光一些，亮部的色彩饱和度也会稍微低一些，总的来说画面会比没有开启伽马矫正的时候要亮，左侧的是没有开启伽马2.2矫正的，右侧是开启矫正的，如图4-58所示。

图4-58

⑲ LWF就是一种通过调整图像Gamma【伽马】值，来使得图像得到线性化显示的技术流程。而线性化的本意就是让图像得到正确的显示结果，设置LWF后会使图像明亮，这个明亮即是正确的显示结果，是线性化的结果。通过在max的首选项设置中勾选启用Gamma/LUT校正，设置gamma【伽马】值为2.2，然后3ds Max即时显示出来的三维图像和渲染出来的图像都会变得亮一些，特别是暗部会更透气一些。但是在Vray等智能渲染器问世以后，其实这个Gamma2.2的校正作用并不是那么大了。因为艺术家如果看到环境里的暗部过暗的话，会提高间接照明里面二次反射的级数，通过手动调整的方式也是可以得到不错的光补偿的图像的，如图4-59所示。

图4-59

⑳ 在三维软件工作系统中，不管什么样的渲染器都是为了让角色和环境呈现的画面美观，氛围符合导演和客户的想象，所以在考虑灯光的作用的时候不应该单独地去考虑灯光的照明问题，而是要结合场景与角色的需要去认知灯光对于这个镜头的意义到底是什么，如图：有的镜头里面物体和角色非常多，这时如果只考虑灯光的照明作用的话，就会主次不分，整个画面非常的凌乱，俗话叫"花"，而正确地使用灯光能够让繁杂的场面变得可控，主次分明，既不会喧宾夺主，也不会不

知道该看哪里好。

技术提示： 开了Gamma2.2以后，场景会变亮，这时会出现曝光过度的问题，修正这种问题最便捷的办法是在渲染面板的Vray标签面板下的Vray Color Mapping【研究卷展栏】的Camera Type【摄像机类型】下拉菜单中选择Exponential【指数幂】方式即可，如图4-60所示。

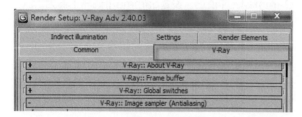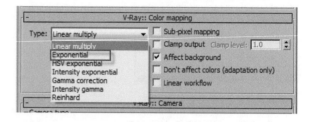

图4-60

⑪ 以上面的一盏灯茶壶场景为例，图4-61所示的是没有使用GI、天光和Gamma2.2矫正的渲染效果。

⑫ 图4-62所示为使用了GI、天光和Gamma2.2矫正的渲染效果。

图4-61

⑬ 图4-63所示为采用了Exponential【指数幂】，同时打开了GI、天光和Gamma2.2矫正的渲染效果。

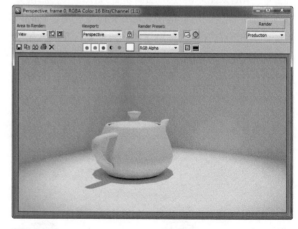

图4-63

4.6 布光的方法和原则

本节的主要内容是介绍三点布光法在三维动画角色照明时的应用，通过180度线的摄像机原则来解析和强调这种三点布光在动画和静帧时的区别，同时通过一个小例子向读者展示虚拟的布光与真实的布光存在的差异以及灵活运用的手段。

① 关于角色动画的布光在三维软件中的布光的方法和原则与现实舞台、影视现场的基本相同，大部分情况采取传统的三点布光原则，也就是一盏主光、一盏辅助光和一盏逆光或叫背景光，如图4-64所示。

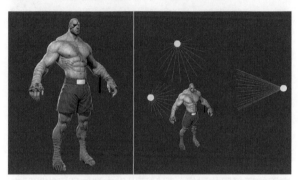

图4-64

② 主光用来照明场景中的主体，主光可以采取各种不同的角度，依据剧本和场景的具体情况定；辅助光用来模拟环境和地面等周围状况给角色主体带来的环境反光影响；逆光主要用来将角色轮廓与背景区分开让观众清楚地知道什么是前面，什么是后面，如图4-65所示。

图4-65

③ 可以看到第一张Key Light【主光源】是打出角色和场景的主要照明光，Fill Light【辅助光源】是对场景和角色主光光照照不到的地方进行照明补偿，Rim Light【轮廓光源】是对角色的轮廓进行裁切的一种逆光布光，目的是为了让角色和背景区分开，如图4-66所示。

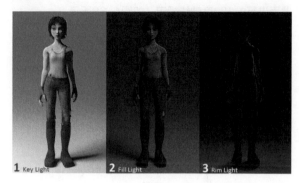

图4-66

④ 三点布光很传统，但是里面需要注意的一个细节是，当角色动画是在一个连续的多个动画镜头组成的故事画面中的时候，千万注意灯光不要"跳轴"。有过动画制作经验和静帧制作经验的朋友一定知道一个有角色的三维场景在静帧中很好看不等于这个角色因为运动改变了位置和姿势以后还是好看的，很有可能在静帧中合理美观的灯光到了动画里面就不合适的。这就是对动画的灯光设置要求比较高的原因，用俗话说就是："换了个镜头以后，之前那个镜头里面打好的灯光可能在另一个镜头里并不能给角色和场景带来美观的照明效果"。当摄像机旧的轴线和新的轴线都存在的时候，一定要注意如果摄像机更换了轴线的话，灯光也要跟随摄像机调整主光的位置，否则就会造成剪辑时的灯光跳轴问题，如图4-67所示。

图4-67

⑤ 影视中，摄像机在拍摄一个物体时，一般为了保证角色在画面中的位置和方向统一，摄像机要在轴线一侧180度内的区域设置机位、角度，调度景别，如果不管这个"轴线问题"，随意布置摄像机的机位和走位

的话，那拍摄好的分镜头剪辑在一起的时候就会出现跳轴的现象，也就是观众会受到连续画面中突然角色方向改变带来的空间与方向认知的困惑。不管摄像机如何从A、B、C三点进行切换，摄像机都不会越过两个角色中心的那条虚线，也叫180度线，这是为了避免跳轴问题而进行的180度轴线规定，如图4-68所示。

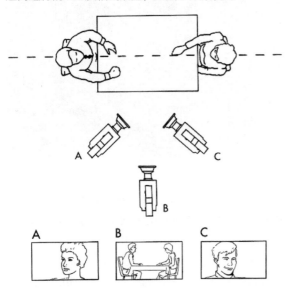

图4-68

⑥ 在三维场景中也是一样，当角色动画不是一个镜头，而是多个镜头剪辑在一起形成的时候，前一个镜头打好的灯光并不一定对后一个镜头也是适用的；虽然不改变灯光确实可以保持连续的镜头都处于统一的照明中；但是从影片质量上来说，可能有一些镜头的照明效果就会打折扣。如果需要对后续的镜头调整灯光的位置，那么必须好好研究一下第一个镜头里面灯光与摄像机之间的轴线关系，而不能随性单独地去为一个照明状况不佳的镜头重新安排灯光的位置，这样会造成镜头在剪辑到一起以后让观众出现对环境空间的认知困惑。

⑦ 虽然真实的世界里面不需要考虑全局照明的问题。但是三维环境里面特别是遇到很大的场景的时候，这时三点布光也不见得帮得上什么忙，如果使用Vray渲染器的话，使用其Sun【太阳光】，打开GI间接照明和环境天光，便可以轻松地照明一个很大的场景，就算不用Sun【太阳光】，只用一个Vray的平面灯光，也是可以轻松照明一个比较大的环境的，如图4-69所示。

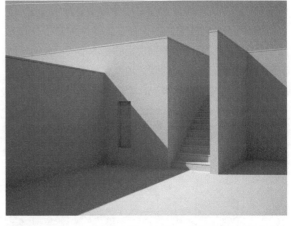

图4-69

⑧ 但是里面的角色怎么办呢？角色身处这个大的白天的环境里的时候，虽然可以借由整体环境的照明去照亮角色，但是很有可能这个角色会失去应有的体积感，也就是三点照明虽然对大环境起不了什么作用，但是三点照明的主光，辅助光和逆光确实是可以帮助一个角色即融入这个环境，同时又能凸显与这个环境，不至于和环境混在一起，虽然我们可以使用摄像机景深的办法去让角色与环境分离出来，但是摄像机景深并不能塑造角色的体积感，而角色的体积感是在大白天、大场景等户外环境中最容易失去的画面效果。这时就要使用一些违背现实情况的布光设置了。

STEP 01 在太阳光为主光源进行照明的场景中创建两盏Vray面光源作为场景中这个奔跑的小人的辅助灯光。奔跑的小人使用了一副CAT的Basic Human【预设骨骼】，并在这副骨骼的胯部重心处绑定了一个Dummy【虚拟体】，如图4-70所示。

STEP 02 设置两盏Vray平面光源的Exclude【排除】项，将除了小人以外的所有物体都排除出这两盏灯的照明。这样这两盏灯只会对小人起到辅助的光照效果，而不会对太阳光照射的场景进行照明影响，如图4-71所示。

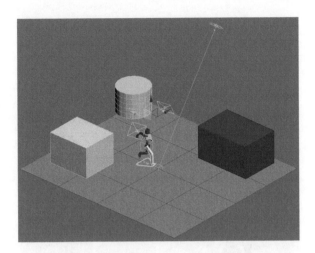

图4-70

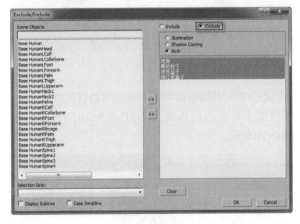

图4-71

STEP 03 使用3ds Max菜单栏里的【链接】🔗工具，将两盏辅助的Vray平面光源链接在奔跑的小人身上的胯部重心处的Dummy【虚拟体】上，这样这两盏灯不管小人跑到哪里都会跟随他进行照明，使小人不管身处何处都能被辅助光照到，这种布光的方式在现实的世界中几乎是不能实现的，如图4-72所示。

图4-72

知识提示：虽然三维动画里的灯光的布光的原理与真实环境中是一样的，但是三维环境毕竟是一个虚拟的世界，在具体工作的时候是可以做一些违背现实的处理的。比如可以给角色单独打上主光、辅助光和逆光，使用3ds Max灯光里面的Exclude【排除】或者Include【只包括】选项来只让这三个灯对角色起作用，不影响周边环境，让角色更具立体感。考虑到动画角色可能会转身、跳跃，摄像机也可能换角度，也可以把这三盏灯link【链接】在角色骨骼的中心（重心）点上，这样不管角色如何运动都能有给它打体积的光如影随形，不过要注意的是如果角色出现了180度的转身的话，就不能在这个镜头里去link【链接】灯光在角色的中心（重心）体上，因为这样会出现灯光跳轴的情况，也就是逆光变成了主光。所以最好的做法是先将只照射角色的三点灯光link【链接】在一个Dummy【虚拟物体】上，然后这个虚拟物体再Link【链接】在角色的中心（重心）体上。如果遇到了角色出现180度转身的镜头，就在这个镜头里面断开Dummy【虚拟物体】与角色中心（重心）体的连接，手动调整一下控制三点光位置的虚拟体Dummy【虚拟物体】即可，只要三点光的轴线位置不发生改变，手动调整也是合适的。

对角色动画来说最强调的三维动画灯光的技术就是灯光的"跳轴"问题，因为这是动画，不是静帧，而且在角色动画中，角色是很容易出现转身和摄像机变换角度的情况的。这就需要对动画所表达的意境有充分的理解，合理地运用主光、辅助光和逆光这三点布光原则和方法去把角色和场景艺术化地表达出来，这是每一位三维艺术创作者的使命与责任，如图4-73所示。

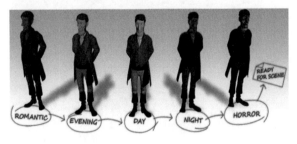

图4-73

4.7 角色的材质渲染实例

4.7.1 实例1：简单材质的渲染

本节的主要内容是简单介绍一下什么是简单材质，简单材质会具有的一些特性是什么，通过一个比较极端的例子来展示对于没有贴图的全黑色的简单材质该如何表现才能表现的有层次和质感，并让读者了解其中的原理和手段。

① 所谓简单材质一般指的是只有Diffuse【漫反射或弥散贴图】、Reflection【反射】、Refraction【折射】、Opacity【透明】等基本效果的材质。渲染的时候根据不同的渲染器会有一定的差别，但总的原理都是一样的，它们都是对场景中灯光所产生的能量的一种反射回馈，如果场景中没有灯光照明的话，这些属于简单材质的属性是无法被渲染出来的。

② Diffuse【漫反射】可以为简单的颜色，也可以是贴图，它指的是物体从高光到灰度再到暗部的整个区域内的固有色与环境色的互相影响；Reflection【反射】是指物体表面像抛光金属或玻璃那样对环境和光线作用的反射效果；Refraction【折射】一般指透明或者半透明物体对于光线的折射效果；Opacity【透明】与折射不同的是它不会发生光线入射角到出射角的折向变化，它只是单纯的通透效果，光线的射角和出射角是完全一致的，这些简单的材质属性构成了一个角色最基本的对于光照和环境关系的回应，如图4-74所示。

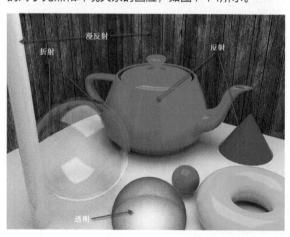

图4-74

③ 以黑色"城市蚂蚁"的渲染效果为例，黑色的蚂蚁最怕的是黑得没有层次，蚂蚁身上所有的细节都黑到一起去了，要避免这种情况的出现，就需要给这只黑

色的蚂蚁在材质上增加一些毛面反射效果，也就是当光线照射在蚂蚁表面时，这些毛面反射会给蚂蚁表面制造很多细小的颗粒感的效果，这些颗粒感会大大增加蚂蚁表面的质感，让它看起来感觉有点粗糙，再结合蚂蚁建模时的各种结构线，这样就算一只全身都是黑色的蚂蚁也能在光照下展现出众多的细节，如图4-75所示。

图4-75

STEP 01 将材质编辑器中Vray蚂蚁黑色材质的Reflect【反射】右侧的颜色调为RGB均为30的灰度，如图4-76所示。

图4-76

STEP 02 将Reflection Glossiness【反射高光】数值设置为0.45，这个值越趋于0它反射出来的效果就越不光滑，越接近1它的反射效果就越光滑，如图4-77所示。

STEP 03 在材质编辑器的Map卷展栏中的Roughness【粗糙】扩展槽赋予一个Smoke【烟雾】的噪点贴图，使蚂蚁的黑色表面变得更不光滑，增加其质感，如图4-78所示。

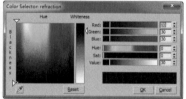

图4-77   图4-78

STEP 04 把Smoke【烟雾】噪点的数值进行设置，如图4-79所示。

图4-79

全黑的蚂蚁材质的渲染是一种基于非常简单的材质的渲染手段，没有花哨的贴图，只有一个单一的颜色，而且还是最不好处理的黑色。通过增加其粗糙质地Roughness【粗糙】和使用毛面反射率Glossiness【光泽度】两个参数的调节，可以简单有效地让这些简单的材质在渲染的时候具有更多的细节。同时在光照的角度和强度上的调节也是很重要的，这方面则是更考量创作者在黑白造型和色彩造型上的把握能力，特别是在遇到大面积的黑色或者白色的时候该如何重塑画面的黑白灰关系，需要读者们通过自己平时在素描和水彩方面的刻苦基本功练习才能有所感悟，这里不做赘述。

4.7.2 实例2：程序贴图的材质表现

本节的主要内容是向读者介绍一些常用的3ds Max自带的程序贴图的特性及与位图贴图的区别，通过"城市蚂蚁"拍照的渲染案例来解析三种常用程序贴图：Checker【棋盘格】、Smoke【烟雾】和Cellular【细胞贴图】的使用方法。

① 3ds Max里面有很多内置的程序贴图可供使用，所谓程序贴图就是区别于Bitmap【位图贴图】的一种可以无限放大缩小，可以任意调整其构成结构密度的一种3ds Max软件内置的通过数据调节来调整贴图效果的贴图样式，如图4-80所示。

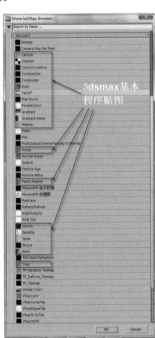

图4-80

② 常用的有像：Checker【棋盘格贴图】，如图4-81所示。

③ Smoke【烟装噪点贴图】，如图4-82所示。

 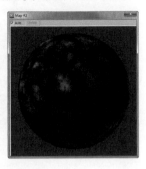

图4-81　　　　　　　　　　图4-82

④ Noise【噪波贴图】，如图4-83所示。

⑤ Gradient【渐变贴图】，如图4-84所示。

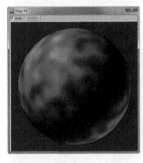 

图4-83　　　　　　　　　　图4-84

⑥ Falloff【衰减贴图】，如图4-85所示。

⑦ Cellular【细胞贴图】等，如图4-86所示。

图4-85　　　　　　　　　　图4-86

实例举例1 Checker【棋盘格贴图】

这些程序贴图通常被用来制作一些连续重复的纹理，或者制作一些不规则的效果，以"城市蚂蚁"为例，在这张小蚂蚁骑自行车拍照的画面里，小蚂蚁头上戴着的草帽上红白间隔的格子装饰带的材质就是用Checker【棋盘格】材质制作的，如图4-87所示。

图4-87

STEP 01 打开材质编辑器，在Maps卷展栏的diffuse【固有色】的材质扩展槽中添加Checker【棋盘格贴图】，如图4-88所示。

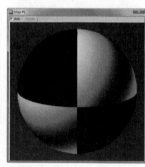

图4-88

使用程序贴图的好处是它可以随意调节大小，当镜头推近的时候可以发现草帽的Bitmap【位图纹理】已经有点像素精度不够了，但不管镜头距离草帽上的格子带是近还是远都不会出现像素精度不够的情况，如图4-89所示。

同时还可以即时地在视图中直观地观察到格子的大小、疏密，方便创作者做出判断，这种贴图在制作一些连续重复纹样时要比手绘的Bitmap【位图贴图】更加便利有用，如图4-90所示。

图4-89

图4-90

STEP 02 调节棋盘格的数量和大小也非常方便，只要调节Tiling【平铺】的数量就可以控制棋盘格的数量和大小，在Color【颜色】中更改颜色或者在后面的扩展槽中使用位图贴图都是非常简单方便的，如图4-91所示。

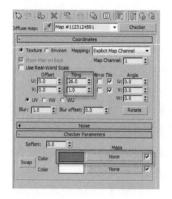

图4-91

实例举例2 Smoke【烟状噪点贴图】

这只红色蚂蚁的身体上的粗糙颗粒质感也是通过程序贴图制作的，采用的是Smoke【烟状噪点贴图】，它可以通过调节相关数据来分配黑与白的范围和大小，同时呈现类似烟雾的不规则形状，当将这个贴图应用于Vray材质的Roughness【粗糙】通道时，它就能为蚂蚁的身体带来颗粒感的粗糙效果，有效地弥补了单色简单材质在质感表现上的弱势，其使用的便利性与Checker【棋盘格】一样，都非常易于观察和调节，同时不会出现像素不够的情况，如图4-92所示。

图4-92

STEP 01 打开材质编辑器，在Maps卷展栏的Roughness【粗糙】材质扩展槽中为其添加一个Smoke【烟状噪点贴图】，如图4-93所示。

STEP 02 设置Smoke的参数。烟雾的Size【尺寸】大小取决于角色模型的真实尺寸大小，也就是如果角色本身尺寸不大的话，烟雾也不需要设置得尺寸很大，如图4-94所示。

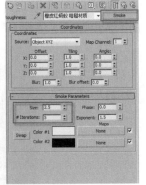

图4-93　　　　　　　　　图4-94

实例举例3 Cellular【细胞贴图】

蚂蚁手上拿着的照相机上黑色皮革的部分也是使用程序贴图制作的凹凸纹理，使用的是Cellular【细胞贴图】，通过调整细胞的尺寸，而得到这些不规则聚集的细胞群在Bump【凹凸】通道里模拟出类似照相机上面有一层黑色的皮革一样的质地。Cellular【细胞贴图】也是一种用黑白灰来表示凹凸数值的程序贴图，颜色越深的地方表示在Bump【凹凸】通道里呈现的凹陷越深，如图4-95所示。

图4-95

STEP 01 打开材质编辑器，在Maps【管理】卷展栏的Bump【凹凸贴图】的材质扩展槽中为其添加一个Cellular【细胞贴图】，如图4-96所示。

STEP 02 将Cellular的Size【尺寸】与Spread【散布延展】的数值进行设置。Size【尺寸】的大小取决于角色模型尺寸的大小；Spread【散布延展】值是设置细胞与细胞的边界的清晰程度的，数值越大则细胞贴图作用于Bump【凹凸贴图】的凹凸效果越不明显，数值越小则反之，如图4-97所示。

图4-96　　　　　　　　　图4-97

STEP 03 通过在视图中观察贴在照相机皮革位置的Cellular【细胞】贴图的变化情况，以决定以上数据调节得是否合适，如图4-98所示。

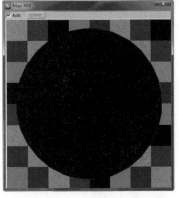

图4-98

4.7.3 实例3：UV贴图的高级应用

本节的主要内容是阐述什么是UV贴图，以及介绍了UV贴图与3ds Max的UVW在应用时的性质区别等知识，通过这些知识让读者可以对UV贴图创建和使用的原理有一个概要的认识。

比简单贴图、程序贴图和更加高级一些的贴图都是属于UV贴图的应用，这种叫作UV的贴图分割方式能适应各种不规则的角色物体。简单贴图只是单色覆盖住角色表面，遇到曲面和拐弯的地方就没办法了；程序贴图是一种不规则的纹理全面地分布在角色或物体表面，无法为特定的部位进行修饰。在3ds Max命令面板中有自带的UVW贴图坐标，它只能应用于一些规则的表面，如图4-99所示。

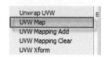

图4-99

贴图坐标的类型如下。

① Planar【平面】，适合使用在方形的物体表面上，如图4-100所示。

图4-100

② Cylindrical【柱状】，适合使用在圆柱形的物体上，如图4-101所示。

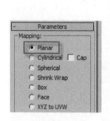

图4-101

如果勾选右侧的Cap【封顶】的话，则会在圆柱体的顶部出现贴图，就像封了顶一样，如图4-102所示。

图4-102

③ Spherical【球形】，适合应用在球形物体表面。呈现在一张贴图环绕包裹于球状物体上，如图4-103所示。

图4-103

④ Shrink Wrap【包裹】坐标，应用的物体也是球形物体，只是包裹的贴图样式会在物体的一个顶部呈现收缩包裹的样子，如图4-104所示。

图4-104

⑤ Box【盒状】贴图样式，适合使用在四边形立方体这样四面八方都是平面的物体，如图4-105所示。

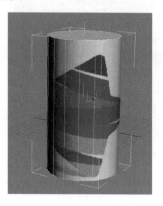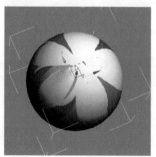

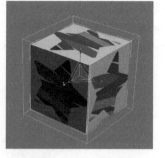

图4-105

⑥ Face【表面】贴图样式，这种贴图坐标会让一张贴图大量地平铺分布于一个物体表面，如图4-106所示。

图4-106

⑦ XYZ to UVW贴图样式，这是一种解决程序贴图在渲染时不跟随物体表面的变形而发生变化拉伸的问题的贴图解决方案，如图4-107所示。

图4-107

STEP 01 比如给一个平面添一个材质球，并在这个材质球的Bump【凹凸】通道里面使用Noise【噪波】程序贴图，如图4-108所示。

图4-108

STEP 02 通过渲染可以看出在软件视图中这些Noise【噪波】呈现了因为网格变形而产生的拉伸效果，但是在渲染图中可以看到网格的拉伸并没有影响到程序贴图Noise【噪波】，它并没有什么变化，凸起处噪波的大小与平面处噪波的大小是一样的，如图4-109所示。

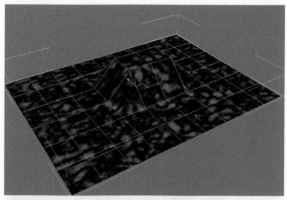

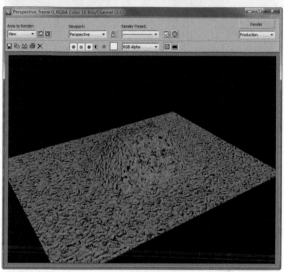

图4-109

STEP 03 在命令面板中将这个平面物体的UVW命令选择为XYZ to UVW，如图4-110所示。

STEP 04 在材质编辑器中将这个平面物体的Noise【噪波】通道面板的贴图坐标Source【源】改为Explicit Map Channel【显示为贴图通道】，如图4-111所示。

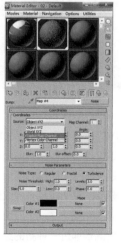

图4-110　　　　　　图4-111

STEP 05 将UVW Mapping命令拖至Morpher【变形】命令下，这样Morper【变形】命令就会作用于下面的UVW Mapping命令。再渲染就可以看到Noise【噪波】已经发生了拉伸了，如图4-112所示。

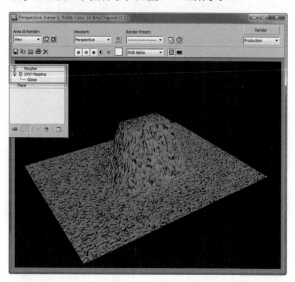

图4-112

⑧ 虽然有这7种3ds Max自带的UV贴图样式，但是遇到一些既不是正方形也不是球形的复杂曲面物体的时候，这些UVW贴图坐标仍然是派不上什么用场的，这时就需要引入UV贴图的概念。如下面的蝴蝶翅膀就是不同于正方形、圆形等规则形态的一种不规则的曲面物体，这样的不规则表面只能使用UV坐标来对贴图进行位置的指引，如图4-113所示。

图4-113

⑨ UV的意思与空间坐标的XYZ的意思是一样的，都是用来定义位置的，由于贴图基本都是二维的，而角色模型都是三维的，而遇到不规则的曲面物体，比如，这只蝴蝶翅膀的贴图就是多种纹理和颜色区间组成的，就不能像简单贴图一样一个颜色不管位置区别全部蒙上去，这时就需要通过一种新的定义二维贴图在三维模型

相对应的位置的方法。这时UV就应运而生了，U相当于空间坐标里的X轴向，表示横向，V相当于空间坐标里的Y轴向，即垂直方向，如图4-114所示。

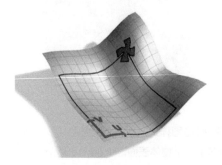

图4-114

⑩ 检查一个角色的UV是否正确一般会给它贴一个Checker【棋盘格】贴图，通过观察其黑白小正方形的大小变形程度来判断UV是否分布均匀，分布的大小均匀的就是好的UV分割，如图4-115所示。

图4-115

在3ds Max中得到一个角色的UV有很多办法，这里介绍一种最简便的办法：

STEP 01 将场景中需要求得UV的物体选中，然后Export【导出】为obj.格式物体，如图4-116所示。

图4-116

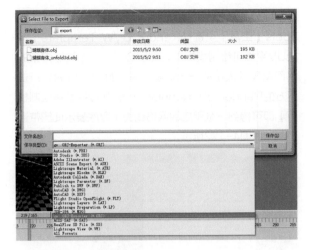

图4-116（续）

STEP 02 使用一个叫作Unfold3D的独立UV切分和展开小软件导入这些obj物体，在这个软件里使用Shift+鼠标左键在模型的网格上画出切分的线，切分好以后按展开UV按钮，在软件的右侧视图框里会得到模型的UV。这里由于使用的例子是蝴蝶的翅膀，它的形态与UV展平以后几乎是一样的，所以左边的模型和右边的UV看起来是一样的物体，好像只是排放的位置有所不同，如图4-117所示。

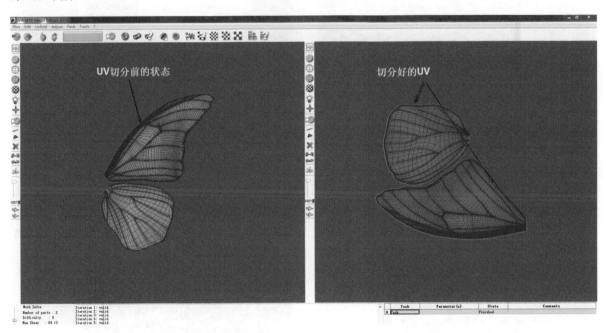

图4-117

STEP 03 其实并不是看起来那么简单，要在Unfold 3D软件中保存一下这个蝴蝶的翅膀，再回到3ds Max中使用Import【导入命令】，将刚刚用Unfold 3D保存过的文件导入进3ds Max的场景中，如图4-118所示。

STEP 04 在命令面板中给这只从Unfold 3D导入进来的蝴蝶模型加一个Unwrap UVW【展开UVW坐标】，如图4-119所示。

图4-118　　　　　　　　　　　　图4-119

STEP 05 单击Edit【编辑】按钮就可以看到蝴蝶翅膀的UV呈现与Unfold 3D视图里一样的姿态,这就是正确的UV,如图4-120所示。

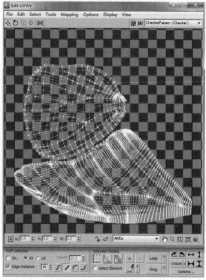

图4-120

STEP 06 没有展开过UV的蝴蝶翅膀虽然从模型上看起来和正确UV也差不多,但如果也给它一个Unwrap UVW【展开UVW坐标】的命令,再单击Edit【编辑】按钮则可以看到它的UV是混乱地排列在视图里,对于给蝴蝶翅膀画贴图来说当然是难以进行的,所以对蝴蝶这样不规则的曲面角色物体来说,给它们画贴图、制作UV是很有必要的,图4-121所示为未切分过UV时蝴蝶翅膀展开后的错误UV网格的状态。

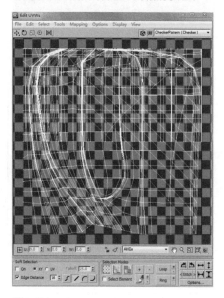

图4-121

STEP 07 在Edit UVW【编辑UVW】操作框菜单的Tools【工具】里选择Render UVW Template【渲染UV平面可绘制模板】,然后会弹出一个设定渲染的平面图尺寸大小的一个面板,设定好尺寸以后,点击下方的Render UV Template【渲染UV平面可绘制模板】即可得到一张黑底的网格线图(黑底表示此图带通道),如图4-122所示。

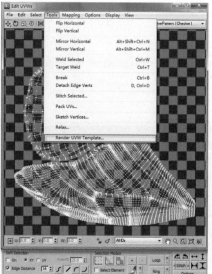

图4-122

STEP 08 这些线指示了蝴蝶翅膀的结构,标明了不同色彩的分界线,这张图可以保存为底色透明的PNG或者TGA图,如图4-123所示。

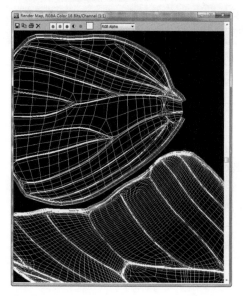

图4-123

STEP 09 在Photoshop中打开这张图，依据这些手绘平面贴图，在3ds Max中以Bitmap【位图】贴图的方式将平面贴图贴回到蝴蝶翅膀上，因为贴图是基于UV绘制，所以它们会呈现正确的形态，如图4-124所示。

STEP 10 回到3ds Max中，在Diffuse【固有色】通道上加入这张绘制好的蝴蝶翅膀贴图，如图4-125所示

图4-124

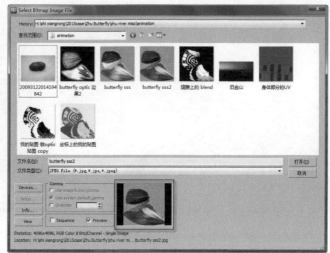

图4-125

STEP 11 可以看到视图中刚刚在PS中二维手绘的贴图，在三维空间中的曲面躯体蝴蝶翅膀上被准确地赋予了正确的位置，如图4-126所示。

图4-126

STEP 12 调节材质的其他属性，然后点击渲染，就可以得到一副蝴蝶展翅飞翔的魅力图画了。（具体的蝴蝶翅膀的材质的调节问题会在后面的完整项目实例中详细阐述。）如图4-127所示。

图4-127

第 5 章

角色骨骼的创建及绑定

5.1 骨骼系统介绍

本章以三维动画里骨骼系统的原理和使用方式做理论加实例的阐述，介绍了Bone、Biped和CAT三种常用的3ds Max的骨骼系统各自的特点和优劣。使读者对骨骼系统在动画中的作用能有一个大致的了解。

① 三维软件中骨骼的功能就像现实世界中人与动物身体里的骨骼一样，是用来驱动肉体的，每一块骨骼负责一部分躯体的驱动功能，人类身体里的206块骨骼组成的骨骼系统帮助完成日常生活中小到键盘打字，大到奔跑跳跃的每一个动作，如图5-1所示。

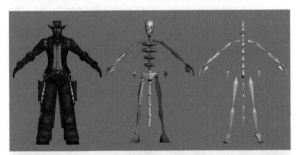

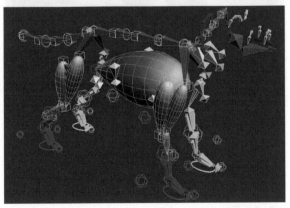

图5-1

② 在3ds Max中可以在系统这个面板里面按bone【骨骼】这个按钮，然后在任意视图中点击鼠标左键创建一连串的骨骼，虽然得到了一连串的骨骼，但是这些自动前后连接在一起的骨骼还不能称之为骨骼系统，只是一连串的骨骼而已，如图5-2所示。

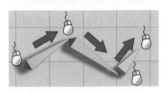

图5-2

③ 骨骼系统的大意是类似于一个树状结构，有一个主杆，主干里面有一个可以总控全部分支也包括主干在内的中心点，或者也可以称作重心点，然后所有的分支都依次链接在这个主干上，然后越往外的树枝越比主干更有优先运动的权利，如图5-3所示。

图5-3

④ 当旋转手臂的骨骼时，不会让主干的肩部骨骼也跟着手臂一起转，因为肩部是这个树状结构的上级，是手臂骨骼的父物体，手臂是它的子物体，在FK【正向动力学】中，只有父物体可以带动子物体，而子物体是不能反向驱动父物体的。在后面的内容中会讲到对创建Bone【骨骼】使用了IK【反向动力学】以后，子物体才可以从树状结构的末端去反向驱动其父物体，如图5-4所示。

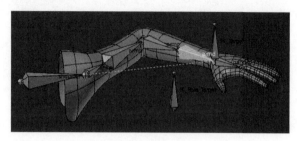

图5-4

⑤ 对3ds Max中最基本的Bone【骨骼】来说，要创建一套自定义的以Bone【骨骼】为单元的骨骼需要手动设定很多的父子关系，而且也需要手动去设置IK【反向动力学】解算器，因为刚创建好的骨骼是未指定反向运动学 (IK)的，可以通过以下两种方法之一来指定IK 解算器，如图5-5所示。

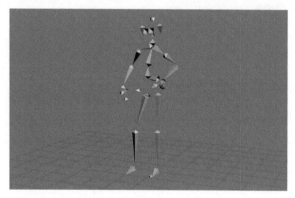

图5-5

方式1：创建一个骨骼层次，然后手动指定IK解算器。这样可以精确地控制定义 IK 链的位置，如图5-6所示。

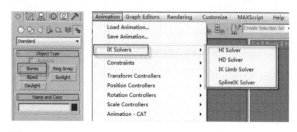

图5-6

方式2：在创建骨骼时，在"IK链指定"卷展栏中，从列表中选择IK解算器，然后启用Assign to Children【指定给子级】。退出骨骼创建时，选择的IK解算器将自动应用于层次，解算器将从层次中的第一个骨骼扩展至最后一个骨骼，如图5-7所示。

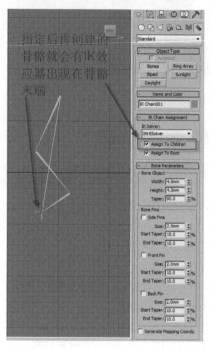

图5-7

⑥ 随着科技的进步，已经有了比传统的Bone【骨骼】更好的Biped【两足动物】骨骼系统和更为先进便捷的CAT骨骼系统。但不等于Bone【骨骼】已经没有用处了，在很多动画案例里Bone【骨骼】还是非常有用的，在后面的骨骼应用实例里面会有详细的解析，如图5-8所示。

图5-8

⑦ 工业革命和化石能源的应用催生了传统的员工上班都是集中在一个办公室里的金字塔形自上而下的垂直公司组织管理系统，这是一种线性的工作方式，如图5-9所示。

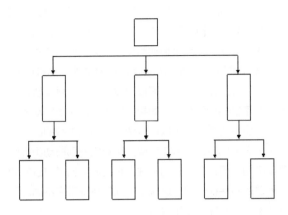

图5-9

⑱ 这个系统是限制人的自由性的，也就是不能随性，而下一代的清洁能源与移动互联网技术将带来分布式的工作方式，员工都不用集中到一个场所里面去办公，而是通过移动互联技术完成信息的共享和目标的推进，也就是人处于比较自在的工作状态里，这就是科技进步带来系统的进阶，如图5-10所示。

图5-10

⑲ 作为创作型的三维艺术创作者来说，当然是更喜欢非线性的更加自由随性的工作环境，由此CAT骨骼系统便应运而生了。Bone【骨骼】虽然可以方便地创建，但是并不能方便地管理，Biped【两足动物】骨骼在此基础上做出了改进，形成了一套集中化管理的控制体系，在运动面板中可以看到这些又长又复杂的控制器面板；如图5-11所示。

⑩ CAT是为下一代动画设计的有着非线性动画控制与管理的骨骼系统，就像员工不用集中到一个办公室工作一样，CAT可以让动画师更加随性地创建动画，然后通过层与层的透明度的变化来无缝地对接两段毫不相干的动画，如图5-12所示。

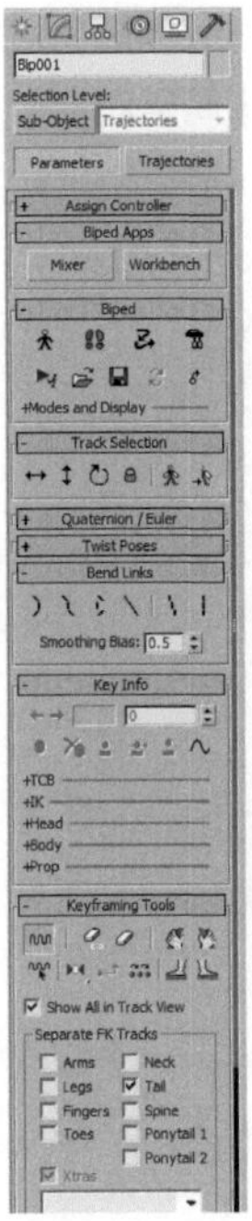

图5-11　　　　图5-12

⑪ 同时还有一个CATMotion【运动循环发生器】，让动画师可以轻松地制作角色奔跑，行走的循环动画，只需要在CATMotion【运动循环发生器】面板里面去依据骨骼的名称调节相应的参数就可以制作出各种不同的奔跑、行走的循环动画，如图5-13所示。

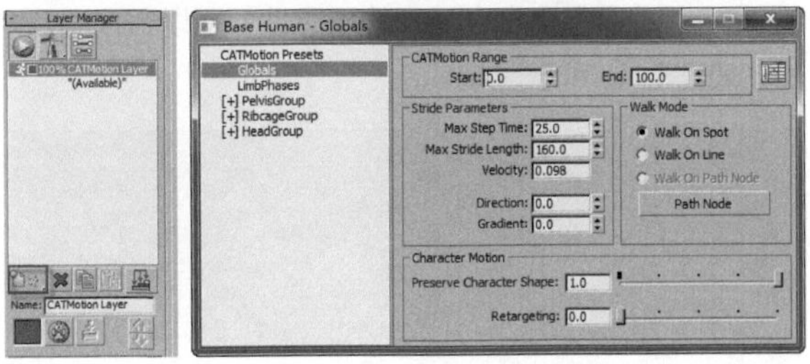

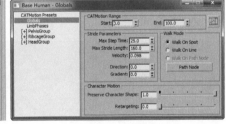

图5-13

⑫ CAT骨骼系统支持无限量的肢体部件，如图5-14所示。

图5-14

⑬ Biped【两足动物】的新增骨骼挂件数量是有限的，有时还需要用Bone【骨骼】和Biped【两足动物】结合起来使用。下图骨骼的身体部分为Biped【两足动物】骨骼，而翅膀为Bone【骨骼】，如图5-15所示。

⑭ 不同的系统模式带来不同的动画工作模式。在Bone与Biped【两足动物】系统管理模式下，动画师的自由度不够，而且害怕动画修改，因为所有的关键帧都是线性排列的，删除后面就会影响前面。而在CAT的骨骼系统工作模式下，可以通过备份一个层来暂存一下做的不错的动画段落。如果有遇到令人头疼的动画修改时，也不用紧张，可以通过调整层与层透叠的时间来把之前做得比较好，制作难度又比较大的那段动画继续拿出来用，而且在总的动画轴上它还能与已经改过的动画无缝的对接在一起，这就是不同的系统带来不同的工作体验与不一样的工作效力。

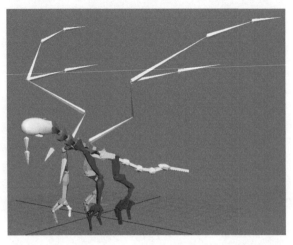

图5-15

5.2　骨骼面板参数详解

本节的主要内容是按顺序详细介绍3ds Max中最基础的Bone【骨骼】的参数面板，读者通过对最基础的Bone【骨骼】参数面板的了解，可以打好今后学习和应用Biped【两足动物】或者CAT骨骼的理论和技术基础。

① 骨骼面板参数一般是指3ds Max的内置Bone【骨骼】，这种骨骼虽然比较基础，但是仍然是非常有用的。由于Bone【骨骼】在创建上的随意性，所以在该项目中的那只蝴蝶就是使用3ds Max最基础的Bone【骨骼】绑定的，如图5-16所示。

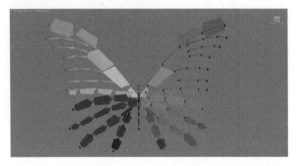

图5-16

② Bone【骨骼】的每节骨骼之间是传统的FK【正向动力学】的关系，也就是不会有反射效应的关系。比如旋转手臂的骨骼，那自然会带动手掌和手指作为手臂的子物体跟随手臂旋转，但是当转动手掌的时候，手臂是不会因为手掌的运动产生反射转动的，也就是说力是从子物体往父物体走的，如图5-17所示。

图5-17

如果子物体能影响父物体的话就是IK【反向动力学】了，与Bone配套的有4种可选的IK【反向动力学】，IK解算器的效果如图5-18所示。

图5-18

③ 在3ds Max右侧的创建面板的System【系统】面板中选择Bone【骨骼】 按钮，就会出现骨骼面板参数，如图5-19所示。

④ 首先看到的是IK Solver【反向动力学解算器】，当勾选Assign To Children【指定到子物体】而不勾选Assign To Root【指定到根骨骼】时，下拉列表中的4种IK解算器就处于工作状态了，选择其中一种，解算器会自动指定到除了Root根骨骼以外所有的Bone【骨骼】上，如图5-20所示。

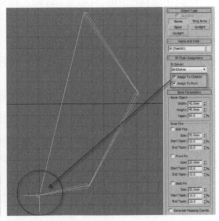

图5-19　　　图5-20

知识提示： 注意这个过程都是在创建面板中完成的，如果这时切换到运动面板或者修改面板的话，指定IK的工作就会终止。

⑤ 当勾选了Assign To Root【指定到根骨骼】，也就是在视图中点击鼠标左键第一根创建的骨骼就是根级Root【根】；IK解算器下拉列表中的那4个解算器就会连Root【根】骨骼都会给予指定；当你移动末端生成的十字效应器的时候，整个骨骼序列都会有反应，如图5-21所示。

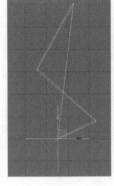

图5-21

Width（宽度）：设置创建骨骼的宽度。

Height（高度）：设置创建骨骼的高度。

Taper（锥形的程度）：设置骨骼呈锥形的程度，当然也可以没有任何锥化，这时骨骼为矩形。

Side Fins（边鳍）：当边鳍被设置时，可以借助它来观察骨骼的走向，对于蒙皮来说也可以增加骨骼影响mesh【网格】的范围，如图5-22所示。

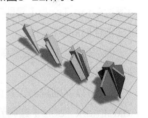

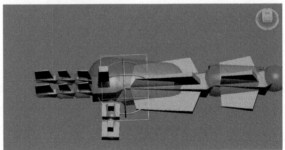

图5-22

Size（边鳍尺寸）：设置边鳍的大小。

Start Taper（开始端锥化）：控制鳍开始端的锥化程度。

End Taper（结束端锥化）：控制鳍结束端的锥化程度。

Front Fin/Back Fin（前鳍/后鳍）：分别在骨骼的前后设置一扇鳍。

Generate Mapping Coords（产生贴图坐标）：由于骨骼默认是可渲染物，所以启用这个选项后，也可以对其指定贴图坐标。如果不想骨骼被渲染出来，就必须到骨骼的右键属性面板里面把Renderable【可渲染】的选项给勾掉，如图5-23所示。

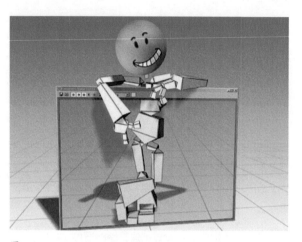
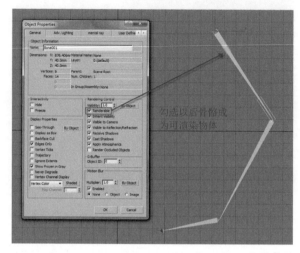

图5-23

5.3 骨骼的多种创建方法

本节的主要内容是解析骨骼的不同创建方法，有直接在System【系统】面板里创建骨骼的，也有创建完成后再通过Bone Tools【骨骼工具箱】去进行调整的，读者通过对这些方法的了解，可以学会对Bone【骨骼】骨骼系统在创建时的多种办法。

① 在3ds Max的菜单栏里面找到Animation【菜单】，在其下选择Bone Tools【骨骼工具箱】命令，如图5-24所示。

② 可以看到骨骼工具面板，它包括三个卷展栏，分别是Bone Editing Tools【骨骼编辑工具】卷展栏、Fin Adjustment Tools【鳍调节工具】卷展栏，还有Object Properties【物体属性】卷展栏，如图5-25所示。

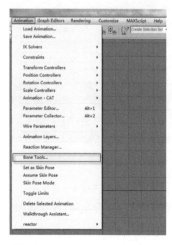
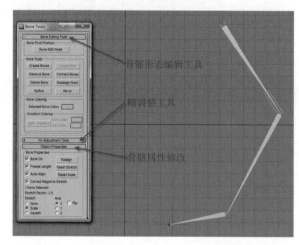

图5-24

图5-25

第一部分Bone Editing Tools【骨骼编辑工具】

此卷展栏负责创建和修改骨骼的外形，还可以给骨骼改变颜色。

Bone Edit Mode【骨骼编辑模式】：按钮负责在创建完骨骼后，也可改变骨骼的长度的功能，按下这个按钮以后，骨骼处于可编辑的状态，通过移动子骨骼可以改变相连接的子父骨骼的相对位置和长短，如图5-26所示。

图5-26

Create Bones【创建骨骼】：单击该按钮后可以创建骨骼，与在创建面板里面System【系统】下面的Bone【骨骼】按钮按了以后去创建骨骼的功能是一样的。

Remove Bone【移除骨骼】：移除当前选中的骨骼，移除骨骼与Delete【删除】骨骼是不同的，移除骨骼以后，它的父骨骼会自动与下一级骨骼自行连接，骨骼的系统还是存在的，而删除骨骼就是清除了这块骨骼的上下级关系，骨骼系统就崩溃了。

Connect Bones【连接骨骼】：是让当前选择下的骨骼和另一块骨骼之间创建骨骼用的，按下按钮以后会产生一根虚线，将虚线连接到另一根骨骼上并单击鼠标左键可以创建新的连接骨骼。

Delete Bone【删除骨骼】：删除当前选择的骨骼，移除它们之间的父子关系。

Reassign Root【重新任命根骨骼】：让当前选择的骨骼成为整个骨骼结构的根骨骼。如果当前骨骼已经是根骨骼了（相当于树的主干），按这个按钮不会有什么变化，主干还是主干，但是如果当前骨骼是整条骨骼树的枝叶尖尖，按这个按钮时，树叶尖尖这根骨骼就成为主干，虽然它还是那么细，但是它已经可以总控整条骨骼链，也就是旋转树叶尖尖可以让整棵树一起旋转起来。

Refine【细化】：将骨骼一分为二，按下这个按钮，在想要分割的地方点击鼠标左键，就能把一根骨骼从这个单击点开始分为两段。

Mirror【镜像】：单击该按钮后打开"骨骼镜像"对话框，该对话框中可以设置骨骼镜像的对称轴，要反转的骨骼轴向和原始骨骼与镜像骨骼间的偏移距离，如图5-27所示。

图5-27

知识提示： *它只能镜像骨骼，而不会把骨骼上的IK【反向动力学】设置一起给镜像了。*

Selected Bone Color【选定骨骼颜色】：为选择的骨骼设置颜色。

Gradient Coloring【渐变上色】：根据"起点颜色"和"终点颜色"将渐变色的颜色应用到多个骨骼上。

Start Color【开始点的颜色】：设置渐变的开始色。

End Color【终止点的颜色】：设置渐变终点的颜色。

第二部分Fin Adjustment Tools【鳍调节工具】鳍调整工具卷展栏

此卷展栏的按钮用于调整骨骼的形态，这里的参数与修改面板里面的参数是对应的，如图5-28所示。

第三部分Object Properties【物体属性】卷展栏

此卷展栏上的这些按钮可以将其他物体转变为骨骼，还可以控制骨骼的拉伸和对齐方式。

图5-28

Bone On【启用骨骼】：这个勾选项可以控制选定的骨骼或物体是否作为骨骼进行操作。物体与物体之间使用link的连接效果与作为骨骼的物体与物体之间的连接效果是不同的。作为骨骼时，当移动子物体时，父物体会因为连接关系像骨骼一样基于与自己下一级的子物体连接的关节和与自己上一级的父物体连接的关节去旋转，这个是骨骼的属性，而普通物体之间通过link

【连接】的时候只能旋转自己，而不能产生互相影响的关节效应，如图5-29所示。

图5-29

Freeze Length【冻结长度】：这个选项可以控制选定的骨骼是否可以变形，如果仅用此选项，当移动这个骨骼的子对象时，这个骨骼将产生拉伸效果。

Auto-Align【自动对齐】：这个选项可以控制选定的骨骼是否自动对齐它的子骨骼对象，如果禁用这项的话，当移动这个骨骼的子对象时，这个骨骼不会自动旋转方向来对齐它的子骨骼对象。

Correct Negative Stretch【校正负拉伸】：这个选项是将负缩放的骨骼拉伸改为正的。

Realign【重新对齐】：如果选定的骨骼禁用了自动对齐选项，然后又移动了其子骨骼对象，那么这个按钮可以使骨骼重新对齐其子骨骼对象。

Reset Stretch【重新拉伸】：如果选定的骨骼禁用了冻结长度选项，然后又移动了其子骨骼对象，那么这个按钮可以使骨骼重新到达其子骨骼对象。

Reset Scale【重新缩放】：如果骨骼被缩放了变形了，该按钮可以将其内部计算的缩放值重置为100%。

Axis【轴向】：选择用于缩放挤压的轴向。

Flip【翻转】：沿着选定的轴向翻转拉伸。

知识提示： 需要注意的是，骨骼毕竟是一种系统参数物体，它不仅是骨骼本身，而且将来还要用在蒙皮绑定里面，所以想改变一个骨骼的长宽参数的时候，一定要在Bone Edit Tools【骨骼编辑工具】的Bone Edit Mode【骨骼编辑模式】下去改变参数，否则可能会导致以后的蒙皮或者相关链接物体出现错误。

下面来简单地了解一下IK解算器的基础知识。

IK全称Inverse Kinematic【反向动力学】，3ds Max有4种IK解算器，分别为HI【不受历史支配型】、HD【历史从属型】、IK Limb【IK树权型】和SplineIK【样条线IK型】，对于角色动画而言用得最多的是HI【不受历史支配型】解算器，如图5-30所示。

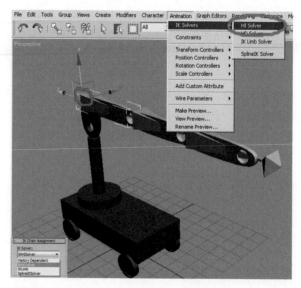

图5-30

正向动力学（FK）是完全遵从父子链接关系，用父层级带动子层级的运动，也就是当父层级发生位移、旋转、变形变化时，子对象会继承父对象的这些变化，但是当子对象发生运动和变化时却不会影响到父对象。3ds Max中的Bone【骨骼】系统默认状态下就是正向的链接关系，同时Bone也具备骨骼的关节特性，也就是当移动子对象的时候，父对象会绕与子对象链接的关节处旋转，如图5-31所示。

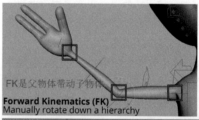

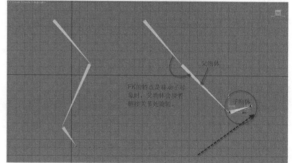

图5-31

知识提示： 可以在Bone Tools【骨骼工具箱】里面的Object Property【物体属性】里面把任意物体设置为骨骼物体，从而除了有link关系以外，还会有关节效应。

⑬ 创建两个红色的长方体，然后在选中它们的情况下在Bone Tools【骨骼工具箱】里勾选Bone on左侧的勾，这样这两个长方体就开始具备骨骼的特性，如图5-32所示。

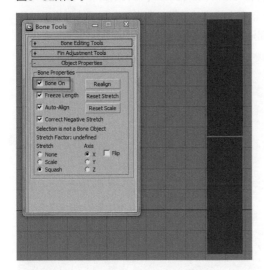

图5-32

⑭ 使用【链接工具】把下面的红色长方体作为子物体连接在上面的长方体上，然后移动下面的长方体，可以看到上面的长方体会沿着其自身重心（轴心）点产生旋转，如图5-33所示。

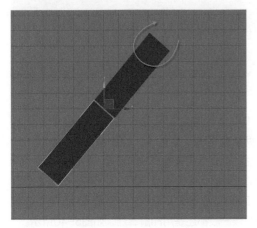

图5-33

⑮ 旋转子物体的长方形，它也可以在现在这个位置进行旋转。这样两个普通的长方形就被转换成了骨骼，具备了骨骼的特性，如图5-34所示。

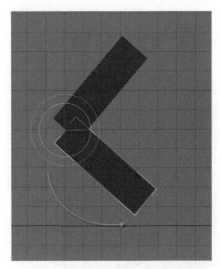

图5-34

⑯ 反向动力学是根据子物体的位置和旋转信息去解算出与其链接的父物体的相应运动信息，如图5-35所示。

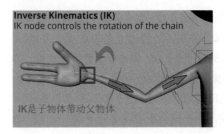

图5-35

⑰ 制作一个象征手臂骨骼的Bone【骨骼】链接，设置HI【不受历史支配型】IK解算器；然后移动骨骼末端的十字效应器，就可以得到类似手臂骨骼的运动，如图5-36所示。

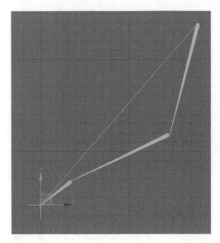

图5-36

⑧ 反向动力学的优点是可以通过一个茶壶的运动来反向动画拿茶壶的角色的手臂，使手臂和手的动作与茶壶的放置动作完美地结合在一起，如图5-37所示。

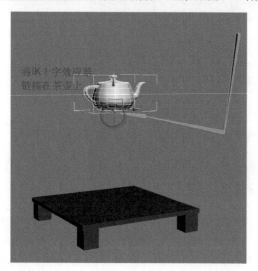

图5-37

⑨ 有过角色动画制作经验的朋友一定知道，当要做一个角色往桌子上放茶壶的动作的时候，最好的办法是去让茶壶驱动角色的手臂，而不是手臂驱动茶壶，茶壶是直接触碰桌面的。所以动画一只茶壶是如何落在桌子上要比用正向动力学去动画手臂将茶壶放在桌子上来得更为精准，这里就要使用IK【反向动力学】，如图5-38所示。

图5-38

⑩ 反向动力学中的另一个IK解算器是HD【History-Dependent历史从属型解算器】，这个解算器可以把末端效应器绑定给后续的对象，比如像蒸汽机车的轮子传动、内燃机汽缸的活塞运动、机械臂的屈

伸等，它还有优先级和阻尼系数可以定义关节的具体旋转情况和角度，设置好骨骼以后，可以在3ds Max右侧命令面板的Hierarchy【级数统筹】面板里选择IK项的时候通过Rotational Joints【可转动关节】来限定骨骼在某个轴向上的旋转范围，这样可以更好地模拟机械的运动情况，如图5-39所示。

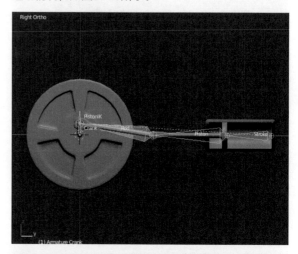

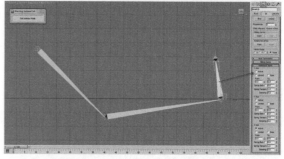

图5-39

⑪ IK Limb【IK树杈型】解算器只能对一长条骨骼链中的两块骨骼进行操作，可以用来设置角色手臂和腿部的骨骼动画。使用该解算器，还可以通过关键帧中的IK链接，在IK【反向链接】和FK【正向链接】之间切换。由于这个解算器最多只能支持两根骨骼，所以在IK指定的时候一般都还是用HI解算器，如图5-40所示。

图5-40

⑫ 最后是Spline【样条线】解算器，它使用样条线确定一组骨骼或其他链接对象之间类似脊椎效应的弯曲动画。使用这个解算器后，样条线的每个节点上会产生一个"点"辅助物，同时这个点会控制样条线上的节点，通过移动"点"可以动画整条链，如图5-41所示。

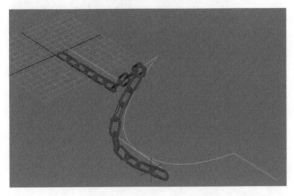
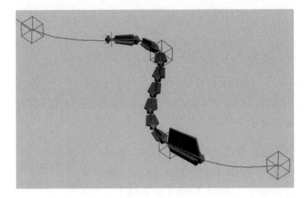

图5-41

以上为IK各种解算器的简介，真的弄懂它们还是要花不少精力的，希望大家有时间的时候自己多研究研究。

5.4 骨骼应用实例

在本节中，为读者介绍一下3ds Max强大的CAT骨骼系统的自定义骨骼的创建步骤，虽然CAT骨骼有很多的预置骨骼，但是有时还是需要手动创建一些骨骼系统以满足一些比较特殊的需要。

5.4.1 实例1：腿部骨骼的创建

STEP 01 在3ds Max的创建面板的虚拟物体栏目下找到CAT objects【CAT物体】，然后单击CAT Parent【CAT父物体】按钮，这时鼠标光标呈十字状，在透视图中单击拖动鼠标可以拖曳出一个三角形的CAT起始图标，如图5-42所示。

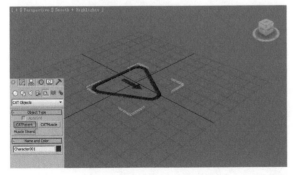

图5-42

STEP 02 单击命令【面板图标】 来到CAT起始图标（视图中三角形物体）的命令面板，可以看到其命令面板有两大部分组成，上部为调节CAT名称和比例大小

的参数栏，下部为CAT预置骨骼系统栏，根据具体制作的需要可以通过调节CATUnit Ratio的数值来改变CAT骨骼被创建出来时的大小，同时可以双击CAT的预置骨骼来直接调用CAT已经预置好的骨骼系统，也是非常方便，如图5-43所示。

在这个预置骨骼系统栏的下部有四个按钮，单击Create Pelvis【创建胯部】可以自定义的CAT骨骼创建整个骨骼里面的胯部，这个胯部也是整副骨骼的重心所在，如图5-44所示。

图5-43

图5-44

单击之后会在视图中，CAT起始图标的上方出现一个小方块，这个小方块就是整个骨骼的重心——胯部，如图5-45所示。

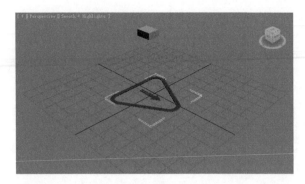

图5-45

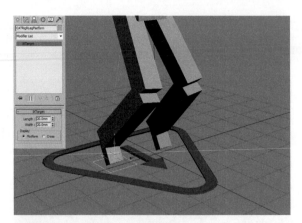

图5-48

STEP 03 首先选中这块小方块，在命令面板中可以看到一些按钮Add Leg【加腿】、Add Arm【加手臂】、Add Spline【加脊椎】、Add Tail【加尾巴】、Add Bone【加一块骨骼】、Add Rigging【加一套骨骼】，如图5-46所示。

图5-46

然后，单击Add Leg【加腿】按钮，这时在透视图中会出现一条腿，再单击一次Add Leg【加腿】按钮，就会产生第二条腿，如图5-47所示。

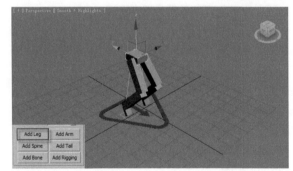

图5-47

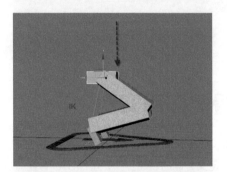

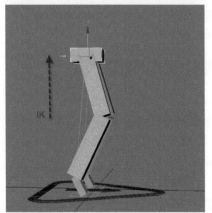

同时这两条腿的末端已经有了IK Target，说明这两条腿已经可以产生反向动力学的动画了。这点就是CAT先进高效的地方，非常快捷地就可以为创建好的的腿部骨骼加上IK反向动力学，而不必像Bone【骨骼】一样去手动加载，如图5-48所示。

最后，当上下拖曳CAT的重心时，可以看到两条腿已经可以产生良好的IK反向动力学的动画了，拖动IK Target的时候腿部也可以自如地实现FK正向动力学动画，CAT的创建与操作非常简单实用，如图5-49所示。

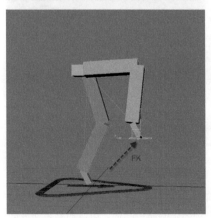

图5-49

5.4.2 实例2：脊椎和头骨的创建

在本节中，主要展示CAT骨骼是如何从一个胯部创建出脊椎和头部骨骼的，通过本节读者可以了解到CAT自定义骨骼创建的原理。

STEP 01 选中场景中CAT骨骼的骨盆物体（胯部），在命令面板中单击Add Spine【增加脊椎】按钮，在视图中会在原先的骨盆（胯部）物体上出现一节节的骨骼，这就是Spine【脊椎】，如图5-50所示。

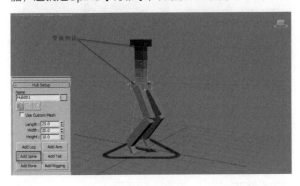

图5-50

知识提示： 当选中骨盆（胯部）或者选中脊椎骨的最上端的那个方形物体时，会发现它们在CAT骨骼系统中的名字都有个后缀叫"Hub"，Hub在英语中的原意是指轮毂、中心、轮轴的意思。在CAT骨骼系统中Hub是指一个可以再次由它生长出新的肢体或者骨骼节点的物体，当选中脊椎顶部的Hub物体时，会发现在命令面板中有与骨盆（胯部）物体一样的Add Leg【增加腿】、Add Arm【增加手臂】等按钮，可以为这个Hub【中心】物体延伸新的骨骼出去，如图5-51所示。

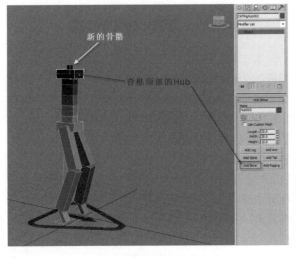

图5-51

STEP 02 首先，选中脊椎顶部的Hub【中心】方形物体，通过观察右侧的命令面板，可以发现在6个按钮中并没有Add head【增加头部】的按钮，也就是所谓头部的骨骼是可以用其他骨骼来充当的，如图5-52所示。

图5-52

然后，在命令面板的左下角有Add Bone【增加骨骼】按钮，这个按钮按下后会在脊椎最上面的Hub骨骼顶部再出现一个小的骨骼，这个小的骨骼就是可以被当作颈部骨骼来看待的一块骨骼，而脊椎最顶端的那块Hub【中心】骨骼可以就此被当作类似人的胸骨的骨骼来看待，之后还需要从这块Hub【中心】骨骼生长出两只手臂的骨骼，如图5-53所示。

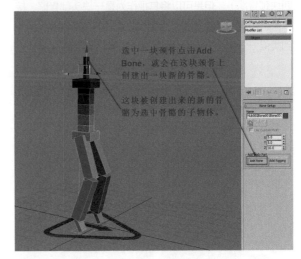

图5-53

STEP 03 在选中第一块颈部骨骼的前提下，在右侧的命令面板中继续单击Add Bone【增加骨骼】按钮为这第一块颈部骨创建第二块颈部骨骼，这时第二块颈部骨骼为第一块颈部骨的子物体，然后选中第二块颈部骨骼再单击Add Bone【增加骨骼】为第二块颈部骨骼创建第三块颈部骨骼，这第三块颈部骨骼为第二块颈部骨骼的子物体，基本上一个角色有了三块颈部骨骼的时候，它颈部的前仰后合就可以呈现比较圆滑的动作了，如图5-54所示。

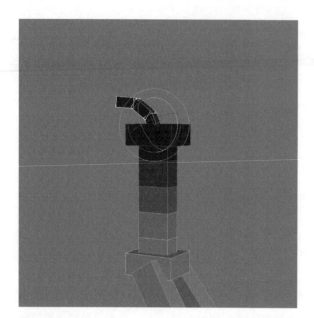

图5-54

图5-56

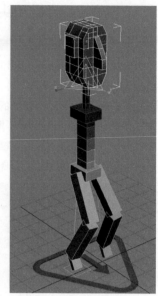

图5-57

STEP 04 继续选择第三块颈部骨骼，单击Add Bone【增加骨骼】。虽然这时创建出来的仍然为一块颈部骨骼（第四块颈骨骼），但是可以将其视作是一块头部骨骼，接下来选中这块头部骨骼，用【缩放工具】将其放大调整到类似一个角色的头部比例即可，如图5-55所示。

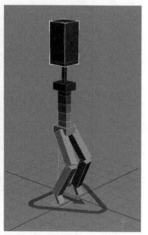

图5-55

STEP 05 一个四方体虽然也是可以作为角色头部来使用的，但是传统上来说更喜欢将一个头部骨骼塑造成与角色的模型类似的样子，这时可以为这块四方的头部骨骼添加Edit Poly【编辑多边形】等编辑命令来自定义这块四方体的骨骼的形状，如图5-56所示。

将其编辑成需要的样子，这样将来在绑定蒙皮的时候，这块头部的骨骼能更好地与模型网格相匹配，如图5-57所示。

与此同时，也可以通过改变这块骨骼的颜色来与颈部的骨骼进行区别，如图5-58所示。

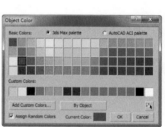

图5-58

5.4.3 实例3：手部骨骼的创建

本节通过介绍CAT手部骨骼的创建向读者介绍CAT骨骼创建和镜像复制的方法，同时还可以了解到CAT骨骼是如何便捷地创建骨骼的IK【反向动力学】的，以及IK和FK是如何在CAT里面简单地实现转换的。

STEP 01 选择脊椎骨最顶端的四方体Hub【中心】物体，也就是认定它为胸骨的物体，如图5-59所示。

STEP 02 在右侧命令面板上单击两次Add Arm【增加手臂】按钮给CAT自定义骨骼增加两条手臂。创建非常简单，只要单击两次即可，如图5-60所示。

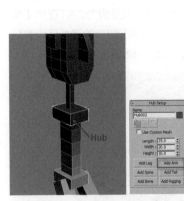
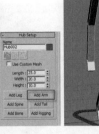

图5-59　　　　　　图5-60

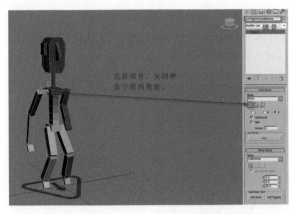

图5-62

STEP 03 拖曳手掌的骨骼可以任意地延长手臂前臂的长度，拖曳前臂可以调节上臂的长度，如图5-61所示。

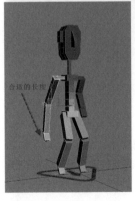

图5-61

STEP 04 当调整为合适的长度的时候，这时需要将左边已经调整好的手臂数据镜像复制到CAT骨骼身体的另一侧去。需要复制整条手臂，包括上臂、前臂、手掌的时候，要选中在CAT骨骼中表明为Collarbone【锁骨】的骨骼，它的位置也位于人体骨骼相对应的锁骨位置，如图5-62所示。

选择这块Collarbone【锁骨】然后在右侧的命令面板中点击按钮 【复制】，然后选择CAT骨骼身体另一侧的另一根Collarbone【锁骨】，同样是在其右侧的命令面板里，找到镜像按钮 【粘贴】，单击它，就可以看到视图中CAT骨骼的两条手臂都已经完全一模一样了，如图5-63所示。

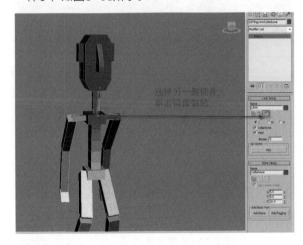

图5-63

STEP 05 目前的手臂骨骼只能完成FK【正向动力学】的动画，而完善的骨骼是需要完成IK【反向动力学】的动画，所以还必须为这两条手臂创建IK效应器，如图5-64所示。

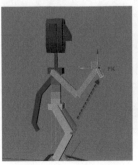

图5-64

STEP 06 选择一条手臂最前端的手掌骨骼，到3ds Max 的【运动面板】，单击Create IK Target【创建IK目标物体】，如图5-65所示。

图5-65

这时会在视图中出现一个十字的虚拟体目标物体，它是不可被渲染的，只作为手臂的IK效应器使用，如图5-66所示。

图5-66

STEP 07 不过这个物体在创建初始一般并不在手掌的位置，这时只需要在Limb Animation【肢体动画】卷展栏中单击Move IK Target to Palm【移动IK目标物体去手掌】按钮即可，如图5-67所示。

图5-67

STEP 08 当移动这个IK Target 物体时手掌和手臂并不会产生任何IK反向联动效应，这是因为CAT在IK【反向动力学】和FK【正向动力学】切换的滑块还没有切换当前手部动作作为IK，如图5-68所示。

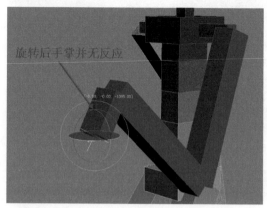

图5-68

STEP 09 在IK【反向动力学】/FK【正向动力学】滑块栏中将游标从当前的FK【正向动力学】状态移动到IK【反向动力学】状态即可，如图5-69所示。

图5-69

STEP 10 游标移动完毕后，再移动这个IK Target物体时，整条手臂都会产生由这个IK效应器的动作带来的反向动作影响，如图5-70所示。

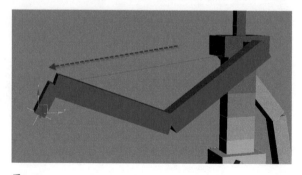

图5-70

5.4.4 实例4：完成总控制

本节主要学习如何为一整套设置好的CAT骨骼进行由一个Dummy【虚拟体】进行的总控制，这个技术是一个非常实用的技术，特别在骨骼的脚部和手部都设置了IK【反向动力学】后，可以通过Dummy【虚拟体】随意移动整幅骨骼，也可以将这幅骨骼绑定在火车、汽车、飞机等父物体移动目标上，用以完成更加复杂的动画。

① CAT骨骼也好，Biped【两足动物】骨骼也好，甚至Bone【骨骼】组成的骨骼也好，要想最后形成一个可以自由操作，适应不同场景环境的骨骼系统，必须完成"总控"，虽然现在在场景中，已经有了一副CAT的类似于人形的骨骼，有头、有脚、有手，同时手脚都能完成IK【反向动力学】和FK【正向动力学】的动作，但是当向上移动CAT骨骼的重心物体，也就是胯部的时候，会发现两只脚的IK Target【IK目标物体】还牢牢地镶在地面上，没有随着整个CAT骨骼一起移动，如图5-71所示。

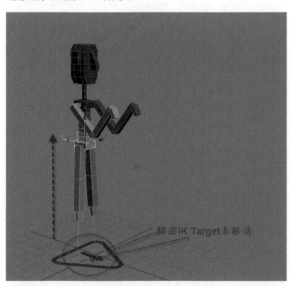

图5-71

② 在某一个镜头的角色动画制作中，虽然两个脚部的IK Target【IK目标物体】都不离开地面的情况下也是可以制作动画的，但是对于一个系列的角色动画来说，这幅CAT骨骼可能需要面对好多种不同的场景，

需要一会儿在车上，一会儿在飞机上等。如果无法对整副骨骼形成总控的话，对于成系列的角色动画制作来说将是很麻烦的，这时就需要通过一个虚拟体来总控整个CAT骨骼。

STEP 01 在3ds Max的创建面板的虚拟体栏目里选择Dummy【虚拟物体】，在视图中拖曳出一个虚拟体，将这个虚拟体对齐到CAT骨骼的胯部，并选择重心对齐，如图5-72所示。

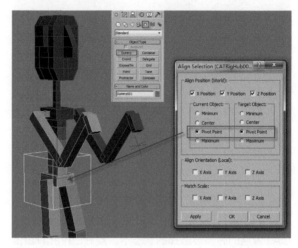

图5-72

STEP 02 选择CAT骨骼的胯部物体，到3ds Max的【运动面板】，首先在CAT的Layer Manager【层管理器】栏目里按住Abs【绝对层】的按钮不放，然后选择Abs【绝对层】，为这副CAT骨骼添加一个Abs【绝对层】，如图5-73所示。

图5-73

STEP 03 单击Layer Manager【层管理器】中的红色按钮，当其变为绿色按钮时表示这个Abs【绝对层】已被激活，如图5-74所示。

STEP 04 看到Layer Manager【层管理器】的上部的区间是Assign Controller【任命控制器】的卷展栏，层创建完以后，总控的工作将在这个Assign

Controller【任命控制器】卷展栏内完成，如图5-75所示。

图5-74   图5-75

单击Add Link【添加连接】按钮，当鼠标显示为十字状的时候点选场景中的Dummy【虚拟物体】，这样在第0帧的时候就将CAT的胯部设定为了这个Dummy【虚拟体】的子物体，如图5-78所示。

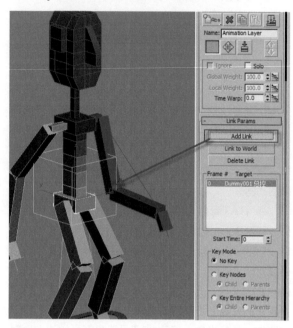

图5-78

STEP 05 因为首先是给CAT骨骼的胯部添加控制器，让Dummy【虚拟体】可以总控这个胯部，所以保持CAT骨骼的胯部被选择的状态下，点开LayerTrans【层变形】左侧的加号，显示出Animation Layer【动画层】；选择这个Animation Layer【动画层】，点击Assign Controller【任命控制器】左上角的小图标，弹出控制器任命对话框；选择Link Constraint【连接控制器】，按OK，为这个CAT骨骼的胯部添加一个Link Constraint【连接控制器】，如图5-76所示。

图5-76

STEP 06 CAT的运动面板卷展栏Link Params 卷展栏，如图5-77所示。

图5-77

STEP 07 当移动Dummy【虚拟体】的时候胯部和其余的除了四肢的IK Target【IK目标】以外都会跟随这个Dummy移动，如图5-79所示。

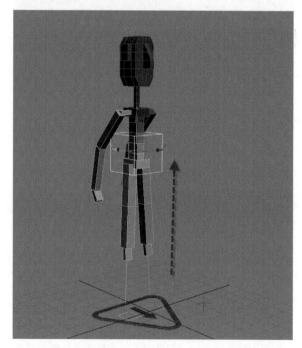

图5-79

STEP 08 接下来为四肢的4个IK Target【IK目标】也指定Dummy为它们的父物体。选择一只脚的IK Target【IK目标】，在CAT运动面板中的Assign Controller【任命控制器】卷展栏对话框里找到Animation Layer【动画层】；单击Assign Controller【任命控制器】卷展栏左上角的小图标，弹出控制器任命对话框，选择Link Constraint【连接控制器】，单击OK按钮，为这个CAT右脚的IK Target【IK目标】添加一个Link Constraint【连接控制器】，如图5-80所示。

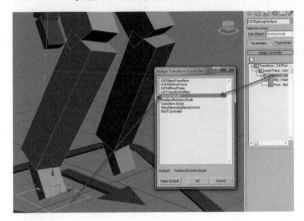

图5-80

STEP 09 移动CAT运动面板，找到Link Parameter【连接参数】卷展栏，单击Add Link【添加连接】按钮；在鼠标显示为十字的时候单击CAT胯部的Dummy【虚拟物体】，在第0帧的时候将这个Dummy【虚拟体】指定为右脚的IK Target【IK目标】的父物体。然后同理，为剩下的左右手和左脚的IK Target【IK目标】也做同样的操作，将Dummy【虚拟体】指定为它们共同的父物体，如图5-81所示。

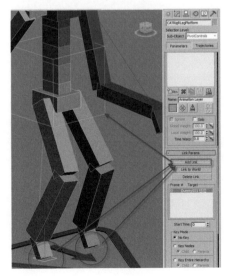

图5-81

STEP 10 在视图中随意移动Dummy【虚拟体】可以看到整副CAT骨骼都随着这个Dummy【虚拟体】一起移动，这个时候就已经完成了总控，如图5-82所示。

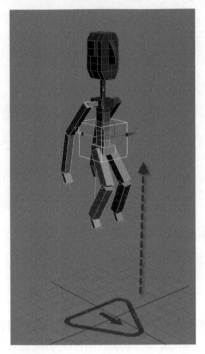

图5-82

STEP 11 使用【链接工具】把这副CAT骨骼的总控Dummy【虚拟体】连接在一辆小赛车的控制Dummy【虚拟体】上，如图5-83所示。

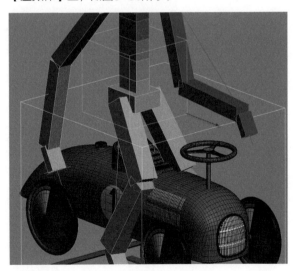

图5-83

STEP 12 移动小赛车的Dummy【虚拟体】控制器可以看到整副CAT骨骼连同其四肢的所有IK【反向动力学】效应器一起都随着小赛车向前移动，如图5-84所示。

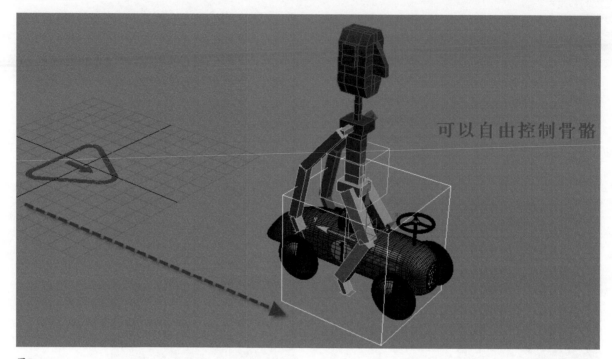

图5-84

这时CAT骨骼的IK【反向动力学】/FK【正向动力学】的切换都在这个基础上正常发生作用了，不会出现角色随着它的父物体移动，而角色的IK Target【IK目标物体】还留在原地，还需要手动去跟随的情况。

第6章

角色的蒙皮

本章内容

◆ 蒙皮的概念
◆ 封套、权重的概念及其面板参数详解
◆ 角色蒙皮实例
◆ 蒙皮修改器主界面参数详解
◆ 权重表的使用

6.1 蒙皮的概念

　　本章主要内容是介绍3ds Max中现在常用的两种蒙皮的技术Skin【皮肤】和Bones Pro【骨骼蒙皮】，通过对这两种蒙皮技术的比较，使读者了解到蒙皮的基本概念。

　　① 说叫"蒙皮"，其实就是皮肤的意思，在3ds Max的命令面板里面名为Skin【蒙皮】的命令，虽然直译为皮肤，但是可以广义地理解为任何覆盖在定义为骨骼的物体外面，受到内部骨骼驱动，影响其表面网格发生变形动画的物件，如图6-1所示。

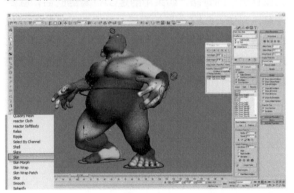

图6-1

　　② 不仅是角色动画时显而易见的服装、皮肤，角色的身体、手臂、腿等，有时甚至在并不是角色动画的电视包装中，也可以给文字和包装元素添加骨骼然后蒙皮的方式来让一些文字的笔画动起来，所以蒙皮是一个广义上的概念，不仅仅局限于只能用在角色上，如图6-2所示。

　　③ "Skin【蒙皮】"修改器是一种骨架变形工具。使用它，可使一个对象变形成另一个对象。可使用骨骼、样条线甚至另一个几何对象去变形网格、面片或NURBS对象。应用"蒙皮"修改器并分配骨骼后，每

个骨骼都有一个胶囊形状的"封套"，如图6-3所示。

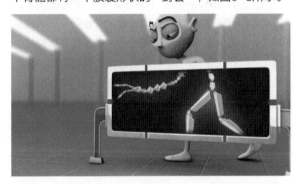

图6-2

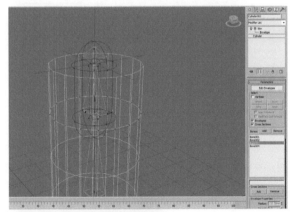

图6-3

④ 这些封套中的顶点随骨骼移动。在封套重叠处，顶点运动是封套之间权重区域的混合。初始的封套形状和位置取决于骨骼对象的类型。骨骼会创建一个沿骨骼几何体的最长轴扩展的线性封套，样条线对象创建跟随样条线曲线的封套，基本体对象创建跟随对象的最长轴的封套，还可以根据骨骼的角度变形网格。

⑤ 虽然现在的工作中已经基本不使用Skin【蒙皮】来对角色进行蒙皮了，而是使用更加先进和简便的Bones Pro来蒙皮，但是Skin【蒙皮】作为一种基础的蒙皮操作，它的基础概念还是值得一学的。

6.2 蒙皮修改器主界面参数详解

本节中主要详细讲解了Skin【蒙皮】修改器的主界面参数和功能，使读者通过阅读之后对这款蒙皮修改器的工作原理和其他蒙皮修改器的工作原理有一个系统化的认识。

① 当给一个装配了简单骨骼的几何体加入Skin【蒙皮】修改器后，可以看到如图6-4所示的主面板。

② Edit Envelope【编辑封套】按钮被按下之后，物体上骨骼的位置会出现封套状的椭圆形可编辑范围，Envelope的意思就是信封，非常形象，骨骼就像包裹在信封里面的信，当编辑封套按钮开启以后，出现的有灰色控制点的椭圆形范围控制器，这些就是指示这根骨骼的权重影响范围，可以通过拖动这些点来调整封套的权重范围，但只能调整个很大致的权重范围，具体的权重分配还是要通过点对点的方式来做，如图6-5所示。

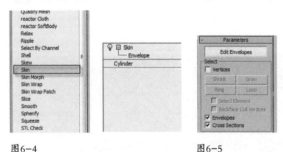

图6-4　　　　　　　　　图6-5

③ Select 下面Vertices【点】左边的勾启用以后，会出现Shrink【收缩】、Grow【生长】、Ring【环形】，还有Loop【循环】。当Vertices【点】激活后，封套就进入点对点的逐一权重调节模式，对于绑定时模型上的点的布局比较清晰，点的数量也不是很多的情况来说，这种点对点的权重编辑还是很有效的。既然是点对点，那点的选择就是一个关键问题。所以这里有四种点的选择方式，在调节权重的时候经常用到的就是Loop【循环】这个选项，当选中一条循环边上任意两个点的时候按一下这个Loop循环按钮，立刻就能选中整条循环边上的所有的点，往往这一条循环边上的权重分配也是同一个权重数值，到下一个循环边的时候，相对于前一条循环边，不是增加权重就是减少权重，所以Loop【循环】的选择方式是最常用的。其余的选择方式与Edit Poly【编辑多边形】等编辑网格命令里的选择功能类似，如图6-6所示。

④ Bones add 和Remove是用来加入和移除设置好的骨骼的按钮，单击Add【添加】按钮弹出选择对话框，然后把全部的骨骼加入即可。因为bone【骨骼】是一种比较特殊的、可以在max的选择工具里被完全孤立出来的骨骼，如果用的是CAT骨骼的话，就要注意，当加入CAT骨骼的时候，别把不是骨骼的东西也加进去了，比如CAT的那个发生物体，就是那个三角形的东西，还有CAT预置骨骼里面都会有的IK效应器，如图6-7所示。

图6-6　　　　　　　图6-7

6.3 封套、权重的概念及其面板参数详解

本节的内容是讲述封套和权重的概念，这两个参数的概念对骨骼绑定的理解很有帮助，也是除了Skin蒙皮以外的各种蒙皮插件和形式的共同原理。

① 封套的概念上面已经说过就像一个信封包裹住里面的骨骼，信封的大小决定里面骨骼对外界影响力的大小，这个对外界环境的影响力就是权重的意思。在Skin【蒙皮】中，这个封套就是一个椭圆形立体的外框，分为两层，内圈是权重影响最剧烈的地方，外框是权重向外延伸所波及的地方，如图6-8所示。

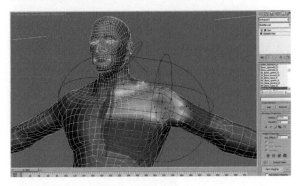

图6-8

② 角色里面并不全都是可以直接把四肢Link【链接】在骨骼上，作为骨骼子物体的机械角色和节肢类昆虫，还有大部分是人类、哺乳动物等，这些由曲面构成的角色必须让骨骼对这些网格曲面做到某些部位是像机械角色一样的权重绝对影响，某些部位又是带有过渡和衰减的权重影响，在Skin【蒙皮】修改器中所有处于绝对影响的范围都是以大红的颜色显示，权重影响力低的地方都是蓝色，处于中间的权重值以黄色和橘黄色显示，这种可视化的权重影响范围有助于我们在绑定角色时一目了然，如图6-9所示。

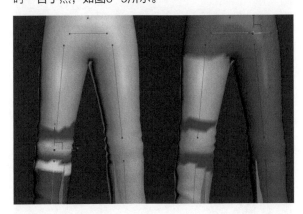

图6-9

③ Weight就是权重的英语写法，但其实它的本意就是分量、重量的意思，很好理解，就是指封套对外的影响的分量，颜色越红表示影响力越大，全红色就是绝对影响了。将一个角色全部都设置为某一根骨骼封套的绝对影响，也就是全都是红色的时候，旋转这一个骨

骼，整个角色就跟着这根骨骼一起旋转了，权重除了全红色的绝对影响以外还有falloff【衰减】的有过渡和衰减的影响，呈现从红色开始往黄色、蓝色的渐变，蓝色为很少的权重影响，比如一条尾巴的根部的骨骼对尾巴尖的部位的网格点的权重影响就是很少很少的，可能呈现为蓝色，如图6-10所示。

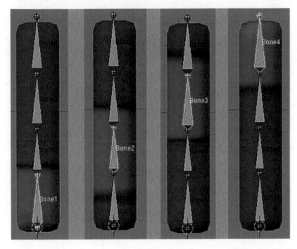

图6-10

为了做到让艺术家可以随心所欲地手动分配权重给角色物体，Skin蒙皮修改器里有一些相应的控制参数如下。

④ Cross Section【分段选择】，当选择一个封套，然后按下add增加时，这个封套就会增加分段数，这样可以稍微精确一点地设置权重，Remove就是削减分段数，不过只能削减刚刚新增加出来的封套段数。Envelope Property（封套属性）Radius可以调节选择的封套段数的半径，可以从横截面上增加或减少其权重影响范围；Squash意思是挤压、压扁的意思，是设置封套的变形，如图6-11所示。

⑤ 下面的五个图标，R表示与此封套相关的权重，同一按钮下的A为绝对权重，我们通过切换观察其颜色的变化就知道相关与绝对权重的区别；后面这个按钮是管封套显示方式的，再后面这个是封套上各段数之间不同权重之间是以怎样的曲线方式来过渡的，再后面就是拷贝和粘贴，如图6-12所示。

图6-11   图6-12

⑥ Weight Property（权重属性），当前面已经开启了点选择模式，并且选择了某个或者某一串点以后，Abs.Effect就激活了；它的数值表示当下选择的这个点上面的权重是多少，也可以在这里对选定点的权重进行调节，不过一般都会进入图6-13所示的权重表进行权重调节，一般不会在这里进行调节。

图6-13

6.4 权重表的使用

本节主要内容是对权重表的运作原理进行分析，通过权重工具箱的使用，使读者可以对一眼看上去让人晕头转向的权重表有一个全面和概括的认识，在工作中做到胸有成竹。

这里有一个很重要的，也是蒙皮中的一个非常有用的工具就是Weight Table（权重表），点开以后可以看到每一个点的权重值，当表格展现的时候，很多人都会被搞晕了，看到这一大串数字就已经没有耐心了，如图6-14所示。

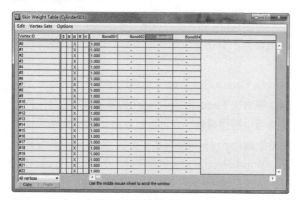

图6-14

别着急，这个按钮边上有个扳手模样的东西，点开以后会出现Weight Tool【权重工具箱】，这个小面板就比权重表要更加直观易于操作。一般给角色绑定骨骼都会使用权重表边上的这个权重工具箱去给角色精确地设定权重值，如图6-15所示。

① 单击扳手图标，会弹出一个小面板，它是有点像对话框一样的一个面板，这个就是叫Weight Tool【权重工具箱】的东西，在Weight Tool【权重工具箱】的顶部是点的选择方式，它和Skin蒙皮主面板的选择方式一样，如图6-16所示。

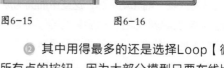

图6-15　　　　　图6-16

② 其中用得最多的还是选择Loop【循环】边上所有点的按钮，因为大部分模型只要布线比较好的话，都可以通过选择一条循环边上的任意两个点然后按Loop【循环】按钮去选择整条循环边上所有的点，如图6-17所示。

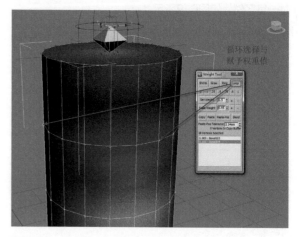

图6-17

⑬ 在选择方式下面有一些数字，当选择模型上的某些点以后，再去按这些数字按钮，就能将按钮上数字所代表的权重赋予这些点。从0开始依次递增到1，这是赋予点的权重值，1为最高，显示颜色为大红色，0

为没有，显示颜色为蓝色，然后中间过渡值的颜色就是介于蓝色与红色间的光谱色（橘黄、黄色、蓝色等），这个大家自己一试就看到了，如图6-18所示。

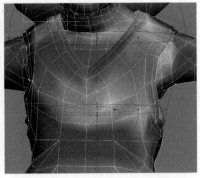

图6-18

⑭ 再下面是Set Weight（设置权重），边上有个可以键入数字的对话框，除了可以按上面那排预设值按钮给点赋予权重外，还可以在这个对话框内随意输入0～1的小数点数字来赋予点更精确的权重，如图6-19所示。

⑮ Scale Weight【权重比例】这个键几乎不用的，它是指权重分配在不同相邻骨骼间的权重比例，如图6-20所示。

⑯ 下面是可以Copy【复制】和Paste【粘贴】权重的按钮，Paste-Pose是粘贴一个造型，从复制权重数据上来说基本上与Paste【粘贴】是一样的，如图6-21所示。

图6-19　　　　图6-20　　　　图6-21

⑰ Blend是指混合权重，当已经拷贝一组点的权重以后，选择另一组已经有不同权重设置的点，再使用Blend【混合权重】去混合的话，另一组点会逐渐显示为这两组的平均值，一直按直到两组点的数值完全一样，这是一种方便均匀分配权重的快捷按钮。再下面是Copy-Pos Tolerance【拷贝姿势的宽容度】，后面这个数值一般也不会去改它，如图6-22所示。

⑱ 再下面是一个蒙皮内选择的点处于哪块骨骼上

的一个列表，这个表虽然只是显示选择的点具体是位于哪根骨骼上的一个显示列表，但是在给骨骼绑定的时候是非常有用的，如图6-23所示。

图6-22　　　　　　图6-23

当给一个角色的身体四肢都使用了Skin【蒙皮】以后，Skin【蒙皮】会自动先分配一下权重，然后通过移动角色的骨骼来检查Skin自动分配的这个权重是不是正确。当然大部分情况下的自动权重分配肯定都是不正确的，所以这时在修改和重新分配权重的时候就会出现一些怪事，比如，某些点不管怎么选择它，赋予它新的权重，它就是纹丝不变，或者给它新权重分配的时候是有变化的，但是等到退出Skin【蒙皮】修改器去调骨骼动作的时候，这个点还是处于没有改正过权重分配前的老样子。要么拉起一个尖尖角凸出于角色身体，要么凹陷进去，不管怎么再赋予它新的正确权重也没用。要想修改这样的错误，就需要借助这个表格的帮助，下面将举一个实际的例子加以说明。

① 在这个角色的手臂处有一个高高凸起的点，很明显这个点是不符合绑定要求的"怪事"，如图6-24所示。

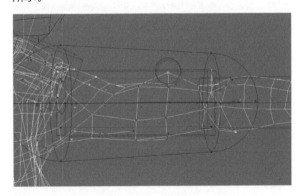

图6-24

② 选择这个点，然后单击Weight Table【权重表】按钮，弹出权重表，这时的权重表是以全部的点的形式显示的，也就是图6-25所示红色框中的 All vertices【所有点】。

图6-25

③ 单击All vertices【全部顶点】下拉菜单，选择Selected vertices【被选择的点】，然后表格变得清爽干净，只显示被选中的这个点。可以看到这个点的名字叫1892，也就是第1892个点，然后在名字的右侧红框中可以看到这个明明是在上臂处的点，居然在Bip01 Head这块头部骨骼上有一个0.5的权重，这显然就是Skin【蒙皮】自动分配权重时产生的错误，所以这个点会高高凸起于手臂，如图6-26所示。

图6-26

④ 回到Weight Tool【权重工具箱】面板，在骨骼列表里也可以看见这个点确实受到来自Bip01 Head

头部骨骼的权重影响，这个值是0.500，与Weight Table【权重表】里面所显示的数值是一致的，如图6-27所示。

⑤ 在Weight Tool【权重工具箱】面板选择Bip01 Head，使其显示为蓝色被选状态，如图6-28所示。

图6-27　　　　图6-28

⑥ 在Weight Tool【权重工具箱】面板点击"0"数值按钮，把Bip01 Head头部对这个点的权重影响值设置为0。这时，这个点就降下去了，不再高高凸起了，一个错误的权重分配就被修改好了，如图6-29所示。

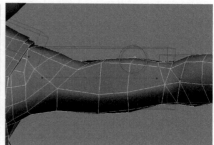

图6-29

知识提醒： 在3ds Max自动进行Skin【蒙皮】权重分配的时候经常会出现这种权重乱分配的"怪事"，要解决这种"怪事"，就要在这个小列表里去寻找这个点是不是除了自己觉得应该分配了权重的骨骼以外，Skin【蒙皮】在自动状态下还把这个点分配给了别的一些不该对这个点进行权重控制的骨骼，大部分情况是这个原因，依次选择小列表里面的骨骼去观察这些点在其他不该有的骨骼上是否也有权重，找到以后，把这些点排除出这根骨骼，或者设置为0就好了。

最后，再说一下Weight Table【蒙皮权重表】，这个让人看了要晕的东西。在对Weight Tool【权重工具箱】的作用了解了以后，再去看这张表的时候，就没有那么令人抓狂了吧。如图6-30所示，左侧显示的是网格上的点的名称，然后是每根骨骼对这些点的相应权重值，可以通过在这些权重值上面左右拖动鼠标来微调权重，因为在Weight Tool【权重工具箱】面板里是没有这种小数点后几位的微调设置的，而Weight Table【蒙皮权重表】里面是可以进行微调的，不过在实际的工作中其实也不会经常使用这个微调功能，对于更善于创作的艺术工作者来说还是使用更简单方便的Weight Tool【权重工具箱】更为容易。

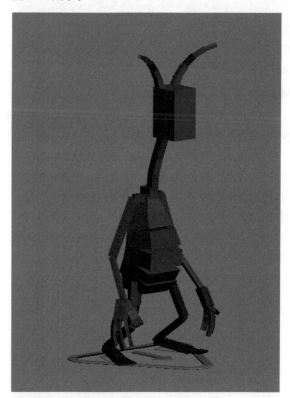

图6-30

6.5 角色蒙皮实例

本节的主要内容是对"城市蚂蚁"这个角色进行骨骼的设计和蒙皮的绑定，其中重点讲解了在进行骨骼蒙皮设计时，使用了比Skin【蒙皮】更为先进，操作更为简单的Bones Pro作为蒙皮的工具，以及该工具在操作时的一些特点。

实例：两足角色的蒙皮

在前面的章节已经完成了城市蚂蚁的建模工作，接下来的两足角色蒙皮这一小节，继续通过"城市蚂蚁"的实例来对角色骨骼的绑定技术做一定的阐述。

STEP 01 在对城市蚂蚁的模型进行绑定之前，首先需要做的是骨骼的设计。"城市蚂蚁"的骨骼采用了CAT预制骨骼中的Alien【外星人】骨骼作为原型，在创建面板的虚拟体面板下选择CAT Object，然后在其预置骨骼列表中选择Alien【外星人】作为蚂蚁骨骼的原型，只因为这幅骨骼和蚂蚁的外形比较接近，如图6-31所示。

图6-31

STEP 02 在视图中拖曳鼠标拉出一个Alien【外星人】骨骼。从外形可以看到不论是长长的触角，圆圆的肚子，还是大脚板都与蚂蚁的外形是比较接近的，如图6-32所示。

图6-32

STEP 03 依据蚂蚁角色模型的大小，将这个CAT骨骼的三角形起始物体选中，在命令面板下可以看到一个CAT Units Ratio【CAT单位比例】，改变这个数值，将这副CAT骨骼的整体大小尽量调整得和蚂蚁模型的整体大小基本相一致，如图6-33所示。

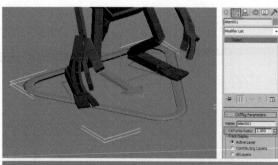

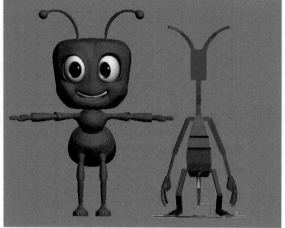

图6-33

骨骼移动并对齐于蚂蚁的模型的中心位置。同时当然也需要将手指、脚趾、触角等细节部位的骨骼与蚂蚁模型相匹配,这个过程非常简单,只需要使用移动和旋转工具去调节骨骼即可,这里不做阐述,如图6-35所示。

图6-35

STEP 06 选择全部的CAT骨骼,在【显示面板】◻中勾选Display as Box【以盒子状态显示】,这样做有利于观察骨骼与模型的匹配程度,这样蚂蚁的骨骼就设计和摆放完毕了,如图6-36所示。

图6-36

STEP 04 整体大小调节完毕以后,根据蚂蚁角色的特点,决定把蚂蚁的头部使用链接的方式直接连接在骨骼的头部上,这样蚂蚁的头部是不需要进行绑定的。由于蚂蚁的触角上有两个大大的球,所以骨骼的触角部分需要做出调整,另外蚂蚁的肚子也比骨骼的肚子来的更大,所以这块在骨骼上也需要做出相应的调整等。也就是依据蚂蚁的模型外形将骨骼在局部上也要调整得与蚂蚁轮廓的模型基本相一致,这样才有利于蒙皮时权重的自动分配不至于出现大的错误,如图6-34所示。

知识提示: 当骨骼设计完毕,并摆到与蚂蚁模型的起始姿态一致的位置以后,就要开始为蚂蚁模型添加蒙皮命令了,在"城市蚂蚁"的案例中,蚂蚁的蒙皮工作是使用Bones Pro这个功能强大,但易学易用的3ds Max插件来完成的,如图6-37所示。

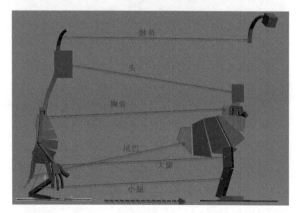

图6-34

STEP 05 选择CAT骨骼的三角形起始物体,将整个CAT

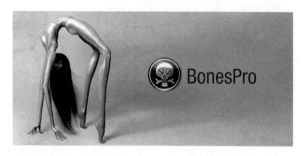

图6-37

Bones Pro是由Digimation公司开发的一个肌肉蒙皮插件，它之所以功能强大而操作简单是因为它不像3ds Max自带的Skin【蒙皮】修改器那样是通过球形框（封套）来确定权重影响范围的，而是沿骨骼方向对角色网格进行权重影响，如图6-38所示。

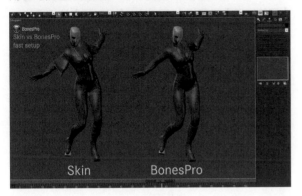

图6-38

而且就算在权重为0的时候仍然对皮肤有微弱的影响，这样简化了很多设置权重的工作，也增加角色动画的真实性，所以问世以来获得业界广泛好评。

STEP 07 由于蚂蚁头部决定采取链接与CAT骨骼头部的方式，所以只需要选择蚂蚁的身体部分，来到命令面板，在卷展览中为其添加Bones Pro作为蒙皮修改器，如图6-39所示。

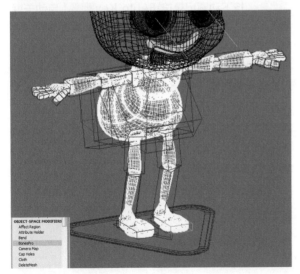

图6-39

STEP 08 单击BonesPro命令面板上的Assign【指定骨骼】按钮，会弹出一个选择对话框，在选择对话框中把前面设计好的CAT骨骼（除了头部骨骼以外）一并指定为蚂蚁身体的骨骼，点击OK把这些CAT骨骼添加给蚂蚁的身体作为驱动蚂蚁身体的骨骼，这时Bones Pro

会自动计算和依据骨骼的方向分配权重，效果比Skin【蒙皮】强大很多，基本上不会出现错误，如图6-40所示。

图6-40

知识提示： 四肢的四个IK Target【IK目标】物体（它们是IK效应器不参与绑定）和最底部的三角形CAT起始物体都要排除掉，不要一起作为骨骼使用。BonesPro对于什么是骨骼的定义非常宽泛，像IK Target【IK目标】物体这类的虚拟物体也是可以被BonesPro指定为骨骼的，所以在选择的时候必须把它们排除掉，否则绑定的时候会出现怪事。

STEP 09 在Bones Pro面板中给Visualize【可视化】左侧的勾打上，单击鼠标左键进行勾选，这时视图中蚂蚁显示为一种权重分配的观察模式，其权重强度颜色与Skin【蒙皮】类似，如图6-41所示。

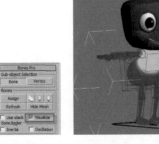

图6-41

在Bones Pro的Properties 卷展栏中单击Option【选项】按钮，在弹出的面板中可以看到Bones Pro对于权重值的可视化颜色对应关系，如图6-42所示。

图6-42

知识提示： Bones Pro中的蓝色权重值为"0"，也是有权重的，只是非常微弱，这点与Skin【蒙皮】不同，在Bones Pro中只有白色才是完全没有权重影响。

如果勾选Visualize【可视化】，则蚂蚁以黑色形式显示，最强的权重则以红色显示在骨骼所对应的蚂蚁模型上。（一般进行蒙皮调整的时候保持为灰色勾选状态），如图6-43所示。

图6-43

知识提示： 需要注意的是Bones Pro在进行编辑时，一旦在其命令面板外选择了某一块骨骼后，就会离开Bones Pro的命令面板，而进入那块骨骼的命令面板。所以在Bones Pro命令面板中有一个专门在Bones Pro状态下选择骨骼的Bone Selection【骨骼选择】的区域。

在进行蒙皮调整时只能在这个区域里有各种对骨骼进行选择。从左至右依次是：①选择所有骨骼；②对所有骨骼放弃选择；③反选没有选择的骨骼；④选择一块骨骼；⑤选择非链接状态的骨骼；⑥按名字选择骨骼；⑦选择当前骨骼的父物体骨骼；⑧选择父物体层级；⑨选择子物体骨骼；⑩选择子物体层级，如图6-44所示。

同时这个功能，也可以在Bones Pro命令面板的子物体栏里面完成选择单独一块Bone的命令，如图6-45所示。

STEP 10 选择CAT骨骼最底部的三角形起始物体，来到3ds Max的【运动面板】 ◎ ，在Layer Manager【层管理器】卷展栏中点住Abs【绝对层】按钮不放，为其添加一个Abs【绝对层】，这样后面可以给刚刚指定了骨骼的蚂蚁身体调试一些动作，用以观察蚂蚁当前的蒙皮是否正确，如图6-46所示。

图6-44　　　　图6-45　　　　图6-46

STEP 11 按下动画记录按钮Auto Key [Auto Key]【自动关键帧】，通过给蚂蚁做一些简单旋转手臂和移动腿脚的动作来观察Bones Pro当前的权重分配情况。可以看到同样在未对蒙皮进行微调的情况下，使用了Bones Pro之后的蒙皮表现要好于3ds Max自带的Skin【蒙皮】修改器，如图6-47所示。

图6-47

知识提示： Bones Pro默认蒙皮之所以比自带了Skin【蒙皮】，是因为Bones Pro采用了更加先进的沿着骨骼的方向去分配权重的计算方法，而原来的Skin【蒙皮】是用包裹框来圈定权重的作用范围，即便在还未对细节的权重进行调整之前，使用Bones Pro蒙皮的蚂蚁网格表面权重的分布情况也要明显好于使用Skin【蒙皮】的蚂蚁模型。

STEP 12 打开动画记录开关Auto Key Auto Key【自动记录关键帧】，为蚂蚁的腿做一个0-15帧的简单的踢腿动作，用以观察蒙皮的现状，如图6-48所示。

图6-48

STEP 13 选择蚂蚁身体的模型，在视图中采用边线模式显示，并来到命令面板，在其Bones Pro命令卷展栏下给Visualize【可视化】打上灰色的勾，使模型呈现权重值色彩显示，并使用【骨骼选择】 工具选择脚尖的一块骨骼，被选中的骨骼呈现红色状态，如图6-49所示。

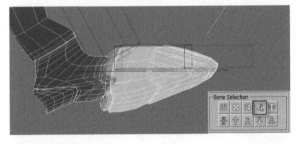

图6-49

STEP 14 单击Vertex【点】按钮，这时模型上会显示出很多蓝色的模型结构点，如图6-50所示。

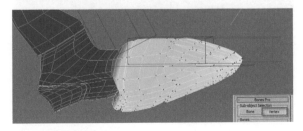

图6-50

知识提示：在进行局部权重调整的时候，需要选择模型网格上的点，Bones Pro的次物体选择区域内有一个Vertex【点选择】的按钮，按下这个按钮之后Bones Pro命令面板会多出一个Vertices【点】的卷展栏，这个卷展栏的上面一排按钮为点的选择方式，如图6-51所示。

Vertex点选择栏从左至右依次为：①收缩当前选区的选择模式；②生长扩大当前选区的选择模式；③环状依次选择；④选择循环边上的全部的点；⑤反向选择；⑥选择未被链接的点，如图6-52所示。

图6-51　　　　　　　　图6-52

在6个选择模式下面从左至右是：①排除按钮；②权重值；③受影响的权重百分比。接下来的两个可打勾的方块从上至下依次是：①忽略反面的点；②选择元素，如图6-53所示。

在选择命令区域下面的是Modify【修改】区域，从左至右四个符号依次为：①把选择的点彻底排除出选择的骨骼的权重影响；②把选择的点加入选择的骨骼影响的权重中；③选择并指定一些特殊的效果；④重置排除或者重置权重。下面为Set Weight【设置权重】这是一个手动为选择的点设定权重百分比的命令框，打入100，这些点的权重就受所选定的骨骼100%的权重影响，呈现为红色，再下面为Soft Selection【软选择】，这个选项与Edit Poly【编辑多边形】的Soft Selection【软选择】的用法是一样的，都是为权重的影响范围增加一个羽化的外延影响，如图6-54所示。

图6-53　　　　　　　　图6-54

这么多命令里面对调整局部权重值最有用的两个命令是：①选择区域里的Select Vertex Loop【选择循环边】 命令；②修改区域里的Set Weight【设置权重】 Set Weight, % 15.61 命令。

STEP 15 将时间滑块拉回第0帧处，使蚂蚁模型回归最初的站立状态，这时的脚尖处的点没有被脚尖骨骼的权重拉伸，容易进行选择，如图6-55所示。

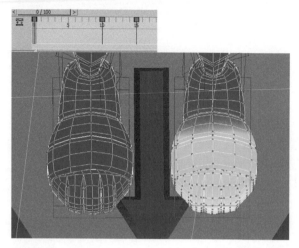

图6-55

STEP 16 选择蚂蚁模型脚尖处的点，如图6-56所示。

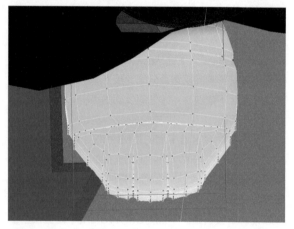

图6-56

STEP 17 在Vertices【可视化】点卷展栏的Set Weight【设置重量】处输入数值100，使这些脚尖处的点受到脚尖这块被选中（呈红色）的骨骼的权重的100%影响，如图6-57所示。

图6-57

同时可以看到在视图中这部分模型上的点的位置呈现红色显示，表示其受到被选中骨骼的100%权重影响，如图6-58所示。

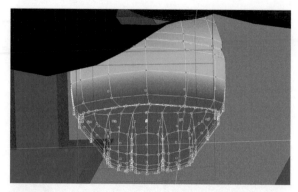

图6-58

STEP 18 选择上面一排点中处于同一条边里的任意两个点，如图6-59所示。

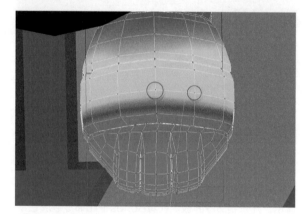

图6-59

STEP 19 在Vertices【可视化】点卷展栏中单击Select Vertex Loop【选择循环边上的点】，如图6-60所示。

图6-60

可以看到这一排循环边上的点都被选中了，如图6-61所示。

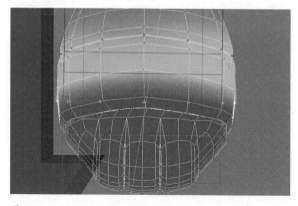

图6-61

STEP 20 在Vertices【制高点】卷展栏的Set Weight 【设置重量】处打入75，表示这些点所控制的区域受到被选中的脚尖骨骼权重值75%的影响，如图6-62所示。

图6-62

同时可以观察到在视图中这些点的区域呈现橘黄的颜色，如图6-63所示。

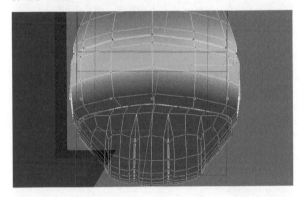

图6-63

STEP 21 这时再将时间滑块拖动至第15帧处观察在设置过脚尖的权重后模型的状态，如图6-64所示。

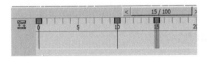

图6-64

可以观察到模型脚尖上刚刚已经设置过的点的位置都还是正确的，但是再靠近脚踝处的点的位置就不正确了，接下来就需要调整这些部位的点，如图6-65所示。

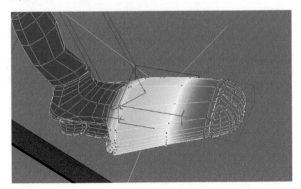

图6-65

STEP 22 把时间滑块拖回第0帧，选择再上面一排的点中的任意两个点，单击选择循环边上的按钮，把这一圈循环边上的点全部选择，如图6-66所示。

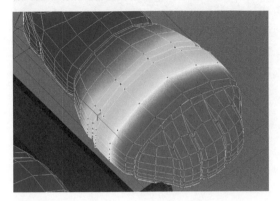

图6-66

STEP 23 给这些点在Set Weight【设置重量】中输入数值60，这些点所受脚尖被选择骨骼权重的影响为60%。视图中呈现绿色，如图6-67所示。

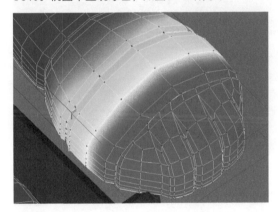

图6-67

STEP 24 使用骨骼【选择工具】选择脚掌处的骨骼，让这块骨骼呈现为红色。同时在视图中观察到这块骨骼对蚂蚁模型脚踝脚掌处的权重影响呈现为蓝绿色（说明权重值不够高，还需要加强），如图6-68所示。

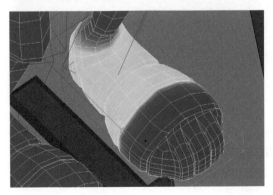

图6-68

STEP 25 在点选择模式下选择全部脚掌处的点，如图6-69所示。

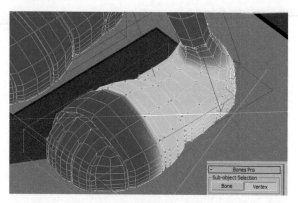

图6-69

STEP 26 在Set Weight【设置重量】中输入数值100，使选中的脚掌骨骼对这些点的权重影响为100%。视图中这些点的范围呈现红色，如图6-70所示。

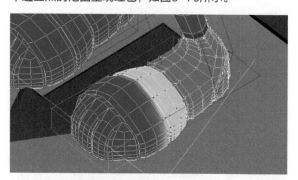

图6-70

STEP 27 选择后脚掌和前脚掌交接的结构缝这个位置里所有的点，如图6-71所示。

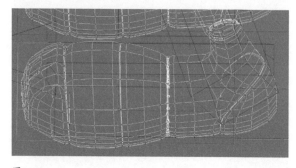

图6-71

然后在Set Weight【设置重量】中输入数值80，这时在红色和绿色之间会出现黄色的过渡色，意味着这些点受到脚掌骨骼的权重影响是80%。

STEP 28 在骨骼选择模式下，点击选择脚尖的骨骼，如图6-72所示。

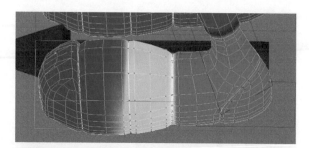

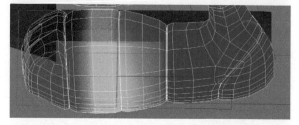

图6-72

同时选择模式下还是保持选择后脚掌和前脚掌结构缝里所有的点，如图6-73所示。

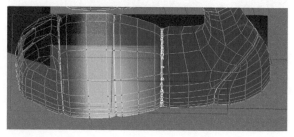

图6-73

STEP 29 在Set Weight【设置重量】中调整这些点的权重值设为15，如图6-74所示。

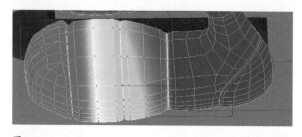

图6-74

知识提示： 每一个模型的情况都是不一样的，所以不能死记硬背前面的29个步骤，前面的29个步骤只是在做一个不断试错和调整的过程，真正需要掌握的是使用测试动作来测试权重是否正确这个方法。不管如何去调整点上的权重值，目的都是让骨骼对模型的权重影响不断趋于正确和自然，通过经验性的总结，有以下两个要点是蒙皮权重设置时需要特别注意的要领。

⑪ 权重不会出现断崖式的递减，必须要有渐变，在视图中呈现五彩的权重值变化。

⑫ 父子关系的两块骨骼或者多块骨骼是相互产生权重影响的，不只是一方影响另一方。

比如，在调节了脚尖骨骼对模型脚掌相应网格点的权重影响后，也需要反过来调节脚掌骨骼对同一批点的权重影响，这样才会呈现比较真实的效果。

STEP 30 通过大量的来回调节和试错之后，终于得到了一个正确的脚部权重分布，再将时间滑块拖至第15帧时，可以看到蚂蚁在伸出腿的时候模型已经没有出现混乱的情况了。这样便完成了一只脚的蒙皮设置。（反复的权重推敲步骤可能需要上百步了，这需要读者自己依据所提供的模型自己多多推敲和尝试，这是一个熟能生巧的过程，技术本身非常简单，这里不做阐述了。）如图6-75所示。

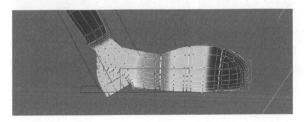

图6-75

STEP 31 将时间滑块归第0帧，打开Bones Pro面板中的Mirror【镜像权重】卷展栏，如图6-76所示。

STEP 32 勾选Show In Viewports右边的勾，如图6-77所示。

图6-76　　　　　图6-77

在视图中可以看到出现了一块橘黄色的对Mirror Plane【镜像平面】，如图6-78所示。

技术提示： 这块橘黄色的对称交界线并不是每次都会出现在正确的地方，如果不正确的话，需要手动调整两个地方。

图6-78

⑪ 首先是Mirror Plane【镜像平面】的轴线设置影响的轴向，如图6-79所示。

⑫ Offset【镜像平面的偏移值】，偏移值的多少视具体实际情况而定，如图6-80所示。

图6-79　　　　　　图6-80

STEP 33 如果Mirror Plane【镜像平面】和Offset【镜像平面的偏移值】都是正确的话，当选择右侧后脚掌（已设置好权重）时，另一侧的左后脚掌（未设置权重）会变成和Mirror Plane【镜像平面】一样的橘黄色，如图6-81所示。

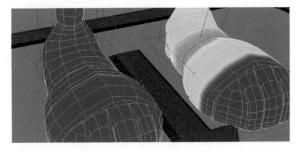

图6-81

STEP 34 单击Bones Pro面板中的Mirror【镜像权重】卷展栏下的Mirror Bone Setting【镜像骨骼权重设

置】按钮，这时右侧已经设置好的权重值会镜像复制到左侧的骨骼上，如图6-82所示。

STEP 35 离开Bones Pro面板，给蚂蚁设置一段行走动画用来测试和观察一下之前的权重和镜像权重的设置是否得到了一个正确的结果，如果蚂蚁的模型在这时的表现是合格的，那说明之前的权重设置是成功的，如图6-83所示。

图6-82

图6-83

第7章 场景的设定

本章内容

- ◆ 角色与场景的风格设定
- ◆ 场景的分类
- ◆ 场景的设计

7.1 角色与场景的风格设定

风格虽然是一个很大的话题，也是一个仁者见仁、智者见智的问题，但是作为需要表达给受众去观赏和阅读的角色与场景风格来说还是有标准的，本章就什么是好的风格进行了详细的阐述，读者通过本章的学习可以对什么是好的风格有一个清楚的了解。

虽然都听说过艺术是没有标准的，但每个人都有自己认为好的艺术，但是由于每个人的生活经验不同，还有美术教育这些年来的普及化，使“什么是美的东西”在感觉上有了一定的普遍标准，使得艺术家在创作作品的时候只要做到“心想事成”就是有风格的，是美的。

比如，这张小女孩和小狮子的图画，只有寥寥几笔，但是小狮子的呆萌可爱与小女孩的爱心懵懂就已经跃然纸上了，这就是所谓的画到位了，也做到位了，如图7-1所示。《穿靴子的猫》里面经典的萌镜头一样，每个人看了都说萌，这几只小猫表达萌的方式就是做到位了，动画它们的动画师将自己心中所想成功地表达在了动画片中，如图7-2所示。

图7-1

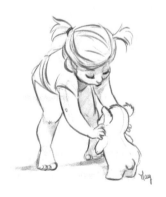

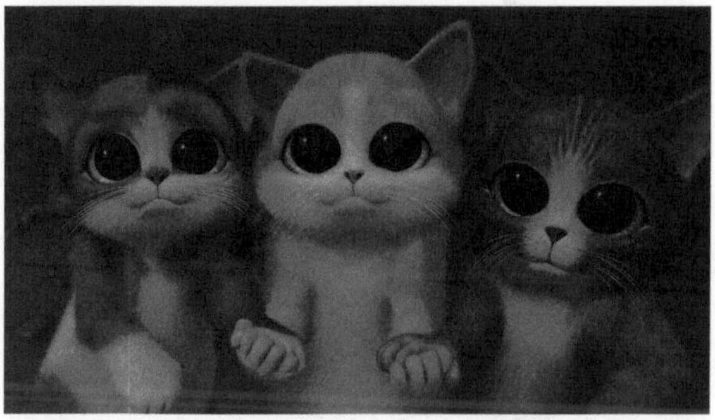

图7-2

如果一个人心里想的画面效果是这样的，但是画出来却不是这样，观众看到的感受和心里的想法是不一样的话，那就只是做了，而不是做到位了。要实现“心想事成”的效果除了大量的苦练以外，最重要的是要学会用心，美术和动画的技法总是可以通过勤学苦练来获取。

刚才那张图里面虽然只有两个角色，一个小女孩、一只小狮子，画了一丁点的地面等，就已经产生了一个风格——这位创作者对“爱心+萌”的个人感受，通过其受过训练的笔触在画面上表现出创作者内心的感受以后，观众在看这幅图时也产生了类似于创作者内心的感受，感受到了创作者在构思时所感受到的东西，这时风格就形成了，因为能被观众感知，所以它是一个成功的作品，如图7-3所示。

图7-3

　　风格不是单向、自闭、孤芳自赏的，必须是双向的，交流性的，这种风格才会被社会接纳与承认，如果风格还不能让别人感同身受的话，大部分原因是所感受到的和所想表达的要么是不一致的，要么就是看得太远了，缺乏对真正要干的事情的思考与感受，也就是不够务实的意思。比如，画的是小女孩去爱护小狮子，但是还想在同一幅画面里面表达反对偷猎和环境污染的诉求，加入两杆枪，一只死去的母狮子躺在边上，远处还有成群冒着黑烟的烟囱等，那结果这幅画本身所携带的信息量就会太大了，就会变得很做作，一种偏要别人懂偷猎与环境污染有多不好的意图，这种"偏要"和"非要"别人感受到的意图是令人排斥的，只有自然流露出来的想法才会让别人欣然接受与赞同，如图7-4所示。

图7-4

　　所谓风格设定，其真正万变不离其宗的要诀就是创作者希望观众感受到的意图是自然流入的，这种风格是会产生双向交流的，是为别人接纳的，会自动产生二度传播。而强加于受众所感受到的风格是做作的，很难二度传播，观众会自然地排斥这样的风格。

7.2　场景的分类

　　本节主要介绍了场景制作时的两个情况：①前景的角色可以与背景分开时的情况；②角色必须和背景放在一个场景中制作的情况。通过这两种情况来进行技术和经验层面的分析，使读者通过学习场景的分类后，在技术和实际操作上有一定的了解，如图7-5所示。

图7-5

在实际工作中会遇到各式各样的场景，有中国式样的，也有外国式样的，有卡通感觉的，也有写实要求的，有科幻层面的，也有很生活化的，林林总总不胜枚举。

但是不管对于场景风格的制作有多难，客户也还是会要求一点一滴地把这些场景制作出来，所以最重要的是要先学会在建造场景时，对技术的分类，而不是艺术上的分类。

❶ 可与前景角色分开制作的场景，如图7-6所示。

图7-6

通常在长篇三维动画连续剧的制作时，也会像平面动画一样，采用后期合成场景的办法来将角色与场景分开制作，然后再合并在一帧画面里，为的是追求渲染和制作的速度。

这里面需要注意的有以下3点。

注意1：不同工程文件的比例尺与场景中心点的位置一定要保持一致，如图7-7所示。

图7-7

注意2：当涉及动画的时候，一定先要统一是在NTSC（也就是N制）格式下制作还是在PAL制格式下制作，在中国境内的动画一般都是采取PAL制，如果是给欧美制作动画的话一般是N制。由于N制式为30帧一秒，而PAL

制式是25帧一秒，如果团队合作时这个没有事先统一的话，就会出现实际制作的秒数与要求制作的秒数无法匹配的问题，这是个低级错误，也是个团队制作时的人问题，虽然简单，但不可不重视。

通过鼠标右键点击3ds Max动画播放按钮，如图7-8所示。

弹出时间设置对话框，可选择N制或者PAL制，如图7-9所示。

图7-8　　　　图7-9

注意3：一定要设置一个视觉中心（或者叫细节中心）以方便团队运作时大家可以以这个点开始去进行分工。否则会出现前景角色和背景场景无法匹配，同时如果是和好几个同事一起合作的时候，一定要设定一个场景的视觉中心点（或者叫细节中心）的位置，然后新建的模型都围绕这个点展开，因为场景的视觉中心点不一致的话，在配合工作的时候会造成摄像机和其他人做的场景物件不匹配，导致不能简单的从一个场景Merge【合并】调用至另一个场景，简单的操作对于多人合作的模式是非常重要的，具体的操作实例在后面的7.3.2实例2"写实类场景设计"中有详细的解析。

② 必须与角色一起制作的场景，如图7-10所示。

当一个场景必须与角色一起制作时，稍微有点制作经验的人一定知道角色+场景=很大的文件，这种很大的文件在保存的成功性（有时3ds Max会因为各种不明的原因将自己的场景在保存时摧毁掉，往往发生在很大的文件尺寸时），或制作拖动视图的显卡反应速度上都是很慢的，最后渲染的时间也会很长，这类动画制作中会遇到的困难都是在角色和场景一起制作时最容易遇到的情况。遇到这样的情况也可以做一些措施来防范。

图7-10

措施1：善用层管理工具，将不同成组的模型分进不同的层进行管理，这样可以有效地对付由于场景中文件太多造成显卡显示效率跟不上的问题。层管理工具可以隐藏和冻结相关物件，对管理比较繁杂的场景来说是一个很有用的工具，如图7-11所示。

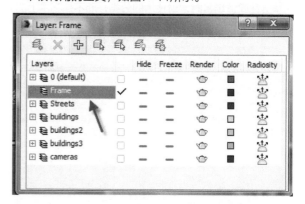

图7-11

措施2：场景中不在摄像机视野内的，这个物件模型面数又特别高的，可以把不在摄像机视野内的面都删掉。可以采用命令面板内的Edit Poly【编辑多边形】去删除多余的面，或者Slice【切片】命令来删除看不见的面，这在游戏里用得特别多，如图7-12所示。

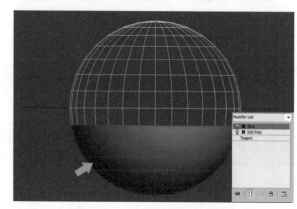

图7-12

图7-12（续）

措施3：如果在场景中使用了Reactor【动力学】等动力学模拟效果，一定记得要去检查一下程序面板下的Reactor【动力学】面板下的Collision【碰撞】卷展栏下面是否有Collision Store【碰撞储存】，如果有，就用Clear【清楚】按钮将其全部清除掉，这样文件在保存的时候，尺寸会小很多，出错概率也就减少了，如图7-13所示。

图7-13

措施4：如果不论如何减少模型的面数，合并修改器的数量，文件都还是很难成功存盘，这时需要使用一些脚本的帮助，在max中按F11键打开侦听器窗口，在弹出的max脚本侦听器中输入t=trackviewnodes;n=t[#Max_MotionClip_Manager];deleteTrackViewController t n.controller 并回车，成功的话，会显示OK。然后再去保存，这时基本上都可以在短时间内存成功，如图7-14所示。

图7-14

措施5：需要注意的是，就算将场景与角色放在一起制作了，但是当遇到摄像机镜头切换到另一个角度，这个角度的场景从来没有制作过，而之前摄像机角度制作的场景模型又在这个新角度派不上用场的时候，意味着必须在这个新角度再建新场景，这时还是要果断地为这个新的摄像机景别新建一个3ds Max工程文件比较好，也就是重命名另存一个，然后把之前镜头做的场景删掉，这样做的好处是渲染管理上的清晰度比较高。如果是在一个场景中使用多个摄像机的话，那对灯光的管控就会比较麻烦，因为这个角度的布光是正确的，不等于另一个角度的布光也是正确的，角色动画不同于建筑漫游，前者很多灯光是要表现氛围和情绪的，摄像机拍不到的地方就算曝光了或者过暗都没关系，而后者只要照得足够清楚就可以了，所以不管换哪个角度的摄像机，建筑漫游场景的渲染基本都不会受到影响，所以对角色动画来说如果一个场景里面有多个景别的话，建议还是多保存几个不同的3ds Max制作工程比较好，如图7-15所示。

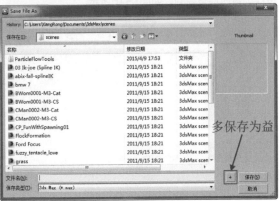

多保存为益

图7-15

7.3 场景的设计

本节主要介绍了场景的设计，虽然很多时候场景只是一个对前景角色起衬托作用的背景，但是不能因为其担当的任务是衬托角色的作用而低估了其在设计中的重要性。

对于角色为主的动画来说，场景虽然大多的时候是个背景，起衬托角色、营造氛围的作用，但不等于在设计上就可以省心了，一般来说一个场景需要有两个方面的问题来用心设计：艺术创意方面和技术掌控方面。

① 艺术设计方面。当拿到一个剧本或者脚本的时候，通过文字和简单的脚本勾勒可以了解到这是一个什么场景，是古代的还是现代的，是科幻的还是写实的，是局部的还是大场景的等。都需要尽量发挥自己的创造力，但同时必须注意的是这是一个角色行动和表演的场所，再创意的设计也要考虑好角色该如何在这个场景里面行动才是好的创意。

这是一张迪斯尼和皮克斯2007年合作的全三维动画电影《美食总动员》的场景设计图，从图中可以看到炉子上有一口大锅，冒着热气，上面一只老鼠在往锅里丢佐料，一个大汤勺作为老鼠爬下锅的梯子，炉子周围还有一些瓜果蔬菜厨具。在这个镜头中，老鼠是主角，也是视觉的中心，它活动的动线是从搁物架上跑到大锅的沿儿上，扔完佐料以后滑下大汤勺离开场景。这个场景在搁物架上的物品统统是靠墙放的，方便老鼠跑动，然后锅子的外延是老鼠蹲着的地方，不过设计的时候可以刻意地把老鼠脚给挡掉，因为那里实在是不宽敞，如果让脚露出来的话，就会增加动画师很多调节脚与锅子不要穿帮的工作量，然后设计了一个大汤勺来巧妙地解决老鼠如何从锅子上下来的问题，整个场景的设计都是根据老鼠会怎样动来设计的，这点才是艺术创作角度来设计场景时最重要的，如图7-16所示。

图7-16

说明迪斯尼和皮克斯在进行场景设计的时候是有Layout【布局】这个工作流程的，当时肯定导演、动画师、场景设计师、灯光师等都到场的，而国内在工作的时候往往遇到的情况是没有Layout【布局】这个流程的，动画师和场景设计师都是各自为战，往往还是场景设计师先开始工作，等动画师拿到场景以后已经木已成舟了，当身处这样的工作环境时，身为角色动画师更应该主动地去找场景设计师和导演沟通，就算没有Layout【布局】这一关，也要对我们自己的辛苦劳动负起责任来，化被动为主动。

② 技术掌控方面。以这张《美食总动员》的三维场景带角色的画面为例，来看一下在这张三维场景中有些什么技术要点需要注意。首先，在还没三维建模建造场景之前一定要先搞清楚这个场景的主光源来自哪里，从这张图上看主光源来自场景的后部，也就是摄像机取景的是一个逆光的场景，这样就知道在主光源那里模型应该不需要建了；其次，画面左侧是暗部，用来凸显前景的角色主角的，所以这个暗部的场景在细节上可以适当少做点；最后，主要的环境细节出现在接近主光源的灶台这里，这里的水管和龙头等是需要仔细制作的，灶台边的这堵砖墙可以简单点处理也没关系，主要靠贴图，最好是带有Normal【法线贴图】的砖块贴图，能反映出光照的砖头立体感。当以主光源作为一个思考路径的起始点的时候，会发现场景里面模型细节的分布也立马清晰了，主次分明，这样建模工作量也好，场景保存时的文件大小也好，都可以做到心中有数，如图7-17所示。

PIXAR ANIMATION STUDIOS Ratatouille / Final Frame / Pixar Creative Services
generated from element: cs_comp
v225_33acs.sel8.103.tif - 2006:12:21 11:18:03 - (1920 x 803)

图7-17

知识提示： 当准备为场景进行三维模型制作的时候，有时会采用一些模型网络上下载的，或者国外网站上下载的预置模型，这些模型确实大大方便了工作效率，但是需要注意的是不同

"产地"，版本的模型放到一个场景里面的时候会出现一些不可预知的错误，为了保持3ds Max的软件工作的稳定性，不出怪事，在时间允许的情况下最好还是自己手动建模比较好，如果遇到那种需要计算流体的场景，那就更不能随便Merge【置入调用】别的场景的文件了，到时会出现粒子碰撞上的未知困难。

7.3.1 实例1：抽象类场景设计

本节通过实例的方式向读者展示什么是所谓的抽象类场景，以及这类场景在设计和制作时的特点，通过本节的学习，读者可以从理论和技术两个层面了解到此类场景在日常工作中运用的范围和需要注意的一些事项，对于实际的工作具有指导意义。

所谓抽象与具象其实并没有绝对的分界线，比如中国传统的神兽龙，它到底属于抽象还是具象的呢？从绘画的技法上来说，传统的龙形象基本都是比较细致的，结合了蛇的鳞片、牛的鼻子、鸡的脚爪、鹿的犄角等，每一部分拆开都是具象的，但是合并起来最终形成龙的形象的时候又是一个并不存在的抽象形象，又变成抽象的了，如图7-18所示。

图7-18

再看以康定斯基、蒙德里安为代表的西方绘画抽象派的作品，可以看出要将表达的事物通过概括的手法抽取其共通点再加以绘画的形式表达出来，与中国传统的抽象的做法是正好相反的。中国是将不相干的事物按照一个有意义的样子结合在一起，而西方是将共通之处以概括的方式提取出来以后再表达，如图7-19所示。

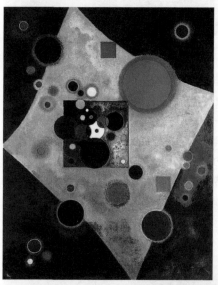

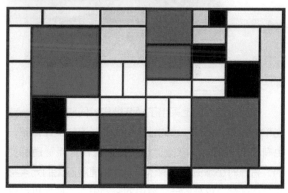

图7-19

不论是以何种方式去抽象，总是为了能更加好地服务目的，在日常的工作中，最多用到抽象的场景设计的是频道包装方面的三维动画，因为这方面的动画的主要目的是为了突出信息和整体的意义，而不是突出三维元素的细节，所以在频道包装中会大量使用抽象的场景设计的风格。这是一个体育频道的频道包装截图，从图中可以看出从元素到环境的设计都是一种抽象的风格，这种抽象的风格一方面可以让观众通过自己的生活经验知道这些抽象的元素所传递的信息是什么，另一方面也不会让观众把太多的注意力放在某一个具体的元素上，这正是抽象类的风格所具有的优势，如图7-20所示。

图7-20

体育栏目电视包装的三维场景设计一定要突显体育运动的速度感,所以在三维软件中搭建场景的时候,采取的是在一个类似隧道的环境里取景。因为隧道有长度,能让元素在里面以快速的速度穿行,在后期渲染的时候加上运动模糊,就会产生很好的速度感,这会符合体育频道的特质,如图7-21所示。

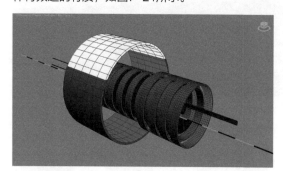

图7-21

在外观的设计上采用了桶装结构,同时有设计一些光带的效果,一环一环的结构像海底隧道的支撑骨架,也有点时空隧道的感觉,也就是把各种有点隧道感觉的,有点时空感觉的,能体现光线和速度感觉的元素都集合在一起。这样的一个隧道的空间里面,摄像机可以做有速度感的运动,里面的元素也可以做有速度感的运动,同时相对狭窄的空间更有给人一种蓄势待发的蓄力的感觉,就像比赛开始前的准备活动一样令人兴奋和期待,如图7-22所示。

图7-22

整个场景设计都非常的概括,没有一个非常能说得清楚究竟是什么具体的东西,但是每个元素都带有一些具体部件的信息,让看的人能感受到速度的感觉,蓄势待发的感觉,但又不会过于把观众的思路和注意力带到思考某一个元素究竟是什么的问题上,如图7-23所示。

图7-23

这里使用一些黑色的网格线的材质,这些元素可以令人联想到运动服透气装备的蜂窝状孔径,当代表各种体育运动门类的图标出现的时候,可以看到这些图标也是进行了抽象概括化的处理的,高度的概括的人物形态可以让画面的信息量更加精练,有利于观众把注意力放在栏目内容上,如图7-24所示。

图7-24

抽象场景的设计在细节上的要求不是很高，重点在于点到为止地把有关信息暗示给观众即可，不需要把每一个元素的细节和材质都做到非常逼真和细致，就算元素与元素的互相搭配是违背客观规律的也不要紧，比如在这个踢足球的人所在的圆环进入场景的时候，它对于这个隧道是一个悬浮的状态，没有交代这个圆环是如何产生浮力悬浮在隧道中心的。如果是写实的场景的话，就必须交代其动力来源是什么，下面的管线也没有什么实际的作用，只是起到装饰的效果，也不用在结构上去交代它们从哪里来，又要去哪里。对于抽象场景来说只有一个目的——以抽象和概括的元素，把整体的意境表达出来，让观众不拘泥于对具体元素的琢磨上，而把注意力放在对整体效果的感受上，如图7-25所示。

图7-25

最终在输出的渲染时，会添加运动模糊和景深，这些效果可以有效地把抽象场景中暂时显得还比较缺乏细节的情况变得非常丰富，在运动模糊和景深共同作用下，可以一起完成一个高质量的抽象场景的渲染效果。缺乏细节经常是此类抽象场景所遇到的问题，但是并不用担心，通过材质、景深、运动模糊后期软件的一些光效的处理之后，在观看动画的时候还是可以产生丰富的视觉效果的，如图7-26所示。

图7-26

7.3.2 实例2：写实类场景设计

本节的主要内容是通过一个实例的方式向读者演示和阐述三维场景在模拟写实风格时所需要注意的一些问题，这些问题有经验上的，也有技术上的，特别是细节

中心或叫视觉中心物体间的比例关系的问题。

写实类场景对创作者来说虽然有客观存在的真实场景作为建模、材质和照明作为参照，但是对于硬件设备来说写实的程度却是有上限的，在一个为动画做准备的场景设计制作中，不可能把所有的写实细节都表现到位。如果面面俱到的话，其结果一定是电脑卡壳，根本无法进行动画的制作了。正如下图中的这个书房的写实类场景的完成渲染图，可以看到其中零零碎碎的物件特别多，如果这么多的物件都是用完美的细节来表现的话，它作为动画场景来说是根本无法参与到实际的动画制作和渲染中去的，如图7-27所示。

图7-27

所谓写实场景的设计的重点是如何把这个场景里面的主次关系和表现中心突出出来，而不是把每一个物件都做到最写实，同时要严格预估整个场景的文件大小，并通过分层管理器来合理管控场景，以防止在后期做动画的时候出现显示上的困难，一切为主要的动画这个目标来服务，如图7-28所示。

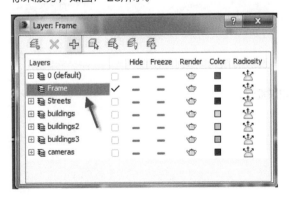

图7-28

在这个书房的写实场景中，由一张长而大的书桌作为整个场景的中心，书桌上又以一块蓝色的垫子周围形

成视觉的中心，垫子上有坏掉的灯泡和修理用的工具，垫子的左侧是一个灯罩，从整个场景的格局规划上是以蓝色垫子为中心，这里的细节最多，然后逐渐向周围散开，直到最远端的窗户外的景色（窗户外的景色用一张Vray的发光材质贴图来充当），如图7-29所示。

图7-29

当明确哪里为场景的细节中心以后，就知道哪里的写实程度所具备的细节是最多的，哪里的模型的面数是最多的。通过边线模式显示以后可以看到在蓝色垫子上的灯泡、螺丝钉、修理工具，还有一个空中大灌篮里面的兔女郎的细节面数是最多的，越靠近它们的物体像灯罩、羊角面包、咖啡杯、电脑键盘和显示器、台灯的细节相对较少，再远一点的红色工具箱和窗口放着的书籍的面数是最少的。同时如果是多人协作进行场景建模的话，这个视觉中心也可以为大家提供一个摆放和调取模型的快速对齐点，如图7-30所示。

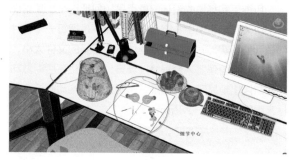

图7-30

知识提示： 在写实场景中，除了细节以外最为重要的是物件与物件的比例关系，因为人类每天都生活在这个真实的世界里，对于所有与生活经验有关的物件的相对大小已经熟悉得不能再熟悉了，如果有一个物件的比例关系与生活经验里的不符合，它很快会被大脑识别出来，所以作为一个写实类的场景设计的时候一定要严格把握一下里面所有物体的大小比例。

如图中的那个兔女郎，这是一个从别的场景调取过来的角色，它的比例可以被任意地放大缩小，而在这个场景中，它的比例被设定为一个模型玩偶的大小，这个比例有利于保持蓝色垫子附近为视觉中心，如果兔女郎太大的话，则视觉中心就会变成兔女郎，而在这个场景中只想让蓝色垫子这个区域成为视觉中心，如图7-31所示。

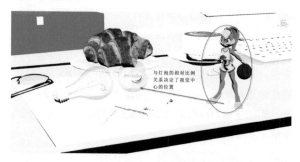

图7-31

在整个场景的布光的问题上采取的是以户外光源为主光，然后室内给书桌打两盏辅助光的灯光布局。户外的环境光线主要用来模拟太阳的光照，在这个场景中使用了一个球形的Vray灯光作为太阳光的发光源，球形的灯光也好，矩形的灯光也好，都可以模拟，只是球形的灯光相对矩形的灯光照射的宽度更广一些，不用再打更多的辅助光，如图7-32所示。

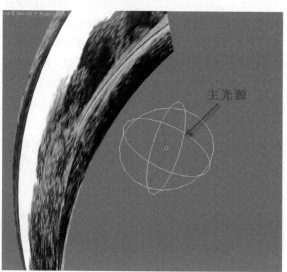

图7-32

两盏室内的辅助光主要模拟室内的环境反射太阳光形成的照明效果，虽然Vray有更加真实的Dome模式的灯光（也可在图中红框的灯光类型中选择）可以模拟最真实的环境光线，但是渲染的速度会慢一倍，如图7-33所示。

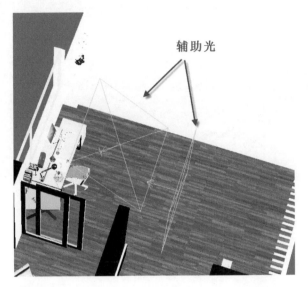

辅助光

图7-33

对于一个动画场景来说渲染的速度还是需要有所考虑的。充当太阳光的Vray灯光的光照强度可以适当地产生一些曝光过度的效果，这样可以更好地模拟真实生活中的情况，如图7-34所示。

图7-34

对于写实类的场景设计而言，创意的空间与抽象类是一样广阔的，丝毫不会受到写实这个条件的局限，因为写实也好，抽象也好，最终的目的都是为了让画面变得有意思，能更好地突显动画的主题。

如果说写实场景与抽象场景的区别，应该说在写实场景中，里面所有用到的元素都是以完整的形态出现的，比如台灯就是一个完整的台灯，不会只出现一个灯

罩，或者只提取一个灯罩的轮廓特征，灯泡也是以一个完整的灯泡的形态出现，如图7-35所示。

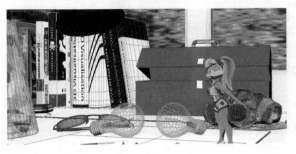

图7-35

而抽象场景中往往会提取一个能代表灯泡特点的元素，或者将灯泡进行高度概括化的表现，在写实的场景中，不管摄像机的取景框能涵盖多少物件，这些物件基本都是以完整的形式建模和出现在这个场景中，也基本不会采用高度概括化的形态，如图7-36所示。

图7-36

而抽象的场景里面的元素则多以高度概括化和提取某一个部位的方式出现，常常用在频道栏目的包装动画中，这样简化和概括以后有利于凸显包装片的整体效果，不至于喧宾夺主，让观众始终把注意力放在主体信息上。

第3部分
开始角色动画创作

第 **8** 章

动画设计基础

本章内容

◆ 优秀作品欣赏
◆ 两足角色动画的工作原理
◆ 角色动作的设定实例

◆ 角色的动作设计
◆ 两足角色步伐规划的两种方法

8.1　优秀作品欣赏

本章主要介绍了两则经典的平面动画和一则经典的三维动画并解析了动画在设计动作时的一些经典的原则和知识，另外还介绍了在三维动画开始领衔整个动画制作的风潮以后，这种新型的动画技术有着怎样独特的优点。

动画设计的相关内容非常多，它的基础和原则也是无法在这一个章节里给大家阐述清楚的，这里举几个例子来简要的阐述和分析一下从早期二维动画到后来的计算机三维动画成为主流以后的一些动画设计方面的原则和技术亮点。

作品欣赏1

在这幅早期的关于迪斯尼动画原则的画面里，可以看到一些在动画最初的时候就已经被坚持的原则，左边的米老鼠虽然五官端正、四肢健全，但是被迪斯尼的动画大师们称作"木头"角色，因为每一个眼睛、耳朵、手臂、手指、腿、领子、肩膀等都是对称的，虽然没有错，但是作为动画角色来说还是不对的，如图8-1所示。

这就提出了一个动画的原则——在动画中，重要的不是形状的对与错，而是这个形状是否能看上去富有动感和灵气。然后我们看右侧的米老鼠，这只米老鼠被称作是更为自然的角色，因为每一个前面提到的五官、手脚等那些相对称的部位都是有一些不同与变化的。有的变化很微妙，但是却有很好的效果，比如米老鼠的两个眼睛是一大一小的，这表现了透视关系，手指的分开与合并显得动感十足等。这些都是早期动画片刚刚兴起的时候通过实践总结出来的一些动画原则，它们对于今天科技条件下的动画片依旧有很强大的指导意义。

作品欣赏2

前面一幅作品的重点在讲动画的特点在于变化，这幅作品的核心是"改变角色的肢体外形可以指示力量的大小区别"。动画片也是一个表演的艺术，观众虽然不在场景中，但是却能感受到卡通角色遭遇到的状况，比如角色承受的力量和施加的力量，如图8-2所示。

图8-1

图8-2

在这幅图里面，手指插入一个气球气球的反应，气球会发生变形，其轮廓线会翻卷进去；然后一个人手触碰桌子和手支撑身体支在桌子上手臂的变形情况是不一样的，支撑时手臂笔直，观众可以感受到力量的增大；后面角色触碰盒子和推盒子也是通过手臂的弯曲程度来体现的，还有腿部的弯曲的变化等。真人演员在表演的时候可以通过表情和语言来表达受力情况，而卡通片里面可以通过夸张的角色外形的变化，为观众指示受力的情况，让不在现场的观众也能感同身受，同时因为卡通独有的夸张式观看体验而得到享受。

作品欣赏3

《功夫熊猫1》里面熊猫阿宝与师傅抢包子这段动画堪称三维角色动画的经典，它在致敬香港20世纪70年代邵氏功夫片还有成龙早期的动作影片的同时将动画角色特有的夸张特点，还有三维动画特有的多角度多细节的特点发挥得淋漓尽致，如图8-3所示。

图8-3

其中师傅是一只体型很小的松鼠，而熊猫的体型相对于松鼠是巨大的，但他俩居然可以互相打斗甩来甩去的，用现在网络流行语说就是"毫无违和感"，这就是动画的特点，这在现实中是无法实现的。

同时，三维动画角色不管你从哪个角度看都是成立的，所以以导演在这块充分发挥三维摄像机的全方位观察的特点，通过多个角度的拍摄，将这段"抢包子"的戏在表现方式上做到充分丰富，如图8-4所示。

图8-4

而且三维摄像机和三维动画是可以比较轻松地实现"凝时拍摄"的，在打斗激烈的时候，阿宝张大嘴要吃掉包子的时候来一个凝时慢动作特写，特写镜头中观众可以看清阿宝的每一根毛……这对三维动画来说比二维动画和真人电影的拍摄去实现这个特技要容易多了，如图8-5所示。

图8-5

总结，不管是二维还是三维动画，其动画理论的基础都是一样的，最重要的是掌握基础要领，而三维动画有其自身的技术特点，能比较轻松地，以比较低的成本去实现一些对二维和实拍来说比较困难的镜头，让导演和动画师有更加广阔的想象角度和发挥空间，如图8-6所示。

图8-6

8.2　角色的动作设计

本节主要介绍了7个角色动画制作时的基本原则，以及阐述了在制作优良角色动作时的一些基本要领，读者通过学习和研读后可以借助这7个原则去为自己平时的学习和工作进行正确的指导。

下面为大家介绍一些客观上适合所有动画情况的动作设计基本原则。

从大处着手的动线原则

① 不管这个角色是一个现实世界中有的形象还是奇思妙想创作的角色，它在任何一个镜头中的运动都应该是一个有始有终的完整动线。有时它是在场景中跑了一个大面积长距离的S形，有时它只是在原地转个头，这些运动不管时间和空间跨度多大多小，都是有开始有结束的，如图8-7所示。

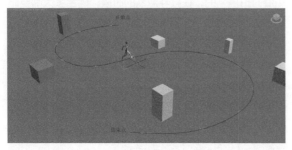

图8-7

② 动画依据"开始"与"结束"的两个确定的点去为两点之间的各种细节动作分配时间，这样去制作动画可以做到心中有数。就像前面提到的动画Layout【布局】一样，首先不做细节的动作，先把角色布置在场景中，按照最简单的起始运动方式去拖拉角色从起始点运动到结束点，用这样的方式去规划整体动画的时间分配。

重心原则

① 不管这个角色是一个标准的人形，还是一个从来没有见过的怪物都需要为其寻找到一个重心点。这里需要指出的是"重心点"不同于中心点，重心点是不管这个角色长什么样，几个手、几个脚，都是可以围绕这个重心点进行看起来舒适的旋转和压缩的，如图8-8所示。

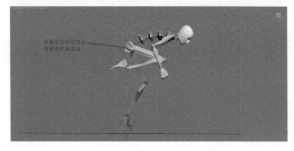

图8-8

② 中心点往往是指一个角色从四边往中间汇聚的一个平均跨度，这个点一般不能用作旋转和压缩的轴心，如果围绕中心点去旋转的话会让人感觉很奇怪。虽然怪兽没人见过，但是地球对任何一个角色施加的重力都是存在的，这个重心一定是与地球引力有关的一个使角色处于自身重力平衡的点，而中心与地球引力没什么关系，它只是一个距离上的概念。当确定了一个角色的重心，也就已经确定了这个角色在走路、跳跃、落地、摔倒等运动时的基准点，基于这个基准点，后面所有的动画调节都可以围绕这个基准点开始设计。

深度原则

观察这两个角色时会发现，虽然是一模一样的角色，但是左边的相对右边的缺少透视的感觉，这个就是Depth【深度原则】。角色是三维的，而最后呈现的画面却是二维平面的，要在二维平面的画面上展现三维的纵深空间感就是一个动画基本原则，简单地说就是角色的动作和姿态需要与摄像机成一定的角度才是最好看的，否则看起来就会很平，没有深度，如图8-9所示。

图8-9

缓冲曲线和加速曲线原则

在真实的人物和动物的运动中，会发现没有一个有机体会产生一个从开始到停止的匀速运动，而是应该是在动作开始和结尾的地方是有缓冲曲线的。当一个运动是以曲线的方式开始和结束的时候这个运动就是平滑和正常的，否则看起来总会觉得怪怪的，其实就算是机械动作也是会有一定的曲线加速和曲线缓冲的，如图8-10所示。

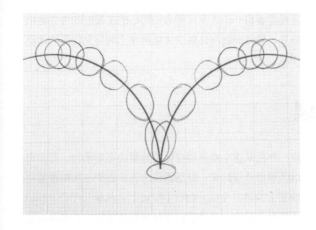

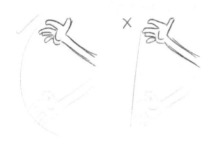

图8-10

知识提示： 需要注意的是这个缓冲曲线和加速曲线不仅是在3ds Max的TrackView【动画曲线编辑器】里需要保持曲线状态，除了它以外，在实际设计角色动作的时候也要尽量使角色的动作在运动轨迹上显示为一条曲线，这条曲线的光滑程度越高，动作的优美度越好，如图8-11所示。

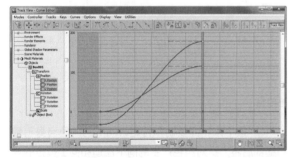

图8-11

准备动作原则

不管是什么角色的运动，比如一个跳跃的动作，这个角色一定不是直接就跳出去的，而是一定会有一个下蹲的准备动作，如果想强调一个跳跃的动作，那必须先强调这个下蹲的准备动作，准备动作越充分，暗示跳跃时角色使用的力量就越大，跳得越远。准备动作对于角色的动画有着很好的"上下文"强调与"接下来会干吗"的指示作用，如图8-12所示。

图8-12

空帧原则

PAL制的一秒动画是由25张图像连续播放时在人脑部留下对每一帧残留记忆串联起来形成的一个运动认知。既然是残留影像，那说明人脑对运动做出的反应是"有限反应"。如果动作太快的话就无法在脑部记忆介质上留下痕迹。所以在制作三维动画时，有时需要使用"空帧"。比如，当一个物体去碰撞另一个物体的时候，在刚刚接触还没产生由碰撞引起的挤压变形之前，需要给这个动作留一个空帧，也就是在Auto Key【自动关键帧】按钮上面手动按一下，让这个动作多出一帧的静止帧，然后在这个空帧的后面再制作碰撞接触以后的动画。这样做是为了给大脑足够的反应时间，以免大脑读入的动作太快而无法形成对碰撞挤压动画的正确认知，如图8-13所示。

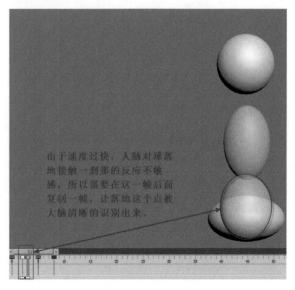

由于速度过快，人脑对球落地接触一刹那的反应不敏感，所以需要在这一帧后面复刻一帧，让落地这个点被大脑清晰的识别出来。

图8-13

总结，以上7条原则是放之四海皆准的客观性角色动画原则，这些原则对于大部分角色动画都有用，当然在实际制作动画的时候还会遇到很多特殊的情况，这时还是需要每一个人发挥细心和用心的主观能动性去随机应变，具体问题具体解决才能制作出叫好又叫座的动画作品。

8.3 两足角色动画的工作原理

本节主要对两足角色行走时的工作原理进行了科学的分析，这种科学分析研究的态度对制作出优质、逼真的动画效果起着至关重要的作用。通过对本节的研读，读者可以了解到在动画制作的过程中这种科学严谨的态度与天马行空的艺术创造力有着一样重要的地位。

① 两足角色动画工作原理的核心是"两条腿对角色自身重量和角色对外施加的力的科学认识"。以两足角色的行走动画来举例说明。一般来说，人行走的步速是一秒钟多一点走两步，即大约1.2秒左右，可粗略地认为是半秒钟走一步。如果是PAL制的时间，就是30帧两脚交替一次，或者说第30帧的时候左右脚各自回到第0帧的起始位置，这样为一个行走循环。

② 下图看到的是半秒的时候（15帧）一个两足行走动画的要领注释。半秒对一个两足动画来说能做的动作不是一个循环，而是迈出一步，左右脚这时正好处于相反的位置，也就是左脚在半秒结束的时候踩在右脚在动画开始时的起始位置。在这个半秒的动画的头尾有两个Contact【接触】点，指的不是两足行走只在这两个点是与地面有接触的，而是交代从这两个点开始到"双足交替"发生前都是哪只脚固定在地面上来承接身体的重量的，如图8-14所示。

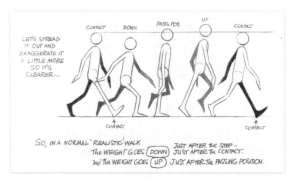

图8-14

③ 当以Contact【接触点】作为两足行走动画的分段观察点时，把人看花眼的行走动画就变得清晰了。在第"0"帧的时候是右脚作为一个Contact【接触】点；然后从这个点开始身体的分量由右脚承担，左脚可以随着身体提起来；然后再迈出去，直到左脚脚跟落在地面上为第二个Contact【接触】。从第二个Contact【接触】开始，身体的分量就由左脚接班，右脚可以随身体前移迈出，如图8-15所示。

图8-15

④ 当对行走时双脚交替承接身体重量的运动区间分清楚以后，就可以安排手挥动的动作，很简单，手为了保持行走时的身体平衡必定是与双腿迈出的方向相反的。即右腿在前的话，右手肯定在后面，然后左手与左腿也是反过来的，如图8-16所示。

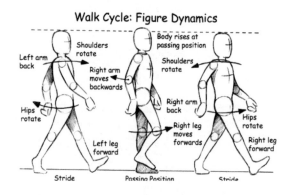

图8-16

⑤ 接下来，需要制作行走时向下的角色自身重量和腿部后蹬力量对角色产生的向下压迫和向上提拉的变化。在正常行走中这个变化很微弱，但是只需要加入一点这样的变化，角色的分量和力量就立马表现出来了，这两种力量会对角色的脚、腿、脊椎、脖子、头等部位依次产生弯曲、提拉和压缩的效果，如图8-17所示。

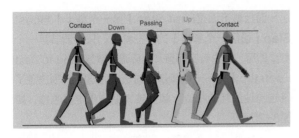

图8-17

⑯ 总结，两足角色动画的关键在于身体的重量是如何被两只脚用时间去分配的。对于富有创作精神的三维动画创作者来说只要能在脑子里搞明白一个两足角色行走时，双腿是如何分别承接身体重量的，就已经可以制作出大体上正确的两足行走了，然后可以根据导演、客户或者自己对这个角色性格与任务的理解去为这个角色赋予个性化的行走姿态，同时注意两足角色每个部位在行走时的科学性即可，"先科学地做对"，"再个性地做好"的工作习惯也是很多领域都通用的成功要领。

8.4 两足角色步伐规划的两种方法

本节主要讲述Biped【两足动物】骨骼和CAT骨骼实现角色行走步伐时各自的技术手段。同时还解析了这两种骨骼系统在进行角色两足行走时的技术优劣，这样能为工作时应对不同的任务打好技术基础，如图8-18所示。

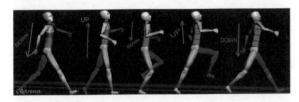

图8-18

两足角色如果要做步伐规划的话，首先考虑的是这个两足角色使用的是什么骨骼系统。3ds Max有三种内置的骨骼系统：Bone骨骼系统、Biped骨骼系统和CAT骨骼系统。如果使用Bone骨骼系统的话，当去规划两足步伐的时候，其实就没有什么方法可谈了，因为Bone骨骼系统不能智能化地生成步伐，只能硬来，也就是只能手动依据上一小节（8.3 两足角色动画的工作原理）Key【设置】关键帧，一帧一帧硬调。这虽然是对动画原理掌握能力的考察，但是其中并没有什么方法可谈，完全凭感觉来。而使用Biped和CAT这两种骨骼系统的时候，它们都有相应的对于步伐的规划模块，下面就来一一展示。

方法1：Biped【两足动物】骨骼步伐规划的办法

STEP 01 通过创建面板的【系统】■按钮下选择Biped ▭Biped▭【两足动物】骨骼，并在三维视图中拖曳鼠标创建一副Biped ▭Biped▭【两足动物】骨骼系统，如图8-19所示。

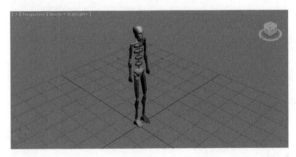

图8-19

STEP 02 Biped骨骼创建完成后，有关它的所有动画控制与设置面板都归由【动画面板】◎来控制了，相应的有关步伐规划的控制选项是在其下的Biped【两足动物】卷展栏下面有个脚印形状的按钮Footstep Mode【脚步模式】👣，如图8-20所示。

STEP 03 按下这个按钮后它会高亮显示Footstep Mode【脚步模式】👣，表示Biped骨骼系统进入步伐规划状态；然后出现Footstep Creation【脚步创建】卷展栏，其下面有一串关于脚步与姿态的小图，如图8-21所示。

图8-20   图8-21

图中从左至右依次是：■Create Footsteps（append）在一串连续的脚步里创建已有脚步之外的脚步；■Create Footsteps（at current Frame）在

当前帧单独手动创建脚步（此选项不能在已经有了一串脚步的情况下使用）；[icon]Create Multiple Footsteps【创建一串连续的脚步】。

后面三个是步态的模式，从左至右是[icon]Walk【步行】，[icon]Run【奔跑】，[icon]Jump【跳跃】。

STEP 04 选择[icon]Walk【步行】，然后点击它左边的[icon]Create Multiple Footsteps【创建一串连续的脚步】按钮，这时会弹出一个步伐规划的控制面板，其上半部为总控数据部分，包括先迈左脚还是先迈右脚，脚步的数量、实际步伐的幅度、总的行走距离等，如图8-22所示。

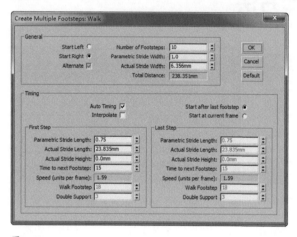

图8-22

知识提示： 对步伐规划真正实用的是Number of Footsteps【脚步的数量】和Actual Stride Width【实际步伐幅度】，其余的保持默认即可，如图8-23所示。

图8-23

面板中部为时间选项，需要注意的是右侧的行走动画开始是由Start after last footstep【最后一个脚步开始】，还是由Start at current frame【当前帧开始】的两个选项决定了步伐开始的等待准备时间，前者时间很长，后者时间较短，如图8-24所示。

图8-24

面板最下面是First Step【第一个脚步】与Last Step【最后一个脚步】的一些参数，只要调节第一个脚步即可，其中有实际意义的可调参数是Time to next Footstep【去下一帧脚步的时长】，这个选项决定了行走步速消耗的帧数，帧数越大每一步走得越慢，如图8-25所示。

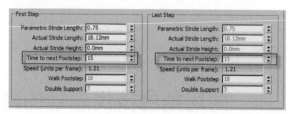

图8-25

当设置好以后按OK按钮，这时画面中会产生一串脚印，如图8-26所示。

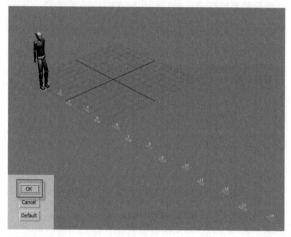

图8-26

知识提示： 虽然有了脚印，但是当拖动时间滑块的时候，Biped骨骼并没有向前移动，这是因为这些脚印还处于未被激活状态。

STEP 05 需要在Footstep Operations【步伐执行】面板里面按Create Keys for Inactive Footsteps【为不可动的足印创建关键帧】[icon]，意思就是按了这个按钮以后足迹就被激活了，当再次拖动时间滑块的时候，可以看到Biped骨骼已经开始向前行走了，如图8-27所示。

图8-27

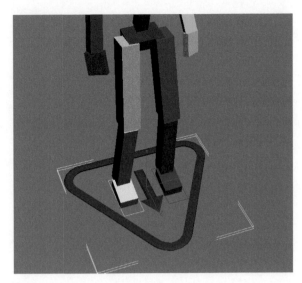

图8-30

Biped骨骼系统虽然已经是上一代的骨骼系统了，但是其功能也远不止这些，比如可以手动调整足迹的高度来让这个骨骼往上行走，不仅可以通过Mixer【混合器】来将两端Biped骨骼的动画无缝地混合在一起，还可以将调好的Biped骨骼动画保存下来，再由另一个未做过动画的Biped骨骼来打开这段动画等。

方法2：CAT骨骼步伐规划的办法

STEP 01 按创建面板中的Helpers【帮助物体】按钮 ◎，在下面的下拉列表里选择CAT Object里面的 CATParent 按钮来创建一个CAT骨骼系统，如图8-28所示。

STEP 02 CAT有很多的预置骨骼，可以在CATRig Load Save【CAT绑定预置】下拉列表里面选择一个 Base Human【基础人型】来制作一下CAT骨骼系统是如何规划步伐的，如图8-29所示。

图8-28　　　　图8-29

STEP 03 在透视图中拖动鼠标拉出一个基础人的骨骼，在这套骨骼的两腿中间有一个三角形的物体，这是 CAT骨骼系统的Home【控制器】，如图8-30所示。

在未做动画状态，骨骼呈现基本待机状态，如图8-31所示。

STEP 04 选中它以后来到【动画】 ◎ 面板中，可以看到 CAT的动画控制面板，如图8-32所示。

STEP 05 鼠标左键按住【增加层】 ⬚Abs 按钮不放，下拉拖曳至一个有奔跑小人符号的按钮 ⬚ 放掉鼠标，如图8-33所示。

图8-32　　　　图8-33

这时在Layer Manager【层管理器】列表里会出现一个有奔跑符号的CATMotion Layer【CAT运动层】，如图8-34所示。

STEP 06 按下Setup/Animation Mode Toggle【动画模式开启触发器】按钮 ，然后它会变成绿色的箭头Setup/Animation Mode Toggle【动画模式开启触发器】  表示现在骨骼处于动画状态，如图8-35所示。

图8-34　　　　　　　　图8-35

同时在视图中可以看到CAT骨架呈现迈开步子的样子，如图8-36所示。

STEP 07 找到Layer Manager【层管理器】下面的一个熊掌样子的绿色按钮 CAT Motion Editor【CAT运动编辑器】，并按下这个熊掌，如图8-37所示。

图8-36　　　　　　　　图8-37

STEP 08 按下熊掌后，会弹出CAT Motion Preset【运动编辑控制器】面板，如图8-38所示。

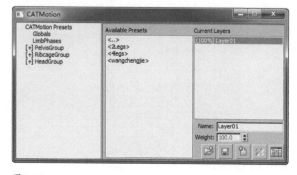

图8-38

这个面板分三个栏目，最左边的一栏是CAT骨骼的每一个骨骼部件的树状层级，点开加号可以看到这些骨骼之间的父子关系，同时还有很多参数可以调节其运动时的细节姿态，如图8-39所示。

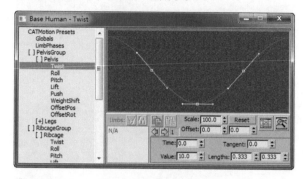

图8-39

中间这一栏是导入CAT骨骼行走的参数的调取栏，里面分为2Legs【两足】和4Legs【四足】的行走参数，如图8-40所示。

STEP 09 双击2Legs【两足】，中间栏会展开这个2Legs【两足】下的可选参数，如图8-41所示，可以看到这些参数有：

GameCharCreep【游戏角色蹑手蹑脚】
GameCharRun【游戏角色奔跑】
GameCharWalk【游戏角色行走】
GothGirl Walk【野蛮女孩行走】

图8-40　　　　　　　　图8-41

STEP 10 在展开的目录里面双击GameCharWalk【游戏角色行走】选项，在弹出的置入层的选项里面选择Load into new Layer【将这个动画导入新的层里】，然后点击Load【载入】载入这个GameCharWalk【游戏角色行走】相应的参数，如图8-42所示。

图8-42

载入后可以看到在CAT Motion Preset【运动编辑控制器】面板的最右侧这第三栏里会多出一个GameCharWalk【游戏角色行走】的层级,表明这个角色的行走参数已经作为一个层加载成功了,如图8-43所示。

STEP 11 按播放按钮播放动画,如图8-44所示。

图8-43   图8-44

可以看到CAT骨骼在原地行走,如图8-45所示。

图8-45

STEP 12 如果想让骨骼向前行走的话也很简单,在CAT的运动编辑面器里选择Globals【全球】,这时CAT Motion Preset【运动编辑控制器】面板会切换成与Globals【全球】相关的参数,如图8-46所示。

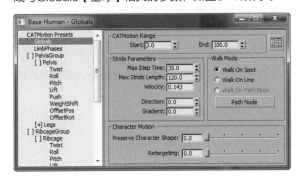

图8-46

这些参数有步行的开始和结束帧数、步幅大小、步幅时间、速率等。不过最值得一提的是CAT的Walk Mode【行走模式】,这个功能在Biped两足骨骼里面是没有的,如图8-47所示。

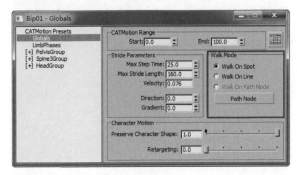

图8-47

STEP 13 CAT行走模式可以分为:

Walk On Spot【原地行走】,就是上面制作的原地走路的情况。

Walk On Line【直线行走】,此选项选择后,骨骼就会沿着一条直线一直走下去。

选择Walk On Line【直线行走】选项选择后,再播放动画可以发现CAT骨骼就沿着直线向前行走了,如图8-48所示。

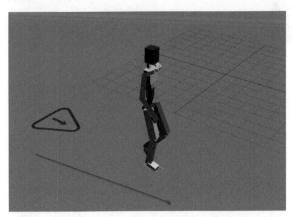

图8-48

Walk On Path Node【跟随路径节点行走】。

STEP 14 最后来研究一下CAT里面很有特色的Walk On Path Node【跟随路径节点行走】。首先在视图中创建一条曲线,然后再创建一个Dummy【虚拟体】,如图8-49所示。

STEP 15 在运动面板下给这个虚拟体的Position【位移】指定一个Path Constraint【路径约束】,如图8-50所示。

然后按Add Path【添加路径】将这条曲线拾取进

来，勾选Follow【跟随】，如图8-51所示。

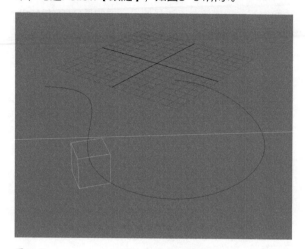

图8-49

图8-50　　　　　图8-51

STEP 16 选择三角形的CAT物体图标，如图8-52所示。

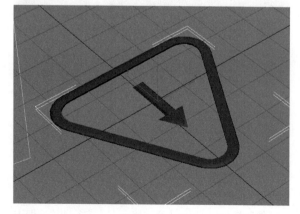

图8-52

STEP 17 来到【运动面板】，鼠标点住下拉列表里不放，然后选择奔跑的小人的图标。为CAT骨骼添加一个运动层，如图8-53所示。

图8-53

STEP 18 激活【动画开关】，然后点击【熊掌】，弹出CAT Motion Editor【CAT运动编辑器】面板，如图8-54所示。

图8-54

STEP 19 双击2Leg【两足】，然后再双击GameChar Run【游戏角色奔跑】，如图8-55所示。

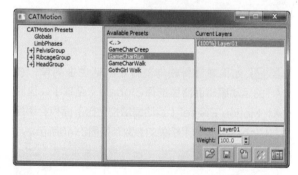

图8-55

　　为CAT骨骼添加一个奔跑的动画进入新的层，如图8-56所示。

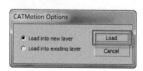

图8-56

STEP 20 在视图中可以看到CAT骨骼开始原地奔跑，如图8-57所示。

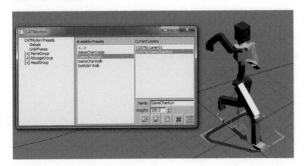

图8-57

STEP 21 在CAT Motion【CAT运动编辑器】面板内单击Globals【全球】，面板界面切换为全球（全局）面板，如图8-58所示。

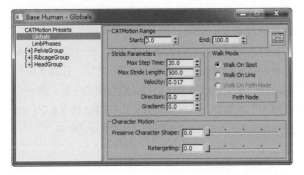

图8-58

STEP 22 单击面板里Walk Mode【行走模式】下的 `Path Node` Path Node【路径节点】按钮。拾取最初创建好的Dummy【虚拟体】，如图8-59所示。

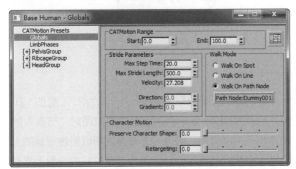

图8-59

这时CAT骨骼就会自动对齐到这个Dummy【虚拟体】，如图8-60所示。

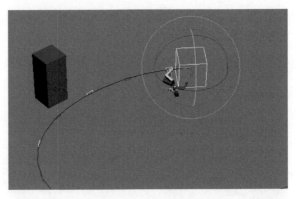

图8-60

不过有时由于Dummy【虚拟体】在对齐前进方向的轴向时，在其Path Constraint【路径约束】 面板里，会碰到轴向选择的问题，造成CAT骨骼对齐的时候出现"倒了过来"的情况，这时只需要把Dummy【虚拟体】约束在路径上的轴向换一下，换到能让CAT骨骼站立起来就可以了，如图8-61所示。

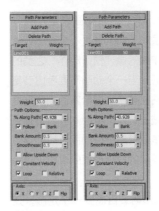

图8-61

或者直接在视图中旋转Dummy【虚拟体】也可以直接把骨骼正过来，如图8-62所示。

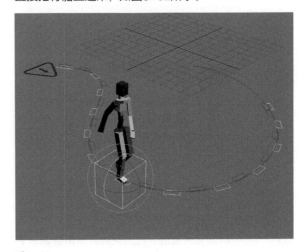

图8-62

STEP 23 播放动画,可以看到这个CAT骨骼就沿着这根曲线奔跑了,如图8-63所示。

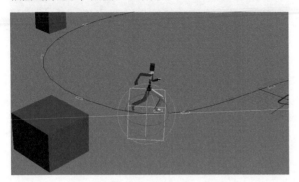

图8-63

8.5 角色动作的设定实例

8.5.1 实例1:动画节奏的设定

动画之所以需要节奏,说明这条动画必定是有一定的情节和前后内容的关系的,如果只是一个姿态或者一个动作的话只会存在动作内的像"预备动作"之类的问题,而不存在节奏的问题,当一个动画需要考虑节奏的时候就要求创作者能够站在整个动画希望达到的高度去全盘考虑,这里采用"城市蚂蚁"电视购物节目结束时的一个定版作为实例来予以讲解一段动画是如何通过节奏去突显主题的,这里采用的角色动画的骨骼工具为CAT骨骼。

① "城市蚂蚁"电视购物节目需要一个定版,定版的目的是作为隔断去区隔节目与节目,让观众在一段时间的观看后有一个精神和情绪上的缓和,休息一下,再接着看后面的,如图8-64所示。

图8-64

② 也就是在一段电视购物节目告一段落后,对观众再一次用个Logo来提醒,在结束的时候再强调一下

CAT的运动层这个功能为3ds Max中的角色动画快速地实现行走和奔跑做出了卓越贡献。当然,这时的骨骼奔跑也好,行走也好只是初步完成了步伐的规划,包括手臂的摆动等身体其他部位的协调运动还是需要后期细调一下才能形成完美的运动动画的。

这个电视购物的主题。由于赋予了定版这样的使命,而定版出现的时间节点也是很重要的。一个观众在观看了各种紧张刺激的产品性能直播演示之后,在略显疲劳的时刻,这个定版的出现必须让观众眼前一亮,有一个"咦?"的效果,这样观众才可以在情绪有点累了的情况下保持耐心把这个定版看完,如图8-65所示。

图8-65

③ 同时定版的时间很短,一般为PAL制的120帧,也就是5秒不到一点,这么短的时间对"节奏"的塑造也是很考究的。因为一个节奏之所以能被看的人识别出来是"节奏",就是因为它在时间的分配上是有快慢之分的,如果都是平铺直叙的话根本谈不上什么节奏。所以综合这个定版的"目的"与"限制"以后,在这段动画里所需要的节奏也就可以逐渐被整理出来。

STEP 01 首先是这段定版动画的开始,要想让观看的人产生"哟!"和"咦?"的效果,一定要在动画的一开始让这只"城市蚂蚁"有一个亮相,那对这只蚂蚁来说最醒目的是它的大眼睛,当它从城视的Logo后面冒出来，眼睛在一眨一眨的时候就是一个最吸引观众注意力的节奏，如图8-66所示。

图8-66

知识提示： 这段眨眼的节奏在整个定版动画120帧的有限时间里所占的比重为1/8，也就是15帧左右。之所以只有1/8是与人脑的反应所需的时间有关的，人脑的反应都是之后于看到的动作的，所以在整个动画的动作完成之后一定至少需要给观众的大脑留下1秒的时间把前面看到的动作有一个脑部内部的认知和处理的过程。这个过程至少为1秒，也就30帧左右，是120秒的1/4的时间，而整段动画的中间是蚂蚁对Logo的展示，这个是最消耗时间的，因为它占的内容最多，但是这个时间到底是多少帧在一开始动画的时候很难估计，只能大概地认为是2秒左右，这样一来前面蚂蚁眨眼亮相的时间就只能占据整个动画时间的1/8，也就是15帧左右。

STEP 02 接下来，蚂蚁需要从Logo的背后跑到Logo的侧面，而从整个动画的布局上看似乎没有那么多时间给蚂蚁使用走路或者跑步的方式从Logo的背后来到Logo的侧面。所以蚂蚁必须采用跟随城视Logo旋转的方式连带旋转出来，然后落在城视Logo的侧面，如图8-67所示。

图8-67

知识提示： 蚂蚁从Logo的背后来到Logo的侧面是这个动画中的一个内容，而不是节奏，节奏还需要创作者通过创意给创造出来，节奏并不是所看见的内容，而是被赋予这个内容一个新的意义。

STEP 03 由于时间非常紧，如果蚂蚁采用跑步的方式从Logo的背面来到Logo的侧面的话，它跑步的时候创造出来的动画节奏就会频率很高，使这个跑步的动画在整个动画的格局里面显得很突兀，也使整个动画的节奏上分不清重点。

知识提示： 因为本段落版动画重点是"蚂蚁展示Logo"这个内容，虽然蚂蚁的亮相很吸引眼球，但是那并不是节奏上的重点，所以在蚂蚁从Logo背面来到Logo侧面的这个内容任务上，蚂蚁一定要采取一种快速省时，同时又很平滑的运动，绝对不能出现"哒哒哒哒"这种点射的运动节奏。

STEP 04 所以最后在动画呈现的时候，蚂蚁手扶着Logo方块，随着Logo方块的旋转被旋出来，然后落定在Logo自身的右侧，如图8-68所示。

图8-68

技术提示： 蚂蚁之所以能随着Logo的方盒子旋转出来是因为蚂蚁自身有个总控的Dummy虚拟体，总控的方法在前面的章节已经讲过，这里不做赘述，如图8-69所示。

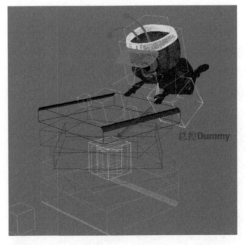

图8-69

在这里要让蚂蚁跟随方盒子旋转出来，就要把总控蚂蚁的这个Dummy【虚拟体】物体链接在方盒子的Dummy【虚拟体】物体上，在这个案例里使用的是Link Constraint【链接约束】的控制器，如图8-70所示。

图8-70

因为蚂蚁落地以后位移没有发生新的变化，方盒子在旋转到位以后也没有发生新的旋转，所以也可以直接使用【链接工具】 把蚂蚁的总控Dummy【虚拟体】 连接在方盒子第一层的旋转控制Dummy【虚拟体】上。

STEP 05 当然在蚂蚁旋转和落地的时候需要制作一下Logo方块旋转时对蚂蚁身体产生向外的离心力和落定时地面对蚂蚁躯体的一个反作用力，这也属于节奏，属于更加细节的节奏，对整体的节奏影响不大，如图8-71所示。

图8-71

STEP 06 接下来，便是蚂蚁手指触发Logo产生一些Logo展示效果的节奏了，这个节奏不宜过快，因为快了会让人忽略Logo的重要性，太慢又会破坏整个动画在时间分配上的规划，如图8-72所示。

图8-72

知识提示：前面的估算中推测这段蚂蚁展示Logo的内容可能占有2秒左右，在完成蚂蚁亮相和旋转落定的动画之后可以比较准确地估算出蚂蚁展示Logo所需要的时间应该就是在2秒里面，应该是少于2秒，虽然少于2秒，但是由于最后会有一个1秒的画面迟留时间，所以对观众来说在内容的阅读和理解上是不会有问题的。

STEP 07 在只有2秒不到的时间里对Logo的展示的动画来说就不能做得太复杂，同时还要吸引眼球的注意，所以在动画的时候采用了像翻书一样的叶片效果，同时通过后期给这个翻叶片的效果加了一些"波动"的效果，让这个动画节奏在整个动画的布局上让观看的人一看就知道是重点，从而完成了这个动画节奏的制作，如图8-73所示。

图8-73

STEP 08 最后一个节奏是画面的滞留状态，这个状态是为了让观众的大脑对前面的重点——蚂蚁展示Logo这个节奏有一个清晰的认知而被设定的，所以这个节奏不需要蚂蚁做任何无关的动作，只需要站在原地保持一种待机状态即可，如图8-74所示。

图8-74

知识提示：因为多余的动作会让观众把注意力从Logo上转移到期待蚂蚁还来点什么别的动作的幻想上，这样会冲淡和弱化了前一个节奏——蚂蚁展示Logo的效力，所以最后一个迟滞的画面的动画节奏就是为了巩固之前的"蚂蚁展示Logo"这个节奏而产生的，只要保持在那里即可，虽然它没有什么动作，但是同样是一个非常重要的动画节奏。

总结一下动画节奏的设定：动画节奏不是动作节奏，也不是姿态节奏，它是整个一段动画在服务于这段动画所肩负的任务和目的时通过快慢变化刻意地让观众注意到一些内容，同时又刻意地忽略一些内容的布局，属于动画Layout【整体布局】上的思考，这种整体布局的思考要求创作者总能站在全局的高度，带着目的去分析和看待整段动画。

8.5.2 实例2：重量的转移

本节主要讲述了角色动画中重量的转移的课题，因为角色本身是有重量的，同时角色往往也会拿取一些物品，这些角色所负重的物品也是有其自身重量的，这两种重量相互作用的时候做得是不是真实是非常考验一个动画师的素质的，这里使用到的动画技术是CAT的骨骼的动画，如图8-75所示。

图8-75

重量的感觉在现实生活中可以被真实地感受到，可是在动画中一个角色有多重，它所拿取的物品到底有多重只能通过其对反作用力进行视觉的表演来让观众看懂，重量在角色动画中不可能像绘画的手稿一样用多加一些很有力度的线条来表达，而只能通过角色重心的移动，眼神、肢体的行为来给到观看的人一种经验性的暗示来产生。在重量的转移这一小节，通过"城市蚂蚁"自己和自己扔扳手的动画来加以解析。

STEP 01 首先对环境中所有的重量进行分析。这只黑色的"城市蚂蚁"，虽然只是只蚂蚁，但是它自身一定是有分量的，同时它的手脚还有力量可以拿起画面中这只扳手，从材质和形制大小上来判断，这个扳手不会很轻，也不至于很重，应该是这只工人打扮的"城市蚂蚁"工作时的一个工具，如果将这只蚂蚁看作是一个人

的话，这个扳手应该就是与日常会使用的扳手的重量差不多，那么在蚂蚁这个卡通比例的世界里，这个扳手可能会更重一些，如图8-76所示。

图8-76

STEP 02 完成了这些对重量的分析以后，接下来是对整个动作的设计。

在动画中，蚂蚁需要将扳手从它的右手抛到它的左手，就像日常工作做得很好，心情也好，这个动作的幅度不会太大，但是考虑到卡通的蚂蚁的效果，这个动作可以被适度地夸张。

这只扳手在从左手转移到右手的时候因为重力加速度的关系它的自重会变大，因此蚂蚁的左手在接住这只扳手的时候一定感受到扳手的重量因为重力加速度而变大了，所以蚂蚁肯定会有一个重心向其自身左侧下移的反应来体现这点，如图8-77所示。

图8-77

同时其左腿也会有一定的弯曲，右手会有一定的上扬等动作。另外，把扳手从右手抛出来的时候也是需要一个储蓄力量的过程的，这个时间可能很短，但是一定需要，否则的话，观众无法认识到扳手的重量，如图8-78所示。

图8-78

STEP 03 动作设计完毕后，就是对这个动画进行具体的处理。

蚂蚁自己左手抛起扳手，再自己右手接住扳手，这是一个典型的Link Constraint【链接约束】动画，所以需要选中扳手的父物体"Dummy双头扳手"在【运动面板】中为其添加一个Link Constraint【链接约束】，如图8-79所示。

STEP 04 在【运动面板】的Link Constraint【链接约束】面板上单击Add Link按钮，如图8-80所示。

选择蚂蚁的CAT RArmPalm【右手手掌】骨骼作为这个扳手从0帧开始的第一个父物体，如图8-81所示。

图8-79　　　　　图8-80　　　　　图8-81

STEP 05 在第104帧的时候要把扳手抛向空中，所以在这一帧需要让扳手的Dummy【虚拟体】与蚂蚁的CAT右手骨骼分离。即在抛起的一瞬间点击Link to World【链接到世界】按钮，断开这个链接，将"Dummy双头扳手"链接给World【世界】，这样扳手在第104帧开始就不受到蚂蚁右手手掌骨骼的控制了，如图8-82所示。

图8-82

STEP 06 同时扳手在空中飞行的时候可以做一些自身的旋转动画，如图8-83所示。

图8-83

STEP 07 然后在第114帧时，蚂蚁的左手接住扳手的时刻单击Add Link【添加链接】按钮将"Dummy双头扳手"链接到LArmPalm【左手手掌】的CAT骨骼上，如图8-84所示。

图8-84

STEP 08 最后将CAT骨骼动画与Link Constraint【链接约束】动画相匹配，使扳手在被蚂蚁的右手抛起来的时候和扳手落到了蚂蚁左手的时候能与相应的骨骼动画有所呼应，如扳手在蚂蚁右手的时候，要把CAT骨骼的重心往右侧拉。这个重心的名字叫Pelvis【胯部】，选择它往蚂蚁自身的右侧拉即可，如图8-85所示。

图8-85

STEP 09 扳手从右手扔到左后之后，蚂蚁的重心位置也需要往蚂蚁的左边（也就是屏幕的右边）拉一些，如图8-86所示。

图8-86

STEP 10 同时整个躯干也要通过选择CAT骨骼的Ribcage【胸骨】来扭动，如图8-87所示。

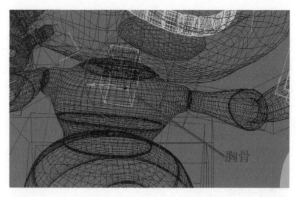

图8-87

STEP 11 向蚂蚁自身的右侧适度旋转Ribcage【胸骨】配合扳手落在蚂蚁的左手这个动作，如图8-88所示。

图8-88

知识提示： 在扳手抛起来和落下的时候CAT骨骼也恰好在这个时候做出了相应的动作，这样会让观看的人认识到这个扳手是有一定分量的，重量从蚂蚁的右手转移到了蚂蚁的左手，蚂蚁的CAT骨骼的中心也从偏右变成偏左，蚂蚁的整个躯干和左手在接到扳手的时候会顺着扳手下落的方向再继续向下移动一点，以体现这个扳手的重力加速度。

　　总的来说，关于重量转移的角色动画有两个要点：①从骨骼动画的角度来说，需要通过重心转移和手臂、躯干、腿等部位的相关动作去体现物体的自身重量和重力加速度；②同时重量要产生转移就必定要用到Link Constraint【链接约束】，它可以让物体在不同的时间和不同的承接物之间发生父子关系，其实CAT骨骼的动画技术是非常简单的，关键是有较强的动作感受力。

8.5.3 实例3：跳跃动画

本节的主要是针对动画中经常出现的跳跃动画的三种情况进行实例的阐述，分为：①调整身位的原地小幅度跳跃；②大幅度的上跳动作；③出镜跳跃。这三种跳跃方式基本涵盖了角色动画制作过程中所有的跳跃情况，通过对这三种跳跃情况的分析和制作，向读者揭示跳跃动画制作的一些基本原则，如缓冲和重力加速度等，在本节中使用的骨骼动画技术是CAT骨骼动画，如图8-89所示。

图8-89

在"城市蚂蚁"的电视购物悬浮标签的制作中，蚂蚁有三个不同的跳跃动作。第一个动作是用来调整蚂蚁的身位的小幅度原地调整性跳跃；第二个动作是一个幅度很大的垂直上跳，用来将蚂蚁抬升到和电视购物的产品浮动标签高度一致的位置；第三个动作是蚂蚁离开画面的较大幅度的跳跃，让蚂蚁的全身都离开画面，完成出镜。调整身位的原地小幅度跳跃。有时因为时间有限的原因，也可能是处于控制工作量和难度的问题，一个角色在由侧面面对镜头到改成正面面对镜头的身位变化动作制作时不会让这个角色通过移动脚步的方式来改变身位，而是采用原地小幅度地跳一下的办法来调整这个角色的身位，这种调整用在卡通化的角色动画中特别多。

在"城市蚂蚁"电视购物的产品浮动标签的动画制作中，前一个动作是蚂蚁跨步向下做出一个扫描二维码的动作，如图8-90所示。

图8-90

然后这个动作结束之后，蚂蚁需要回到之前站立的位置，这里就采用了原地小幅度的跳跃来调整它的身位，如图8-91所示。

图8-91

STEP 01 虽然是小幅度的跳跃调整，但是关于跳跃需要的动画技术却一点也不能少，首先是蚂蚁重心的移动，从前倾重心位于右腿一侧要调整到身体的中心位置，也就是选择Pelvis【胯部】骨骼把它拉到居中的位置。由于是小幅度的跳跃，所以这个拉回Pelvis【胯部】骨骼的动作只需要3帧即可，如图8-92所示。

图8-92

STEP 02 然后紧跟一个微微下蹲准备蓄力的动作，之后接一个垂直的跃起。也就是选择Pelvis【胯部】骨骼把整只蚂蚁原地提起来。也由于是小幅度的跳跃，所以这个拉回Pelvis【胯部】骨骼的动作也只需要3帧即可，如图8-93所示。

图8-93

STEP 03 选择Pelvis【胯部】骨骼，把整只蚂蚁拖回站立的高度。由于跳得不高，所以回落的速度也是很快的，这里只需要2帧即可，如图8-94所示。

图8-94

STEP 04 在蚂蚁双脚落定地面之后，再继续拖曳Pelvis【胯部】骨骼继续向下拖个3帧，这是身体自身的重量产生的重力加速度的缓冲，这个向下拖曳Pelvis【胯部】骨骼的动作需要让蚂蚁的两个膝盖呈现明显的弯曲效果为止，如图8-95所示。

图8-95

知识提示： *在跃起落下，双脚接触地面那一刹那注意保持蚂蚁腿部不弯曲，脊椎也继续保持稍微的后仰，直到蚂蚁双脚接触地面以后，再将地面对于蚂蚁的反作用力传递给蚂蚁，这时蚂蚁的腿才有一些弯曲，头部和脊椎的动作也是同时向前弯曲，等到这股反作用力化解掉之后，蚂蚁重新站直保持正常状态，由于蚂蚁是有两条触角的，所以还需要制作一些触角的动画去配合蚂蚁整体骨骼的动画，在制作触角的动画时也需要注意触角的弯曲方向应该与蚂蚁躯体弯曲的方向相反，因为这是空气阻力造成的反作用力。*

STEP 05 拖曳Pelvis【胯部】骨骼向上，使蚂蚁回复最初标准站立时的高度，这个动作是蚂蚁复位，如果没有这个动画的话，对于一个跳跃来说是不完整的，如图8-96所示。

图8-96

由于"城市蚂蚁"电视购物的产品悬浮框比蚂蚁角色要高很多，所以蚂蚁如果需要对这件产品进行拍照的话会显得力不从心，对观看电视的人来说，也很难发现渺小的蚂蚁拿着一个更渺小的手机在对产品拍照，所以在这种情况下，需要对蚂蚁的拍照动作进行一些加工和艺术化的处理，也就是让蚂蚁进行大幅度的向上跳跃，如图8-97所示。

图8-97

STEP 06 拖曳蚂蚁的Pelvis【胯部】骨骼向下给蚂蚁一个深蹲（深蹲是高高跃起前的蓄力和准备动作）。这个动作需要耗费5个关键帧，如图8-98所示。

图8-98

STEP 07 然后拖曳蚂蚁的Pelvis【胯部】骨骼向上，让蚂蚁高高跃起，当跳到产品浮动标签的外框中段的时候为止。这是这个跳跃动作的第一个关键帧，从蓄力的最后一个关键帧开始到这个关键帧使用3个关键帧，如图8-99所示。

图8-99

STEP 08 继续拖曳蚂蚁的Pelvis【胯部】骨骼向上移动到与产品浮动标签的外框一样高为止。这是重力加速度在蚂蚁弹跳的力结束后继续让蚂蚁沿着惯性的轨迹保持同方向上的移动，这里给它设置了4帧，如图8-100所示。

图8-100

知识提示： 这里需要注意的是当蚂蚁的上行运动结束的时候，并不等于蚂蚁的重力加速度已经变成朝下的了，这时蚂蚁的重力加速度应该还是继续朝上的，蚂蚁的高度位移关键帧结束后，后面至少还要留个3~5帧给蚂蚁继续上行重力加速度用，蚂蚁整体应该还会保持3~5帧的微弱向上惯性，这就是在观察高台滑雪的运动员在跃升到高度的极限的时候会有那么一点点的时间好像停留在他跃起的抛物线的顶端不动了似的，这就是重力加速度对运动员产生的惯性。

STEP 09 蚂蚁跳上去了以后接下来就面临它如何落下的问题，由于蚂蚁跳得很高，所以匆匆地下落或者缓慢地下落都会让这段动画变得很粗糙，而配合蚂蚁用手机拍产品照片的这个意图，最好的下落的方案是蚂蚁慢慢地下落，然后继续用手机拍照，那蚂蚁如何可以慢慢地下落呢？用什么来产生足够的空气阻力来使蚂蚁的缓慢落下变得有趣可信呢？

通过观察蚂蚁的身体，发现蚂蚁的大脚板是一个不错的可以产生足够空气阻力的道具，如图8-101所示。

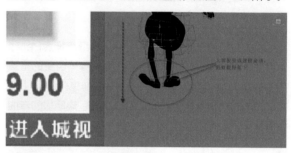

图8-101

那就给它的大脚板设计一个动作即可，最后让蚂蚁像扇翅膀一样扇动它的大脚板缓缓降落地面，同时下落过程中不断用手机给产品拍照，如图8-102所示。

图8-102

最后当蚂蚁在这段电视购物的浮动标签的动画中任务完成的时候，蚂蚁需要跳出镜头。如果蚂蚁是跑出镜头的话，就会过于吸引观众的注意力，因为蚂蚁的双腿跑动起来是一种很明显的交替动作，相对于比较稳定的电视画面来说非常引人注意，同时蚂蚁是走路或者跑步出镜的话时间一定也会消耗太多，毕竟在电视画面的构图中蚂蚁还是个头比较渺小的，这么小的一个蚂蚁从画面中间跑出画面将会消耗大量的时间，最后，如果蚂蚁是跑步出镜的话，会引起观众的思考：它要去干吗？而这只是一个电视购物节目，重点并不在蚂蚁身上，而是应该让观众的注意力保持在产品上。综合这些考量后，最后决定蚂蚁采用简洁快速的跳跃来完成最后的出境动作，如图8-103所示。

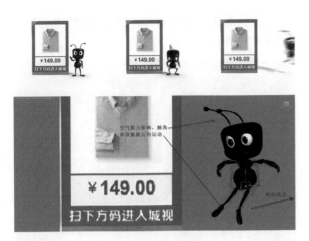

图8-103

STEP 10 在蚂蚁做跳跃动作出镜前，蚂蚁需要给观众一个暗示："我结束了任务，我准备撤了"。可以用招招手、眨眨眼的方式。这时AlienRArm2【蚂蚁右前臂骨骼】旋转45°左右，然后做6帧的向其自身右侧的旋转，再做向其自身左侧的6帧45°旋转，如图8-104所示。

图8-104

知识提示：只要能与前面的等待动作形成一个区隔即可，这个暗示传递给观众之后，观众在大脑中就有了："哦，蚂蚁要消失了"。当观众意识到这是蚂蚁的结尾时，就可以简单地处理蚂蚁跳跃离开的动画了，在这段动画中蚂蚁没有转身再跳，而是在原地下蹲，做蓄力准备动作，然后侧身起跳，在空中完成转身的动作，最后蚂蚁侧面对着摄像机完成出镜，这样充分节约了蚂蚁出镜所需的时长，可以将更多的时间留给前面蚂蚁与产品在一起的时间，这才是重点。

STEP 11 做一个大幅度的蓄力动作。选择蚂蚁的Pelvis【胯部】骨骼，向下拖曳使蚂蚁的两个膝盖呈现大幅

度的弯曲效果即可。由于蓄力的下蹲幅度比较大，所以这里Pelvis【胯部】骨骼的下拉占用6个关键帧，如图8-105所示。

图8-105

STEP 12 向屏幕的右上方向拖曳蚂蚁Pelvis【胯部】骨骼4帧，让蚂蚁的位置跳起后靠近屏幕边缘，如图8-106所示。

图8-106

STEP 13 继续向屏幕的右侧拖曳蚂蚁Pelvis【胯部】骨骼，直到把蚂蚁拖出画面为止。整个拖出的动作需要6个关键帧，如图8-107所示。

图8-107

总结，跳跃动画的原则是：①要有一个预备动作；②跳起来到达高度上的极点以后，还要考虑重力加速度对角色的作用；③下落的时候要考虑空气阻力对角

色的作用；④双脚落地的临界状态千万不能让角色的双腿弯曲，脊椎和腰部弯曲；⑤过了双脚落地的临界状态之后，才可以制作地面对角色双腿和腰部、脊椎的反作用力，它们才依次发生弯曲去化解地面对身体的反作用力。同时需要具体问题具体分析地对待实际的工作任务。

8.5.4 实例4：预备性动作的设定

本节主要讲述了预备性动作的设定，这是角色动画里非常重要的动作，这与人脑分析和认知一个动作的计算方法有关，人脑是通过对比快慢动作以后对物体的运动形成一个"它在运动"的认知。如果一个物体始终保持匀速，又没有背景作为参照物的话，对人脑来说是无法认识到这个物体在移动的，如图8-108所示。

图8-108

同时，观众不是导演，他们不会知道一个角色一个动作结束后接下来会干什么，所以在角色动画的动作制作时经常要使用预备性动作来给观看的人一点心理暗示和准备，这样不管后面的动作有多快，观众都是可以有思想准备可以辨识清楚的。

下面介绍一个"城市蚂蚁"的立定跳远的动作，这里使用的骨骼动画技术为CAT的骨骼动画，如图8-109所示。

图8-109

STEP 01 当拿到一个处于待机状态的蚂蚁绑定角色时，如图8-110所示。

图8-110

先要打开动画记录AutoKey【自动关键帧】按钮将其调整为起跳前的状态，如图8-111所示。

STEP 02 然后按住添加层按钮不放，给蚂蚁的CAT骨骼添加一个ABS【绝对层】，如图8-112所示。

STEP 03 在CAT的运动面板内打开激活动画层按钮，使蚂蚁的CAT骨骼处于可以记录动画关键帧的状态，如图8-113所示。

图8-111　　　图8-112　　　图8-113

STEP 04 然后手动调节两只手和Pelvis【胯部】重心的位置，使其呈现立定跳起跳前的样子。使用的是【移动工具】和【旋转工具】，如图8-114所示。

图8-114

STEP 05 当这个起始动作好了之后，接下来就是蚂蚁起跳的动作，起跳动作是和待机动作有区别的，起跳动作其实是一个蓄力的准备动作，做一个蚂蚁重心下压的动作，让蚂蚁的重心比起始动作更低矮。在这做这些动作的时候它要比它的待机动作更加强化手、头重心在接下来运动上的趋势。（也就是如果接下来的手要向前挥动，那这个蓄力的动作的时候手就要更加上抬。）如图8-115所示。

图8-115

同时这些重心的胯部骨骼、头部骨骼、胸部骨骼、触角和手臂都是带有旋转的，旋转的方向是向心跳跃的前进方向，也就是都和接下来的蚂蚁一跃而起的旋转动作的方向相反，如图8-116所示。

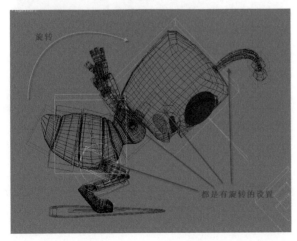

图8-116

知识提示： 这个下蹲的预备动作消耗的帧数根据蚂蚁需要跳跃的距离来定，如果跳得不是很远的话，在Pal制制式下可以设定为5帧；如果跳得比较远的话，可能还需要让它在原地停留更长的帧数。

STEP 06 蚂蚁出跳的帧数也应该根据实际情况来设定，这里作为范例设定为跳到高度极点的帧数消耗为第4帧，在这个时候蚂蚁整个身体都舒展拉伸开了，手臂也伸向前方，两条腿被拉得很挺地往后延伸，如图8-117所示。

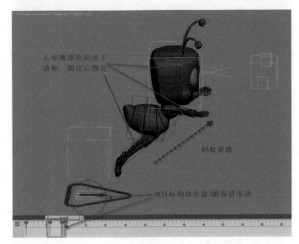

图8-117

技术提示： 两条腿的末端是有IK Target【IK反向动力学目标物体】的，这两个目标物体需要在帧数上做一些小小的动画，在蚂蚁起跳的前3帧时，这两个IK Target【IK反向动力学目标物体】不需要离开地面追随蚂蚁跳起来，这样可以保持蚂蚁的两条腿处于一个笔直状态，并且两条腿的反作用力的基点是蚂蚁一直在地面的立足点不变，而在第4帧的时候突然让两个IK Target【IK反向动力学目标物体】迅速归位到蚂蚁CAT骨骼的脚底板上，以便后面到落地时使用，如图8-118所示。

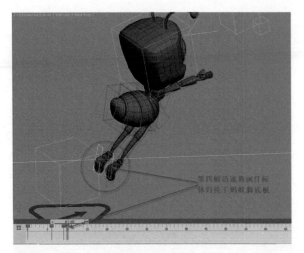

图8-118

STEP 07 当蚂蚁跳跃到其高度的极点的时候，拖曳蚂蚁CAT骨骼的Pelvis【胯部】重心继续向前向上移动3~5帧，并保持身体其他部位动作不变，如图8-119所示。

图8-119

知识提示： 在达到极点后继续向上拖曳蚂蚁的Pelvis
【胯部】重心是由于重力加速度的关系，它
还是会继续保持向前和向上移动3~5帧，这
个移动的距离不大，占时不多，但是对于一
个完整的跳跃动作来说却是非常重要的"一
个跳跃间的预备性动作"。如果去掉这个重
力加速度的3~5帧的话，直接制作后面蚂蚁
落地的动作的话，就会总觉得怪怪的，这就
是这个预备性动作存在的意义。这个跳跃间
的预备动作是由地球的重力和蚂蚁跳跃时
产生的加速度造成的，这个3~5帧的惯性前
移为后面的蚂蚁落地提供了一个预备性的
动作。

接下来是蚂蚁准备双脚落地前的动作的制作。由于蚂蚁跳的距离并不是很远，所以双腿并不需要非常贴合胸前，只需要向胸前有一个收拢的动作即可。在这个过程中蚂蚁整个身体在胯部重心的带领下横向向前移动，同时向下落下，双手和胸、头可以略微有所差异化的动作即可，这个动作需要5帧，如图8-120所示。

图8-120

知识提示： 这个位于蚂蚁双脚真正接触地面之前的动
作也可以看作是蚂蚁落地前的一个准备性
动作，因为立定跳远落地时双腿需要收到胸
前，然后在落地时再伸出接触地面，如果不
做这个准备性动作的话，落地的动作就会变
得很生硬。

STEP 09 制作蚂蚁落地一瞬间的临界状态。这个动作需要将蚂蚁的肢体调整为一个笔直站立的样子即可。这个动作需要4帧，如图8-121所示。

图8-121

知识提示： 这个状态是一个几乎笔直的站立姿态，在
这个姿态之后才会出现地面的反作用力对
蚂蚁的双腿和躯干的效果，如果没有这个笔
直的站立姿态的话，直接去做地面对蚂蚁的

反作用力则会又产生怪怪的效果，就好像蚂蚁会太极拳一样完全与落地的动势融合为一了。所以这个在地面反作用力传导给蚂蚁的骨骼之前必须有一个预备性的动作，这一个动作应该比跳跃到达高度极点那个动作要快一些。

STEP 10 将蚂蚁的双脚调整为踮起脚尖的样子。虽然蚂蚁是笔直状态，但是其双脚踮起之后，膝盖一定是处于一个弯曲的状态，这是为了减轻落地冲击力的一个常识性问题。制作方法是用【旋转工具】◎，把蚂蚁脚踝处的骨骼旋转一点点即可，如图8-122所示。

图8-122

STEP 11 接下来制作蚂蚁落地后，地面反作用力对蚂蚁全身影响的动画，将蚂蚁的Pelvis【胯部】重心往下拖曳，同时用【旋转工具】◎将蚂蚁的胸部骨骼和头部骨骼向心旋转，双手也向胸部靠拢，所有这些动作都在5帧内完成，如图8-123所示。

图8-123

STEP 12 最后只需将蚂蚁的胯部重心缓缓拉起，让蚂蚁站直，将胸部、头部和手臂放在自然状态，就完成了一个立定跳远的动画制作，如图8-124所示。

图8-124

知识提示： 应该说角色动画的每一步都是需要前一步作为"预备性"动作的，因为这是在地球上所有的角色都同时要处理多个不同的力的相互作用导致的，比如重力、重力加速度、空气阻力等。

第 9 章 按生活形态划分

本章内容
◆ 案例欣赏
◆ 角色生活形态的多种形式

9.1 案例欣赏

日常生活中，大到汽车、房子，小到玩具、台灯这些每天与朝夕相处的物件在承载了人类对它们的感情和想象以后，赋予了这些物件以有生命的形式出现在影视动画节目里的各种形态。这些物件有的就算旧了、坏了但还是不舍得丢弃它们，原因就是它们陪伴大家度过了人生中的一些特殊的时光，共同经历了喜怒哀乐，它们虽然本身没有生命，不会说话，但是通过对它们的想象，可以赋予它们灵魂，让这些生活中的物件变成有生命，有情感，有生活化角色形态，会表达的"小精灵"。接下来将用几个案例来阐述一下影视动画中的角色生活形态，本章以理论和案例赏析为主。

案例欣赏1

1987年的《小台灯》是Pixar【皮克斯】动画工作室成为独立电影制片厂以后出品的第一部影片，在计算机动画刚刚随着科技的进步开始有点进展的年代，这部动画电影确实已经将计算机三维动画的各项基本的技术都发挥出来了。在当年的SIGGRAPH【计算机图形图像兴趣大赏】成功展映之后，为日后的三维动画技术的发展开启了新的篇章，如图9-1所示。

图9-1

值得注意的是Pixar【皮克斯】最早的时候是星球大战导演乔治·卢卡斯旗下工业光魔（全称Industrial Light and Magic，简称ILM）中的动画部门，后来卢卡斯的工业光魔主要开始往电影特效方面发展，如图9-2所示。

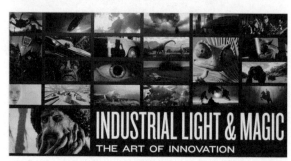

图9-2

Pixar【皮克斯】被富有远见和企业家精神的苹果公司创始人乔布斯花了1000万美元在1986年买下了，如图9-3所示。

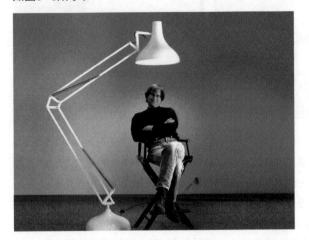

图9-3

虽然遇见到了电脑动画必定将成为未来动画片制作的主流，但也从这个时刻开始，Pixar【皮克斯】开始了近10年亏本不赚钱的时光，因为当时没有人想要制作一部纯三维动画的电影，所以在这10年期间只能靠乔布斯在苹果公司赚的钱和Pixar【皮克斯】小组平时接一点广告和片头的业务来维持运转，直到1995年《玩具总动员》（Toy Story）以1.92亿美元创历史的动画影片票房的成功，才开启了Pixa【皮克斯】公司的辉煌之路真正意义上的全三维动画电影时代的到来，如图9-4所示。

LUXO LAMP AND BALL

图9-4

在这段10年不赚钱的时光中，这盏小台灯就是Pixar【皮克斯】办公桌上的普通照明工具。除了朴素、廉价和实用以外也看不出有什么特别的地方了，但它在与Pixar【皮克斯】的元老们，那些日后制作出一系列叫座又叫好的动画电影的创作者们日夜朝夕相处，共同经历了一个动画帝国从无到有的辛路历程，这盏台灯虽然又小又普通，却容纳了无比丰富的情感积淀，让它非常的与众不同，如图9-5所示。

图9-5

知识提示： 要想给一个生活场景中的常见日用品赋予生命，必须把真情流露出来，才能让它鲜活生动。不论是搞笑逗乐的，还是感人至深的情感都是被赋予这个物件之后希望观众在观看这个物件表演时可以感受到的——"让观众感受到我们希望他们感受到的"才是赋予物件生命的最终目的，所谓角色的生活形态也正是每一个人在生活中共有的生活体验的一种投射反映，表达的成功是以这个角色的一举一动能勾起观看者的共鸣为标志。

案例欣赏2

1928年的《蒸汽船威利》是史上第一部有声动画影片，标志着以米老鼠为核心的迪斯尼动画王国的开始，这部动画短片中除了有米老鼠和它的女友，一位粗暴的船长、一只势利眼鹦鹉、一只奶牛这些有生命的动物外，还有很多拟人化的器物，它们均在这部短片中有生活化的角色形态。比如这条叫威利的蒸汽船。影片一开始，这条船合着音乐的节拍吐着烟圈驶入画面，拉响汽笛的时候还是合着节拍，让人感觉十分调皮活泼，非常生动，如图9-6所示。

图9-6

　　最逗的是里面米老鼠有一段拿着船上各种随船动物演奏乐曲的戏，非常幽默搞笑。有把山羊的尾巴转动发电来模拟老式留声机放音乐；有拉扯正在吃奶小猪的尾巴去产生的节奏感；还把母猪反过来弹奏奶头来给小猪听音乐；用鸭子来充当吉他，最后干脆用击打牛的大牙齿来当鼓敲等一系列把动物转化成乐器的灵机一动。而一般的角色生活形态都是用没有生命的物件来模拟有生命的，就像上面的汽船吐烟圈、汽笛唱歌等，但是这里迪斯尼灵机一动，让有生命的动物去模拟没有生命的乐器，这些的脑洞大开的奇思妙想让这部只有7分多钟的动画短片更加引人入胜，丰富多彩，如图9-7所示。

图9-7

知识提示： 通过沃尔特·迪斯尼的创意，在这部正式电影开幕前的热场短片中，先是用本没有生命的汽船变成有生命的角色在合着音乐节拍表演，然后是一系列原本就有生命的小动物通过节拍去模拟各种原本没有生命的乐器奏出音乐，一正一反的两种角色生活形态的演绎路径让这部不是正片的影片变得非常吸引眼球，短短7分钟把当时正处在经济萧条期的美国人笑翻了，甚至很多人买票进电影院不是为了看电影正片，而就是冲着一睹《蒸汽船威利》来的。虽然由于制作经费捉襟见肘，沃尔特·迪斯尼不得不以100美元的价钱出售《蒸汽船威利》两周的播映权，但正是这部影片让沃尔特·迪斯尼和他的迪斯尼动画王国从此走上了荣华富贵的不归路。

9.2 角色生活形态的多种形式

　　本节主要以理论和案例赏析的形式向读者展示角色生活形态的多种形式，这些形式可分为：①有类似人类五官的角色生活形态；②无人类写实化五官的拟人角色生活形态；③将意识和需求进行拟人化以后形成的角色生活形态。通过对这三种角色生活形态的案例赏析，读者在对角色形态的认知上的眼界会得到开阔，为今后创作自己的动画角色打下一定的基础。

形式1：有类似人类五官的角色生活形态的表现形式

　　1991的动画《美女与野兽》是迪斯尼30部经典动画长片之一，其中除了主人公跌宕起伏的爱情故事外，最令人印象深刻的就是里面的"茶壶太太""茶壶宝宝""时钟管家""蜡烛先生"和"扫把大嫂"了。而且片中的主题曲《美女与野兽》的奏响还是茶壶太太起的头，如图9-8所示。

图9-8

　　《美女与野兽》可谓是日常角色生活形态的经典案例，也是迪斯尼传统艺术造诣里最拿手的地方，其特点是将生活中熟悉的器具，像茶壶、扫把、时钟、蜡烛灯都加上个鼻子、眼睛和嘴巴，让它们像人一样说起话来。就如同小时候幻想家里的锅碗瓢盆是不是在大家睡着了以后都活了过来，开始窃窃私语的小生活一样，非常有童趣。同时加上人类五官以后，这些角色也更为形象，表演起来的空间也更大，可以惟妙惟肖地模拟人类的感情和语言，让观众轻易便能接受这些小器物表达出来的情感，同时还对它们衍生出来的各种玩具用品爱不释手，这就是给生活用品加上人类五官以后起到的积极作用，如图9-9所示。

图9-9

形式2：无写实人类五官结构的拟人化角色生活形态的表现形式

2013Pixa【皮克斯】制作的一部动画短片《蓝雨伞之恋》是一部美国人观影传统上正片播放前的热场短片，虽然是短片，但是其制作的精良和情节构思的巧妙足见Pixa【皮克斯】动画创作人员的功力和用心。

影片不长，只有6分多钟，里面也没有出现完整的人类形象，全部情节的烘托与演绎都是靠各种各样的拟人化器物来实现的，如图9-10所示。

图9-10

其中包括微笑的窨井盖，随着雨声打着节拍的垃圾桶，及时喷水救了蓝雨伞一命的下水管，通情达理的晾衣竿，像钟摆一样摇晃眼睛的大楼窗户，欺负蓝雨伞的遮阳棚，希望撮合蓝雨伞和红雨伞的交通信号灯，见义勇为的警示牌等这些城市生活中的日常器物，在这部影片中均没有明显的人类五官，而是就地取材地使用这些物件结构上本身具有的一些结构和元素，通过精心的设计，微妙地改变了这些物件的形象，让这些原本冷冰冰的器物透过局部的小动画变成了有情感、有反应，能参与剧情发展的小角色。这种艺术处理手段虽然很小巧，但是却非常高明，一方面不会抢了蓝雨伞和红雨伞的戏（红雨伞和蓝雨伞虽然有类似人类的眼睛和眉毛，但是并不具象，表现力有限），另一方面又能唤起每一位观众发自内心的对日常平淡都市生活的珍惜和兴趣。这些来自生活，又对生活进行再创造的艺术风格让这些原本并不起眼的城市小设备变得生趣盎然，趣味萌生，如图9-11所示。

图9-11

图9-11（续）

形式3：将意识和需求等看不见的软体进行拟人化创作的角色生活形态的表现形式

2014年11月迪斯尼与漫威漫画联合出品的卖座动画片《超能陆战队》席卷全球，中国内地是2015年2月才上映，在其后的短短一个月时间里，内地票房就突破5亿，是迪斯尼电影在中国内地的最高纪录。与影片一同风靡全球的还有其中的医疗看护机器人"大白"。要知道漫威漫画从1998年起就开始连载这部以日本文化为背景的科幻漫画，而到了2014年迪斯尼才把它搬上荧幕，不能不说迪斯尼在题材选择和市场把握上的老道，因为在过去的5~10年里，科学技术的发展还没有到今天这种智能产品步入千家万户，移动互联与每一个人如影随形的程度，如果在过去的5~10年里制作这样的科幻电影一定不如在现今的智慧科技生活背景下推出这部影片更为应景和讨巧，如图9-12所示。

图9-12

今天的世界正在进行"移动互联+智能可穿戴设备"的进阶式科技浪潮的革命，人们对于更加智能化，更加贴心温暖的随行服务更加渴望，很多智能可穿戴设备在这样的大背景下也纷纷应运而生，市面上也有了可以监控心率和睡眠的手表及相应的软件，开启了人们对于未来会有更加智慧化，更加人性化的新产品的期待。《超能陆战队》

的主角"大白"就是这样一种在未来可以充分满足人类需要的智慧机器人。这个角色完全是依据人们内心对无微不至的关爱，贴身及时的服务与温暖包容的性情等需求凭空创造出来的一个角色，这个角色在原本的日常生活中并不以具体的形态出现，但在"大白"问世之后，相信以后类似"大白"这样的软件和硬件特性的产品都可能会被称作像"大白"一样的贴心暖男智慧软件，如图9-13所示。

图9-13

"大白"虽然在日常生活中没有具体的类似形态，但是它却继承了所有人类对"移动互联+智能可穿戴设备"可以想象的所有消费体验的跨越期待，这让电影中的它与漫画书中的形象也变得完全不一样，现在电影中的"大白"萌态可掬，而漫画书中的"大白"还是一个很善于战斗的战斗型机器人装甲。这种角色生活形态上的改变正是影片创作者将角色的灵魂连接进现实背景的考量，这对影片最终是否受欢迎起到了决定性作用。

在现在的影片中，"大白"这个角色既是医疗救护的生活形态，同时也是一位温暖的，照顾家中幼小的大哥哥的生活形态，在给它安装了盔甲以后还能展现出惊人的战斗力去惩治恶势力，可谓一态多能。像大白这样在现实生活中没有具体可参考的生活形态的角色，在经过创作人员的用心打造之后，成为了家喻户晓的科技"暖男"代表，它实属为艺术造诣、科学展望还有内心渴求的完美结晶，如图9-14所示。

图9-14

第 **10** 章

塑料动画的角色形态表现

本章内容
◆ 塑料动画的角色形态分析
◆ 塑料瓶子的动画角色形态——弯曲
◆ 塑料瓶子的动画角色形态——弹跳
◆ 塑料瓶子的动画角色形态——融化

本章以电视广告和影视动画中经常出现的塑料这种材料和结构的形态作为阐述对象，通过实例的方式讲述这样的物件具有什么样的动画表现特点。塑料所具备的不同于其他材质的性质如可弯曲性、可压缩性（弹跳）和可融化性。在3ds Max中都有相对应的命令修改器可以对这样的特性进行制作，在接下来的实例中将会使用与其特性相对应的3个命令：①可弯曲性——Bend【弯曲修改器】；②可压缩性——差异化压缩工具；③可融化性——Melt【融化】命令。

读者通过对塑料动画角色形态的学习可以熟练地掌握这三种命令的应用，并能举一反三地开发自己对于塑料形态更多效果的制作，如图10-1所示。

图10-1

10.1 塑料动画的角色形态分析

塑料动画的角色形态最大的特点是它是可以弯曲和压缩的，这点与一般的玻璃器皿不同，这也让塑料材质的角色拥有了比玻璃、金属等材质组成的角色更多的卡通类的，夸张的动画表现方式。因为塑料的这种可塑性，它们常常被用在儿童玩具和生活日用品器皿上，正是塑料与人们生活的亲密程度，赋予了各种动画在创作时的无限灵感，如图10-2所示。

图10-2

比如皮克斯最著名的《玩具总动员》系列动画电影，就是以一群生活在身边的玩具的奇遇展开的故事，其中不乏令人印象深刻的塑料角色的形态，比如塑料巧克力豆夫妇、巴斯光年、塑料玩具兵、塑料存钱罐小猪、塑料恐龙等一些颇有个性的塑料角色形态，如图10-3所示。

图10-3

10.2　塑料瓶子的动画角色形态——弯曲

本节主要内容是演示从一根曲线开始怎么通过Lathe【车削】命令制作出一只瓶子，并给这只瓶子贴上贴图和材质，然后以弯曲命令Bend【弯曲】来动画这只瓶子，赋予这只瓶子塑料的可弯曲性的特性。通过本节的学习，读者可以掌握Lathe【车削】和Bend【弯曲】命令的用法，多维材质的制作。

STEP 01 在3ds Max的Front视图中，使用Shape🔘【二维形状】面板下的Line【曲线】工具勾勒一条塑料瓶侧面一半的轮廓线，如图10-4所示。

通过移动曲线上的点，以及点上的Bezier【贝塞尔】手柄来调节这条曲线的轮廓，使其看起来像一个瓶子的一个侧面外轮廓，如图10-5所示。

图10-4　　　　图10-5

技术提示： 为了让之后添加Lathe【车削】命令后旋转出来的瓶子具备更多的细节，在前期创建曲线的时候可以在曲线的对应的瓶子的部位

添加适度的弯曲细节，然后添加Lathe【车削】命令时就会出现比较多的瓶子细节，如图10-6所示。

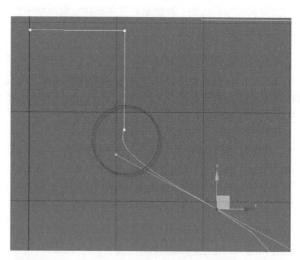

图10-6

STEP 02 来到Hierarchy【从属关系】面板🔲，单击Affect Pivot Only【仅影响重心】按钮，如图10-7所示。

将这条曲线默认的重心位置移动到其瓶底的中心对称位置，作为一个塑料瓶的一半的对称中心位置，以便后面使用Lathe【车床】命令来旋转出一只塑料瓶的时候成为这个车床旋转的中心轴，同时也是后面使用Bend【弯曲】命令所继承的弯曲中心，如图10-8所示。

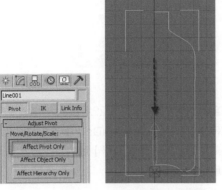

图10-7　　　　　　图10-8

STEP 03 在3ds Max的【命令面板】下拉菜单中选择 Lathe【车削】命令，如图10-9所示。

STEP 04 给曲线添加了Lathe【车削】命令后，图中的曲线塑料瓶界面立刻就通过这个Lathe【车削】命令在重心位置的Y轴方向上自旋360度，如图10-10所示。

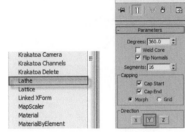

图10-9　　　　　　图10-10

这样，这条曲线由一个二维的曲线物体变成了一个三维的瓶子物体了，如图10-11所示。

技术提示： 如果旋转出来的瓶子是一个"黑暗"的瓶子的话，如图10-12所示。

图10-11　　　　　　图10-12

说明其的法线方向反了，只需要在Lathe【车床】面板中勾选Flip Normals【反法线】，如图10-13所示。

即可使其呈现正确的样子，如图10-14所示。

图10-13　　　　　　图10-14

知识提示： 对于一只塑料角色的瓶子来说，它可以呈现的动画角色形态有弯曲、压缩、弹跳、融化等。而在所有的塑料动画形态的制作之前，要到Hierarchy【从属关系】面板，单击Affect Pivot Only【仅影响重心】按钮把塑料瓶的重心点由Lathe【车床】命令默认产生的位于瓶子中上部移动到瓶子的底部。之所以把重心点移动到塑料瓶的底部是因为这与日常的生活经验是一致的，塑料瓶都是以其的底部作为着力点放置在桌子上的，当对塑料瓶进行压缩变形、弯曲等命令操作时，这些命令会直接继承塑料瓶的重心位置信息，让它在基于重心的位置开始发生变形，而这样的变形是与日常的生活经验相一致的。

STEP 05 通过在命令面板中选择Edit Poly【编辑多边形】命令，为塑料瓶的命令堆介添加一个编辑多边形的命令，如图10-15所示。

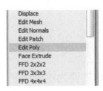

图10-15

STEP 06 选择瓶子上部分段边中的最后一条环形边，如图10-16所示。

把这条环形边下拉至瓶子的中部，如图10-17所示。

图10-16 　　　　　　图10-17

单击Chamfer【开槽】命令按钮，如图10-18所示。

为这个塑料瓶的底部开出7条环形边的新分段，如图10-19所示。

图10-18 　　　　　　图10-19

知识提示： 塑料瓶的弯曲动画可以通过为其在命令面板中添加Bend【弯曲】修改器来实现，不过在添加之前还需要给这个场景中的塑料瓶模型添加分段数，以使其在弯曲的时候有足够的分段数产生比较光滑的弯曲效果，同时更多的分段数也有利于材质贴图的添加。

STEP 07 为瓶子添加材质和瓶贴，首先要为这个瓶子的命令堆介再添加一个Edit Poly【编辑多边形】的命令，这个命令是用来为瓶子模型进行材质ID号的区分的，如图10-20所示。

STEP 08 在Selection【选择】卷展栏的面选择层级下，如图10-21所示。

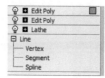 

图10-20 　　　　　　图10-21

先选择全部的瓶子，如图10-22所示。

STEP 09 在Polygon：Material IDs【多边形材质ID号】卷展栏下将Set ID【设置ID号】后的数字打入1，如图10-23所示。

图10-22 　　　　　　图10-23

知识提示： 之所以要先将全部的瓶子的材质ID号全都改成1是因为瓶子是用Lathe【车削】命令旋转出来的，这样产生的瓶子的默认ID号可能会不是，默认为1，可能是3，或者默认有各种ID号在其瓶子上，我们通过将瓶子材质ID统一设置为1有利于后面的材质编辑。

STEP 10 在PS打开瓶贴的那张贴图可以看到这张瓶贴是一张长方形的瓶贴，所以可以判断接下来的瓶子模型上也需要开辟一个长方形的区域作为瓶贴贴图的位置，如图10-24所示。

图10-24

STEP 11 在Front【前视图】中选择瓶子模型中段的长方形的区域的面，如图10-25所示。

STEP 12 在Right【右视图】中按住键盘上的Alt键，反选掉瓶子中间的两排面。这是因为这张瓶贴贴图的长度不是很长，所以不可能对瓶子的腰围进行环绕的贴图，而只能对瓶子的一部分进行标贴了，如图10-26所示。

图10-25　　　　　　图10-26

在这些面被选择的情况下来到Polygon：Material IDs【多边形材质ID号】卷展栏下将Set ID【设置ID号】后的数字打入2，这样这些作为瓶贴部分的面的ID号就被设置为2，如图10-27所示。

图10-27

然后选择瓶盖部位的面，如图10-28所示。

在这些面被选择的情况下来到Polygon：Material IDs【多边形材质ID号】卷展栏下将Set ID【设置ID号】后的数字打入3，这样这些作为瓶盖部分的面的ID号就被设置为了3，如图10-29所示。

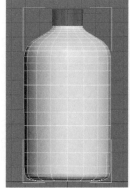 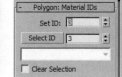

图10-28　　　　　　图10-29

这样就依次得到了ID号为1的整个瓶身部分，这部分后面会使用塑料的材质；ID号为2的瓶贴部分，这部分会使用一张瓶贴的贴图；还有ID号为3的瓶盖部分，这部分之后会使用区别于瓶身的材质。

STEP 13 打开材质编辑器，单击Standard【标准】按钮，如图10-30所示。

STEP 14 在弹出的Material/Map Browser【材质和贴图索引】对话框中双击Multi/Sub-object【多维子材质】，如图10-31所示。

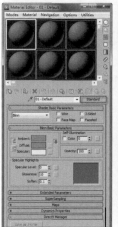 

图10-30　　　　　　图10-31

在弹出的Replace Material【替换材质】问题框中保持默认——Keep old Material as sub-materia?【保持默认材质为子材质吗？】，单击OK按钮，如图10-32所示。

这时材质编辑器会变成Multi/Sub-object【多维子材质】的面板。可以看到默认状态下Number of Materials【材质的号码数量】为10，这里不需要那么多，如图10-33所示。

图10-32　　　　　　图10-33

STEP 15 单击Set Number【设置号码】按钮，在弹出的Set Number of Materials【设置材质号码】对话框中将Number of Materials【材质的号码数量】设置为3.然后单击ok按钮，如图10-34所示。

这时Multi/Sub-object【多维子材质】的面板就只剩下3个子材质槽了，如图10-35所示。

图10-34   图10-35

STEP 16 单击ID号为2的材质槽，进入它的材质编辑器面板，将其名字改为瓶贴，如图10-36所示。

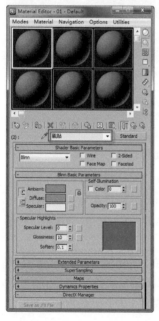

图10-36

STEP 17 单击Diffuse【漫反射贴图】边上的小方块按钮，在弹出的Material/Map Browser【材质和贴图索引】对话框中双击Bitmap【位图】材质，如图10-37所示。

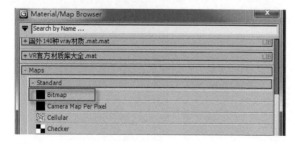

图10-37

STEP 18 在弹出的位图选择对话框中选择瓶贴这张jpg贴图，然后单击打开按钮，如图10-38所示。

图10-38

STEP 19 在瓶贴贴图进入材质编辑器后，单击Assign Material to Selection【指定材质给所选择对象】按钮，将材质给予场景中的瓶子，如图10-39所示。

这时可以看到瓶子由原来随机默认的绿色变成了灰色，如图10-40所示。

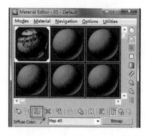

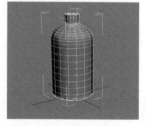

图10-39   图10-40

STEP 20 单击材质编辑器中Show Standard Map in Viewport【在视图中显示材质贴图】按钮，如图10-41所示。

可以看到之前标定ID号为2的模型的面显示为瓶贴贴图的模样，如图10-42所示。

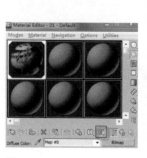

图10-41   图10-42

STEP 21 由于贴图的位置不正确，所以需要给这些ID号为2的面进行贴图的调整，在命令堆介中添加一个Poly Select【多边形选择】命令，如图10-43所示。

然后在它的面选择层级里，如图10-44所示。

图10-43　　　　　图10-44

将Select by Material ID【按照材质ID号来选择】下面ID边上的号码改为2，如图10-45所示。

然后单击Select【选择】按钮，如图10-46所示。

图10-45　　　　　图10-46

这时可以在视图中看到瓶子上之前设置ID号为2的所有面都被选择了，如图10-47所示。

STEP 22 在局部的多边形面被选择的情况下，在命令堆介中再加入一个UVW Mapping【UVW 贴图坐标】命令，如图10-48所示。

图10-47　　　　　图10-48

在保持默认的Planar【平面】贴图坐标的情况下，如图10-49所示。

可以看到视图中瓶子的瓶贴已经呈现正确的样子了，如图10-50所示。

图10-49　　　　　图10-50

STEP 23 在材质编辑器中点击Go to Parent【回到父层级】按钮两次，如图10-51所示。

再次回到多维子材质的层级，如图10-52所示。

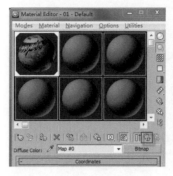 

图10-51　　　　　图10-52

STEP 24 单击ID号为3的材质槽，如图10-53所示。

进入它的材质编辑面板，将名字改为"瓶盖"，如图10-54所示。

 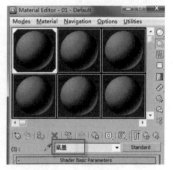

图10-53　　　　　图10-54

STEP 25 单击材质编辑器Diffuse【漫反射】边上的灰色矩形，如图10-55所示。

在弹出的颜色选择对话框中选择一个红色作为瓶盖的颜色，点击ok，如图10-56所示。

 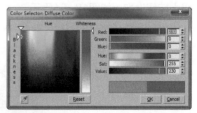

图10-55　　　　　图10-56

这时可以在视图中看到模型上的瓶盖区域已经变成红色了，这样就与瓶身有了一个区别，如图10-57所示。

STEP 26 在材质编辑器Specular Highlights【高光】面板处调节Specular Level【高光值】和Glossiness【抛光值】，将这个瓶盖调节成有高光斑点的样子，这样可以增加它的立体感，如图10-58所示。

图10-57　　　　　　　　　图10-58

在材质球上可以看到这种变化，如图10-59所示。

同时在视图中也可以看到瓶盖的部位出现了高光，如图10-60所示。

图10-59　　　　　　图10-60

STEP 27 在材质编辑器中点击Go to Parent【回到父层级】按钮一次，如图10-61所示。

回到多维子材质的层级，如图10-62所示。

图10-61　　　　　　　图10-62

STEP 28 选择ID编号为1的材质槽，如图10-63所示。

进入它的材质编辑面板，同时将名称改为瓶身，如图10-64所示。

图10-63　　　　　　　　图10-64

STEP 29 单击Opacity右边的方块，如图10-65所示。

图10-65

在弹出的Material/Map Browser【材质贴图索引】面板中双击Falloff【衰减】贴图，如图10-66所示。

图10-66

STEP 30 在Falloff Parameter【衰减参数】卷展栏中将Falloff Direction【衰减方向】改为Fresnel【菲涅尔】的衰减方式，因为这种方式是模拟透明物体的一种衰减方式，如图10-67所示。

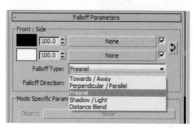

图10-67

STEP 31 单击材质编辑器中的Background【背景】按钮，如图10-68所示。

可以在材质球的显示中看到这个材质已经变成可以透出背景的透明材质了，如图10-69所示。

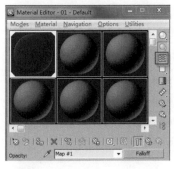
图10-68

图10-69

STEP 32 单击Falloff【衰减】贴图的Go to Parent【回到父层级】按钮，如图10-70所示。

单击Show Standard Map in Viewport【在视图中显示贴图效果】按钮，如图10-71所示。

图10-70

图10-71

在视图中可以看到整个瓶身部分就消失了，这说明透明的强度太厉害了，如图10-72所示。

图10-72

STEP 33 由于本实例模型是个塑料瓶，而塑料的透明一般都没有玻璃那么强烈，所以需要来到材质编辑器的Maps卷展栏，找到Opacity【透明】这个材质槽，如图10-73所示。

将其对应的数值100改为30，如图10-74所示。

图10-73　　　　　　　　图10-74

同时可以在视图中看到瓶身部分已经显示出来，并且有一定的透明的，如图10-75所示。

STEP 34 把鼠标移到命令堆介的空白处，单击鼠标右键，在弹出的菜单中选择Collapse All【塌陷所有】命令，如图10-76所示。

图10-75　　　　　　　　

图10-76

在弹出的警告对话框中点击Yes按钮，如图10-77所示。

这时塑料瓶的那么多命令堆介就被塌陷成一个多边形物体了，如图10-78所示。

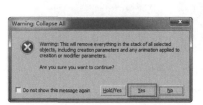
图10-77　　　　　　　　

图10-78

知识提示： 为什么要塌陷这些命令堆介呢？因为接下来要对这个塑料瓶添加Bend【弯曲】命令，由于之前还添加了很多命令的存在，特别是Poly Select【多边形】选择这个命令在堆介中，这个Bend【弯曲】命令会基于这个Poly Select【多边形】选择所选择的面去做弯曲，这个不是想要的效果，同时如果在这个Poly Select【多边形】选择的命令上面再加一个Poly Select【多边形】选择命令，然后全选所有的面，再添加Bend【弯曲】命令的话又会显得过于复杂，所以还是采取塌陷的办法让命令堆介变得清爽点，操作也简单容易些。

STEP 35 在命令面板的下拉菜单中为塑料瓶的命令堆介添加一个Bend【弯曲】修改器，如图10-79所示。

STEP 36 打开Bend【弯曲】修改器的次物体层级，选择Center【中心体】，如图10-80所示。

图10-79　　　　　　图10-80

可以看到视图中高亮黄色十字线的位置（Bend【弯曲】修改器的弯曲基点）与瓶子的重心基点弯曲正好吻合，这是之前的移动塑料瓶的重心点的操作产生的良好效果，如图10-81所示。

STEP 37 根据瓶子的轴向来看，塑料瓶如果要呈现左右摆动的弯曲效果的话应该是在其自身的Y轴上进行弯曲，如图10-82所示。

图10-81　　　　　　图10-82

知识提示： 如果Bend【弯曲】修改器添加后，其弯曲基点的位置不在瓶子的底部重心上的话，就还需要手动将这个Center【弯曲中心】移动到瓶子的重心，否则在弯曲动画的时候会产生不符合生活经验的弯曲效果。

在Bend【弯曲】的命令面板内点选Bend Axis

【弯曲轴】也为Y轴，如图10-83所示。

STEP 38 将时间滑块拖动到第10帧，如图10-84所示。

打开动画记录按钮Auto Key【自动关键帧】，如图10-85所示。

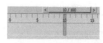

图10-83　　　　图10-84　　　　图10-85

在Bend【弯曲】的命令面板内给Angel【角度】参数设置为65，如图10-86所示。

同时可以在视图中看到瓶子产生了不错的弯曲变形效果，如图10-87所示。

图10-86　　　　　　图10-87

STEP 39 将时间滑块拖动到第20帧，如图10-88所示。

在Bend【弯曲】的命令面板内给Angel【角度】参数设置为-65，如图10-89所示。

图10-88　　　　　　图10-89

可以在视图中看到瓶子产生了不错的反向弯曲变形效果，如图10-90所示。

图10-90

STEP 40 打开Curve Editor【曲线编辑器】，可以看到一根不完整的正玄曲线，如图10-91所示。

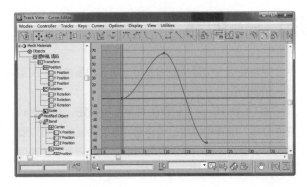

图10-91

如果基于这条曲线做瓶子的左右弯曲循环动画的话，会产生跳动的效果。这是因为起始帧是0的关系，如图10-92所示。

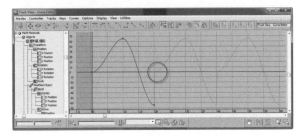

图10-92

STEP 41 将时间滑块拖至第0帧，如图10-93所示。

在Bend【弯曲】的命令面板内将Angel【角度】参数也设置为-65，如图10-94所示。

图10-93　　　　图10-94

这时再打开Curve Editor【曲线编辑器】可以看到这根曲线呈现一根左右对称的正弦曲线效果，如图10-95所示。

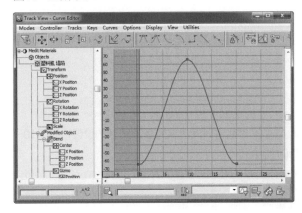

图10-95

STEP 42 在Curve Editor【曲线编辑器】菜单的Controller菜单命令下选择Out-of-Range Types【超出范围外的模式】这一项，如图10-96所示。

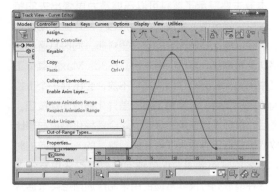

图10-96

在随后弹出的Param Curve Out-of-Range Types【超出范围外的模式参数】的小对话框中选择Loop【循环】，如图10-97所示。

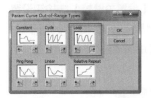

图10-97

再次观察Curve Editor【曲线编辑器】里的曲线的形态，可以看到这时这条曲线已经变成一条左右对称的完美正弦曲线了，如图10-98所示。

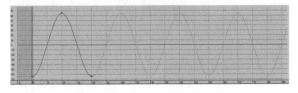

图10-98

STEP 43 播放动画便可以看到塑料瓶开始左右弯曲地摆动了，如图10-99所示。

图10-99

10.3 塑料瓶子的动画角色形态——弹跳

本节主要演示了塑料可以压缩蓄力再弹出去的特性，这点也是玻璃、金属等动画形态不能产生的动画效果。继续沿用上节制作好的这只塑料瓶，同时其重心已经移动至其底部，与地面相吻合。在3ds Max的菜单工具栏中用鼠标左键点住缩放图标不放，会出现一个下拉的缩放图标集合，选择最下面的差异化缩放图标按钮，选择后，鼠标呈现三角形状态。这个差异化缩放与等比缩放的区别在于当放大或者压缩塑料瓶的一个轴向的时候，其余的轴向会因为这个轴向的数据改变也发生变化，这种缩放的特性非常适合用来制作迪斯尼类卡通片里面的蹦跳压缩效果。在这段动画里面不会用到命令面板内的修改器，在技术上介绍了动画关键帧的运用，关键帧的介绍中讲解了自动关键帧，设置关键帧和空帧。

STEP 01 首先打开【自动关键帧】 按钮为塑料瓶在第0帧的时候按下Set Keys【设置关键帧】按钮设置一帧未发生任何变形的初始状态，如图10-100所示。

STEP 02 然后将动画时间滑块拖动至第6帧的位置，如图10-101所示。

图10-100　　　　　　　　　图10-101

使用差异化【缩放】 工具把塑料瓶沿着它的Z轴进行压缩，可以看到塑料瓶在沿着Z轴进行压缩的时候，它也在同时向着X轴和Y轴发生"鼓出来"的变形效果，如图10-102所示。

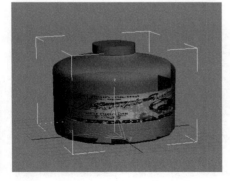

图10-102

同时会有一个蓝色的缩放帧出现在动画帧栏，如图10-103所示。

按下Set Keys【记录关键帧】 按钮，让第六帧变成位移，旋转和缩放三者信息皆有的关键帧，可以看到这个关键帧是红、绿、蓝三色的，表示它是有三种信息的关键帧，如图10-104所示。

图10-103　　　　　图10-104

知识提示： 之所以要把这个原本只有一个蓝色的关键帧设置为三色关键帧是为了，后面在动画这个塑料瓶跳起来的时候的旋转动作是基于这个第6帧的压缩变形开始的。如果不将这个第6帧改为三色帧的话，后面再做的旋转和位移帧的信息就会从第0帧开始算过来，这样就是错误的效果。

STEP 03 将时间滑块拖至第7帧，如图10-105所示。

按下Set Keys【记录关键帧】按钮 ，给这个塑料瓶在第7帧的时候设置一个"空帧"，如图10-106所示。

图10-105　　　　　图10-106

知识提示： 由于人脑本身介质传递信息的反应速度也是需要时间的，所以如果不设置空帧直接把塑料瓶拉起来的话对于人脑来说会有点反应不过来，大脑会觉得这个起跳的动作总有点怪怪的，所以为了避免人脑的反应速度问题带来的经验型的错误，必须在这里给塑料瓶设置一个不做任何动作只继承前面姿态的"空帧"。

STEP 04 然后将时间滑块拖至第10帧的位置，如图10-107所示。

图10-107

这样塑料瓶跳起来共用了3帧的时间，同时使用【移动工具】将塑料瓶沿着X轴和Z轴向前向上稍微提起，并使用【旋转工具】把塑料瓶沿着其重心稍稍向前旋转大约5度的角度，如图10-108所示。

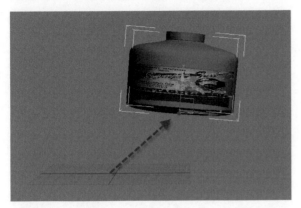

图10-108

知识提示： 对于动画轴向的运用在本案例中建议使用Local【自身坐标系】比较好，因为View【视图坐标系】在物体发生偏转之后不会跟随物体发生偏转，可能不利于动画的精确性，如图10-109所示。

STEP 05 当塑料瓶跳起来的时候，从缩放变形的角度，它应该被拉长才对，由于这时的塑料瓶已经在旋转上发生了变化，所以在对其进行差异化缩放的时候先要旋转坐标轴方式为Local【本地】方式，如图10-110所示。

在本地坐标轴方式下，将这个塑料瓶沿着本地坐标的Y轴拉伸成一个长的塑料瓶，由于塑料的可塑性这个特性，拉伸得夸张一些也不要紧，一定程度的夸张反而可以让这个动画效果更加有意思，如图10-111所示。

图10-109

图10-110

图10-111

STEP 06 将动画滑块移动至第13帧，如图10-112所示。

使用【移动工具】将塑料瓶沿着本地轴向X和Y的方向向前、向上稍微移动一点，如图10-113所示。

图10-112

图10-113

知识提示： 这3帧是用来表现塑料瓶的重力加速度的，即它在失去动力的情况下继续按惯性方向的移动。

STEP 07 按下Set Keys【设置关键帧】按钮，让这个第13帧继承前面第10帧的旋转和缩放的信息，让这个关键帧变成三色的，如图10-114所示。

STEP 08 然后将动画滑块移动至第16帧，如图10-115所示。

图10-114   图10-115

用【移动工具】把塑料瓶往前移动并落在地面上，如图10-116所示。

图10-116

技术提示： 这里把塑料瓶落地有一个比较讨巧的办法是把塑料瓶的第0帧的关键帧通过按住Shift+鼠标左键的方式复制拖曳至第16帧的位置，这样塑料就落地了，只不过塑料瓶的位移位置是第0帧时的位置罢了，如图10-117所示。

图10-117

由于塑料瓶从空中落下应该是向前落定，所以只需要将它沿着X轴的方向向前拖曳一些位置即可，这样就比较便捷的完成了这个落地的动画，如图10-118所示。

图10-118

STEP 09 将动画滑块移动至第20帧，如图10-119所示。

图10-119

使用【差异化缩放工具】沿着塑料瓶Local【本地】的Y轴将塑料瓶进行适度的向下压缩，如图10-120所示。

图10-120

知识提示： 这个压缩是用来表现塑料瓶的重量在通过落地的重力加速度后对它自己在形状上产生的一个变形效果。正是这种变形效果展现了塑料的独特的有弹性、有韧性的属性。

STEP 10 由于塑料是有弹性的，所以当地面反射上来的反作用力作用于塑料瓶之后，这个力还会继续对塑料瓶产生一个向上的拉力，再将时间滑块移动到第23帧，如图10-121所示。

图10-121

使用【差异化缩放工具】沿着塑料瓶Local【本地】的Y轴将塑料瓶适度向上拉伸变形，如图10-122所示。

图10-122

同时在关键帧位置上可以看到第23帧出现了一个蓝色的变形关键帧，如图10-123所示。

图10-123

提示： 由于之后塑料瓶没有新的动作，所以在第20和第23帧不需要再打三色关键帧了。

STEP 11 随着塑料材质对地面的反作用力的吸收，塑料瓶的拉伸与压缩的变形效果会逐渐减弱，在第23帧之后可以任意设置几帧作为反作用力衰减所使用的帧数，也可使用【异化缩放工具】沿着塑料瓶Local【本地】的Y轴将塑料瓶进行适度的向下和向上的压缩，如图10-124所示。

图10-124

STEP 12 将动画滑块拖至第30帧处，再将第16帧（落地帧）通过按住键盘上的Shift+鼠标左键拖曳复制到第30帧，如图10-125所示。

图10-125

图10-126

这样塑料瓶就恢复到落地时的标准姿态，如图10-126所示。

这时，在视图中播放动画可以看到塑料瓶原地压缩蓄力之后弹起，再落下，再形成压缩，再弹起的富有弹性的塑料动画效果。

10.4 塑料瓶子的动画角色形态——融化

本节学习的是Melt【融化】命令，这个命令在3ds Max的命令面板的菜单里。这个命令其实本质上是一个集成了压缩和变形的修改器命令，不过对于塑料材料来说这个命令却正好是展现塑料材质特有的可融化的特性。通过对这个命令的学习，结合上面已经学习过的Bend【弯曲】命令，有利于读者拓展自己对于3ds Max各种命令修改器的综合应用的能力。

STEP 01 选择视图中的塑料瓶，如图10-127所示。

在【命令面板】 的下拉菜单中选择Melt【融化】命令添加进塑料瓶的命令堆介，如图10-128所示。

图10-127

图10-128

STEP 02 由于塑料瓶模型向上的轴向是Y轴，所以在Melt【融化】命令面板的Axis to Melt【融化轴向】也要选择Y轴，如图10-129所示。

STEP 03 在Melt【融化】命令面板的Solidity【固态】栏中有Ice【冰】、Glass【玻璃】、Jelly【啫喱】、Plastic【塑料】四种融化的固态参数选项，以及这些选项相对应的参数。这些参数有利于在Custom【自定义】时可以选取相应的数值有个比较，如图10-130所示。

STEP 04 在Melt【融化】命令面板的Solidity【固态】栏中点选第四项Plastic【塑料】融化模式，如图10-131所示。

图10-129   图10-130   图10-131

STEP 05 将时间滑块拖动至第50帧的位置，并打开动画记录按钮Auto Key【自动关键帧】，如图10-132所示。

图10-132

STEP 06 在Melt【融化】命令面板的Melt【融化】栏中的 Amount【融化数值】中输入198。这个数值管理的是塑料瓶的融化强度，如图10-133所示。

图10-133

同时在视图中可以看到原本直立在视图中的塑料瓶已经融化成了一堆，如图10-134所示。

这样在视图中可以观察到塑料瓶比上一步多了更多的延展面积，如图10-136所示。

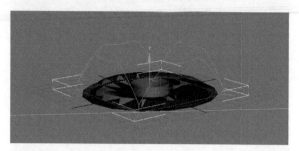

图10-134

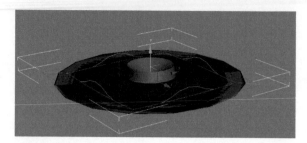

图10-136

STEP 07 由于塑料在融化的时候受到自身重量的压力影响，它应该是边向下融化，边往四周延展开的，所以还需要在Spread【延展】栏中把% of Melt【融化对应的延展百分比】调至46，如图10-135所示。

STEP 08 播放动画可以看到，塑料瓶产生了完美的融化动画，如图10-137所示。

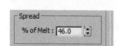

图10-135

图10-137

第 **11** 章

水果角色的形态表现

本章内容

◆ 实例分析
◆ 制作打拳击的梨先生

　　本章以影视动画和电视广告中经常见到的水果动画形象作为实例，解析了水果形态的动画角色具有什么样的特点，还重点强调了在动画时有哪些值得注意的问题，如图11-1所示。

图11-1

　　说到水果角色，在日常的电视广告和动画片里都能看到各种水果角色的演绎，这些水果角色有的是苹果，有的是香蕉、有的是梨、芒果等，不过不管水果角色换成什么品种，它们都有一些共同的特点，比如肚子都很大，身体通常都是圆滚滚、胖乎乎的，手脚可能都比较短，有两只卡通形制的大眼睛，行动起来一方面有点笨拙，同时在关键时刻又是一个灵活的胖子。总之，水果角色的形态表现最终要解决的问题是解决Q与可爱的形态带来的各种运动上的局限。

11.1　实例分析

　　在本章的实例中，将通过一只会打拳击的梨来向大家讲解水果角色的形态表现，如图11-2所示。
　　从图中可以看出，这只会打拳击的梨先生也具有所有水果角色形态的共同特征，像身体比较圆胖，手脚相对比较短小，眼睛呈现卡通的形态，如图11-3所示。

图11-2

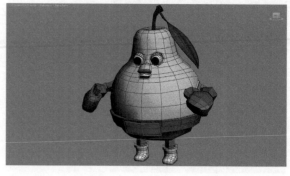
图11-3

　　眼皮是半圆形包裹眼球的，水果的梗柄上还有一片叶子等。与一般的水果角色不同的是它是一只会打拳击的梨，所以它在手部的前段有两只拳击手套，脚上蹬着两只打拳击穿的运动鞋，肚子上还有根拳王大腰带，如图11-4所示。

图11-4

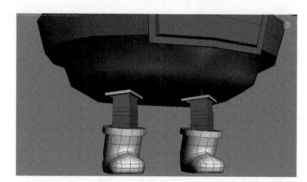

　　这些细节让拳击梨先生的两只手臂的长度稍微增长了些，也让它的双脚稍微延长了些，如果是没有拳击手套和运动鞋的话，单单通过延长水果的手臂长度来增加其运动的自由度的方式会破坏水果类角色Q版和可爱的形体比例，而通过为它们增加一些道具的方式是一种不错的补偿它们手脚太短而限制了运动表现幅度的办法，如图11-5所示。

图11-5

11.2　制作打拳击的梨先生

　　下面通过实例来阐述这只打拳击的梨先生是如何被创造出来和如何规避自身局限性进行动画的。这里使用的动画技术是Edit Poly【编辑多边形】建模和CAT的骨骼动画与Bend【弯曲】修改器。

STEP 01 观察和分析制作要点。

　　当一个水果形态的角色要进行动画的时候，首先要考虑的不是骨骼运动，而是模型的布线问题，虽然这是个建模的问题，建模的问题在之前的章节也有比较深入的阐述，但是对于水果形态的角色而言，它们模型上的布线却还是有一些需要特别关注的地方，比如水果是圆形的，在圆形的物体上构建角色就会有一些特有的问题需要解决，如图11-6所示。

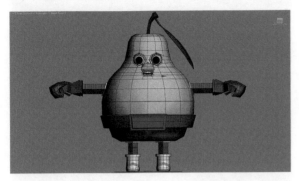

图11-6

STEP 02 由于身体比较圆胖，所以起初建模的时候需要注意不要从Box【方盒子】开始，而要用样条线创建，如图11-7所示。

图11-7

去勾勒梨的外轮廓，如图11-8所示。

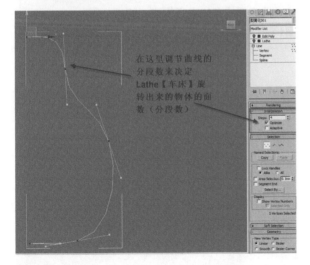

在这里调节曲线的分段数来决定Lathe【车床】旋转出来的物体的面数（分段数）

图11-8

STEP 03 给这条曲线添加一个Lathe【车削】命令，如图11-9所示。

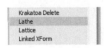

图11-9

车削工具的作用是转出一个圆胖的身体，如图11-10所示。

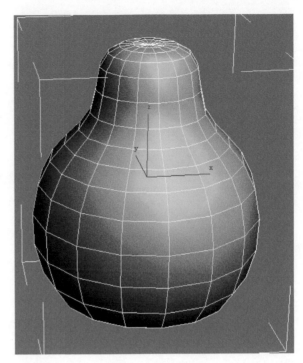

图11-10

技术提示： 这里模型的分段数是通过Spline【曲线】的Interpolation【插值】卷展栏的Steps【分段】来控制,如图11-11所示。而Lathe【车削】里的Segment是【细分数】不是【分段数】，如图11-12所示。

图11-11   图11-12

在本案中，如果需要在产生面足够少的同时还能保持圆形的体积，还要产生良好的布线，就必须在Spline【曲线】的Interpolation【插值】卷展栏的Steps【分段】里面去调节才是最好的。

STEP 04 在基础的布线形态确定以后，接下来就是在前面章节讲到过的建模的技术问题了，这里不做详细阐述，不过需要注意的是由Lathe【车削】旋转出来的物体虽然有着面数少同时体积光滑的优点，但由于是旋转产生的物体，因此其顶部和底部都会有一个放射状的经纬线的汇聚处，这些汇聚的线需要后续处理一下，如图11-13所示。

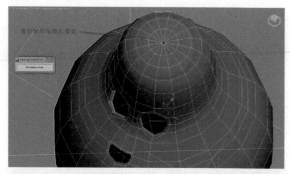

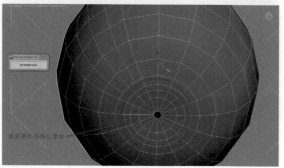

图11-13

知识提示: 这个汇聚处在角色动画时对绑定骨骼和添加腿脚都是不利的(对于水果形态来说顶部的放射状经纬线的汇聚问题不大,主要需要处理底部的放射状布线的问题),这些经纬线的汇聚处需要通过Edit Poly【编辑多边形】命令将其变成平整的纵横交织形态的布线方式,这样的布线方式才是适合绑定和添加手脚的。

STEP 05 给由Lathe【车削】旋转出来的梨身体添加一个Edit Poly【编辑多边形】命令,然后把这只梨的身体删去一半,以方便后面的编辑,如图11-14所示。

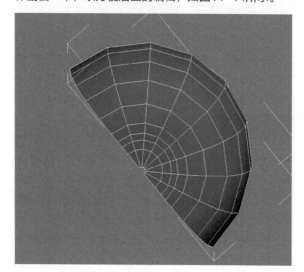

图11-14

STEP 06 在Edit Poly【编辑多边形】中将底部的放射状线删除,如图11-15所示。

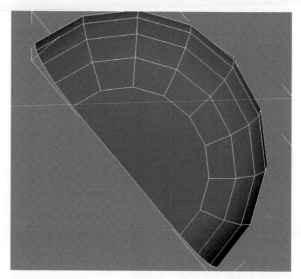

图11-15

STEP 07 使用Edit Poly【编辑多边形】的Cut【切线】命令,如图11-16所示。

把底部的布线进行修改,如图11-17所示。

图11-16

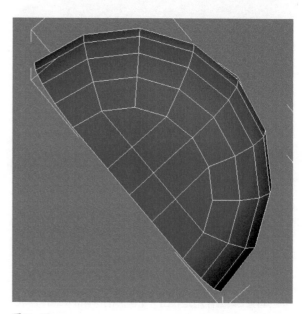

图11-17

STEP 08 使用Chamfer【开槽】命令，如图11-18所示。

把底部的一个点变成四个点，留出腿洞的位置，如图11-19所示。

图11-18

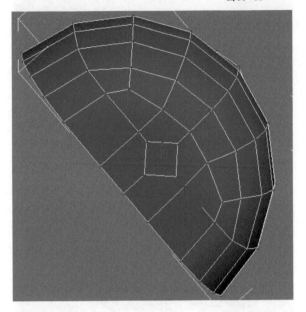

图11-19

STEP 09 使用Edit Poly【编辑多边形】的Cut【切线】工具，如图11-20所示。

为腿洞的周边添加切线，让原本的单线，变成双线，这样可以让腿洞更加坚固，如图11-21所示。

图11-20

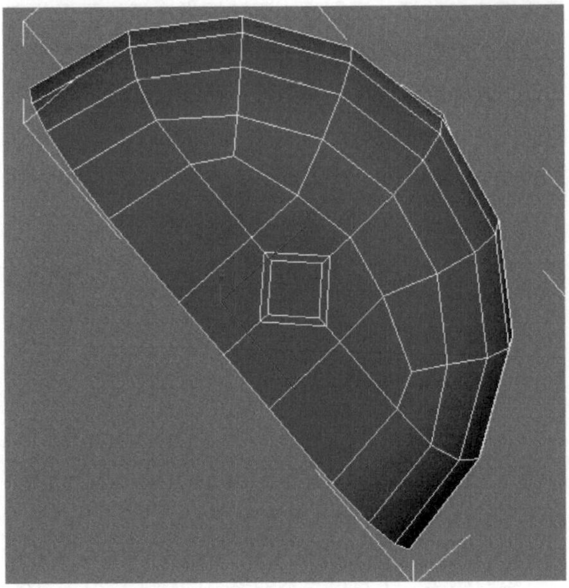

图11-21

STEP 10 删除腿洞上覆盖的面，把腿洞露出来，如图11-22所示。

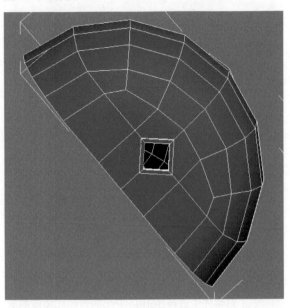

图11-22

STEP 11 非水果建模上的重点问题这里就一律省略了，如果需要温习可以参看前面章节的蚂蚁的头部、身体等部位的建模教程即可。通过不断调整形成了最终的梨的身体，如图11-23所示。

图11-23

STEP 12 给梨的身体的不同的面设置不同的ID号后，将梨赋予如下的材质（如何赋予不同的面以不同的材质也请参看前面的章节），如图11-24所示。

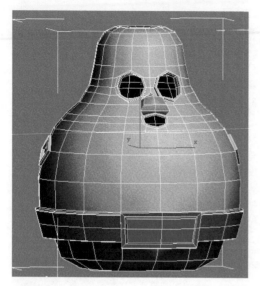

图11-24

STEP 13 对梨先生进行Bones Pro的骨骼和蒙皮的绑定，其中对于骨骼如何设计，蒙皮如何绑定的技术请参看之前的章节，这里不再做复述。这里需要注意的是，拳击梨先生是一个身体圆胖的家伙，所以它在动画的时候需要考虑到它的腿脚手臂伸展挥动的时候对这些圆胖的体积的影响，这是一个关于绑定时的权重划分问题，在权重划分的时候要让骨骼的权重影响范围扩大到这根骨骼以外的蒙皮上，让手脚在运动的时候可以挤压周围的肉体，产生胖胖的角色在运动的效果，这是水果形态的角色在进行动画时必须要处理的一个问题，如图11-25所示。

图11-25

在对水果类的角色进行绑定时最好的绑定修改器就是Bones Pro。这款3ds Max的插件的很多特性都非常适合这种圆胖的角色，尤其是其权重分配时，权重值为0也是有一些微妙的权重变化（显示为蓝色），如图11-26所示。

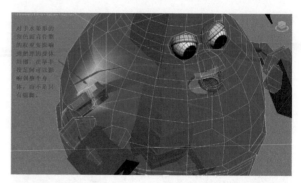

图11-26

这一点非常适合水果形态的圆胖角色，因为就算运动一只手臂，这个水果角色距离手臂有一定距离的胸腹部的蒙皮也会有一点点的运动，非常符合一个"胖子"应该具有的效果，如图11-27所示。

图11-27

STEP 14 对拳击梨先生这个角色进行动画制作工作前的分析。在绑定完骨骼以后，在给拳击梨先生进行动画的时候，会发现其手臂确实是很短，而肚子非常圆滚滚，靠手臂本身的话，手臂根本无法挥拳击打位于正前方的目标，但是如果加长手臂的话又会破坏了Q版水果角色的身形比例，而让它看起来不够可爱，如图11-28所示。

图11-28

这时就是一个有得有失的取舍问题了，对于可爱的，圆胖的角色而言，有时必须对它的肢体延展度和到达率有一定的舍弃，目的是为了整体的艺术效果好，所以在动画的时候可以采取两种办法。

STEP 15 方法1：灵活运用CAT骨骼中的Ribcage【胸骨】，这块骨骼位于整个CAT骨骼结构的胸部靠上的中心位置，这块骨骼在CAT骨架中起的作用是可以通过它来挪动和旋转整个上半身，如图11-29所示。

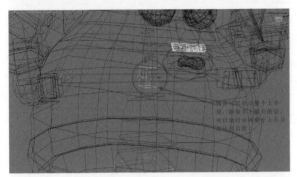

图11-29

通过移动和旋转Ribcage【胸骨】来让这个水果角色整个上半身产生动作，借助身体的长度去弥补手臂的短处。原本打不着圆柱的梨先生，借助胸骨的旋转，它就可以击中圆柱体了，如图11-30所示。

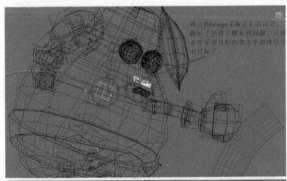

图11-30

STEP 16 方法2：是通过镜头间的切换的办法来弥补手臂太短的缺点。

① 在出拳的蓄力阶段和击发出拳的动作时用一个表现

梨先生举拳蓄力的中近景；如图11-31所示。

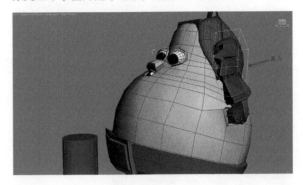

图11-31

② 然后摄像机换一个角度取一个出拳的中近景；如图11-32所示。

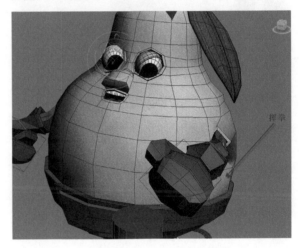

图11-32

③ 在击中目标的时候切换特写镜头来规避掉由于拳击梨先生的手臂太短而无法通过挥动手臂击中目标的缺点，如图11-33所示。

图11-33

知识提示： 对于卡通Q版角色来说，有时必须在可爱的形态和动作的到达率上做出取舍和牺牲，以上的两种办法是解决这个问题的一个技术性的途径。在2015年席卷全球的《超能陆战队》动画电影中的大白也是一个有一定局限性的角色，这部电影改变它的局限性的办法是在创意的源头上做文章，给大白设计了一款装甲的机器人形态，让大白这个可爱的充气角色可以借助这套装甲成为超能勇士，这种在创意的源头上做文章的办法也是非常值得提倡的，如图11-34所示。

图11-37

STEP 18 叶子的动画问题也是水果动画角色形态特有的一个问题，如图11-38所示。

图11-38

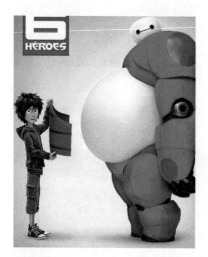

图11-34

STEP 17 关于拳击梨先生的头发的问题，也就是在那片叶子和梨梗的问题上，也需要有所处理，如果没有叶子的话，梨的梗是可以直接使用【链接】工具连接在CAT骨骼的头部骨骼上的，如图11-35所示。

知识提示： 当有叶子在梨梗上时，梨梗就必须采用骨骼绑定的方式，绑定在CAT的头部骨骼上，而不是传统链接的方式。因为这样才能给这片叶子产生一个链接的骨骼点，因为Bend【弯曲修改器】是无法联动叶子的。

STEP 19 选择CAT骨骼的头部在其命令面板中单击Add Bone【添加骨骼】按钮，如图11-39所示。

为CAT的骨骼自头部骨骼开始添加一连串4块小骨骼作为用来绑定梨梗使用的骨骼，如图11-40所示。

图11-39

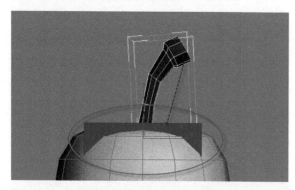

图11-35

然后对这个梨梗加一个Bend【弯曲修改器】，如图11-36所示。

图11-36

即可让梨梗产生弯曲的效果，如图11-37所示。

图11-40

STEP 20 为这个根梨梗添加一个Bones Pro的蒙皮命令，如图11-41所示。

单击Bones Pro【卷展栏】命令面板的Assign【指定】按钮，如图11-42所示。

图11-41

图11-42

在弹出的对话框中将这些新添加的4块小骨骼连同CAT头部骨骼一共5块骨骼都加入进来作为梨梗的骨骼绑定，如图11-43所示。

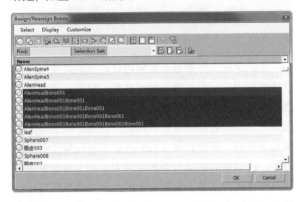

图11-43

STEP 21 选择叶子，使用【链接】📎工具把叶子连接在最后一块梨梗的小骨骼上，如图11-44所示。

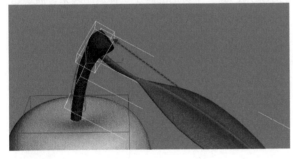

图11-44

STEP 22 给叶子在命令堆介中添加一个Poly Select【多边形选择】命令，如图11-45所示。

STEP 23 在叶子的Poly Select【多边形选择】点选择层级下，如图11-46所示。

图11-45

图11-46

选择叶子模型叶尖部位的若干点，如图11-47所示。

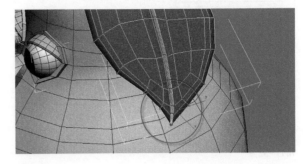

图11-47

勾选Soft Selection【软选择】卷展栏下的Use Soft Selection【使用软选择】，并将Falloff【衰减】值设置为25.4，如图11-48所示。

同时在视图中可以看到叶子表面出现了选区的渐变色，越接近红色区域表示权重越重，如图11-49所示。

图11-48

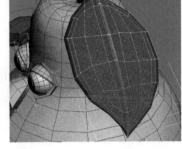

图11-49

STEP 24 在保持叶子的Poly Select【多边形选择】命令处于点选择次选项激活状态，也就是这个次选项处于黄色选择状态的时候，如图11-50所示。

为叶子的命令堆介添加入一个Flex【松弛】命令，这个命令可以使叶子随着梨先生的运动产生颤抖，如图11-51所示。

图11-50

图11-51

将Flex【松弛】命令的Parameter【参数】卷展栏下的Flex【松弛】数值设置为20，这个数值越大颤抖效果就越明显，不过同时也会让电脑变得更慢，如图11-52所示。

图11-52

STEP 25 打开【运动面板】◎的CAT动画开关，如图11-53所示。

图11-53

播放之前做好的梨先生击打蓝色圆柱体的动画，可以看到拳击梨头上的叶子就已经可以随着它的动作发生跟随的颤动了，如图11-54所示。

图11-54

总的来说，水果形态的角色在动画的时候所需要的技术原则与一般的角色是一样的，只是这些水果角色的身体普遍都是圆胖形，在其身上的布线问题主要出现在顶部和底部的放射状布线，这是不利于添加手脚和绑定的，手脚如果太长的话会影响到整体的可爱造型。在动画的时候也会出现因为手脚太短而无法触及目标物体的问题，权重分配的时候要考虑到每一根骨骼对周围更大范围里面的蒙皮的影响问题。虽然水果形态的角色表现会有如此多的问题出现，但是通过细心的观察和聪明讨巧的解决，还是可以让这些圆胖的水果角色像一个灵活的胖子一样运动起来，展现它们可爱而又灵活的状态。

第 **12** 章

按表现风格划分

本章内容

◆ 影视动画的角色表现风格
◆ 角色风格的分类

12.1 影视动画的角色表现风格

本章主要论述了多种多样的影视动画角色的表现风格，其实每一部电影都会根据自己的实际情况，开发出有自己独特的角色表现风格。下面通过三个影视动画中的经典案例来简要的阐述一下各种角色表现风格的特点。

案例1

本案例讲的是《变形金刚》系列的角色表现风格，在变形金刚的角色表现风格上最大的特点是其从小屏幕的二维简单动画风格，变成大银幕上和真人一起表演式的三维复杂动画风格，还有专门开发出来的一套变形的动画创意都是很有特色的角色表现风格。

《变形金刚》系列电影是2007年开始由指导过各种富有美国英雄主义影片的迈克尔·贝导演，梦工厂创始人之一的斯皮尔伯格监制的变形金刚系列真人电影的第一部。这部电影给已经在二维动画中连续播放了23年经典形象进行了突破性的改进设计，使这些机器人可以更好地与真人和环境融合，同时开发了一套经典的"变形"模式，把这种角色特有的表现风格首次真实地展现在观众眼前，如图12-1所示。

图12-1

与此前的各种电视中播放的二维"变形金刚"比较起来，这次的真人版三维动画电影中的变形金刚着实很不一样，甚至在一开始连电影制作团队中的那些从小看着《变形金刚》动画片长大的电影创作者们都无法接受这样有点堪称颠覆性的形象设计，如图12-2所示。

图12-2

首先，能实现这一变形应该归功于计算机硬件的发展，可以被允许在一个场景内操纵1.5万个高分辨率模型的零部件进行动画运算。电影开始后不久，一架超级种马直升机的变形开启了观众对于这种从一个外轮廓为直升机的物体变形后再构成一个外轮廓为人形的物体的新的想象维度，如图12-3所示。

图12-3

这种类似的变形方式在以前的电影中几乎是没有出现过的，以前的观众是很难想象直升机应该如何变成一个人的。对于动画人员和导演来说也是一样，这就意味着在变形的动画设计上一定需要进行多次的推敲，直到制作出一个既符合科学的原理又好看的变形动画，这些繁复的推敲都需要依赖出色的计算机硬件系统，如图12-4所示。

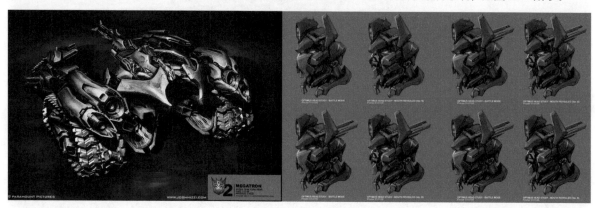

图12-4

其次，在角色的风格设计上，动画设计师们针对汽车人博派和霸天虎狂派设计了两种不同的机器人的角色风格，这样让角色在由飞机或者车子变形成人以后，观众可以清楚分辨哪些是霸天虎，哪些是汽车人。对于角色进行风格化的设计以后有利于更好地展现角色的性格，因为虽然这是一部叫作"变形金刚"的电影，好像是以机器人为主角，但这毕竟是一部真人电影，机器人大部分时间需要担当摆酷和战斗的戏份，对于人物性格的塑造和剧情的铺陈推进来说还是要靠真人演员的表演。那在留给机器人塑造性格的时间很有限的情况下，将好人坏人进行鲜明风格化的设计，无疑是对整部电影如何来进行角色与情节的布局是有很大帮助的，如图12-5所示。

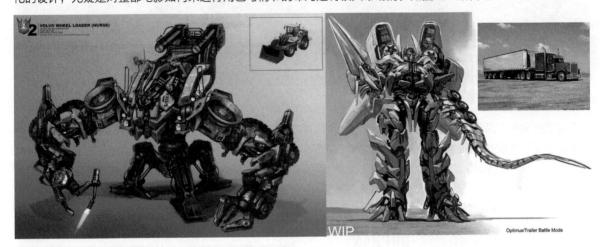

图12-5

最后，《变形金刚》这部电影正是因为开发了一套新颖的"设备变人"的角色表现风格，所以它可以顺理成章地整合很多赞助商的产品进来。其中各种各样的帅酷汽车品牌当仁不让地成为最闪耀的广告植入者，不过最有意思的还是这款当年诺基亚的手机，在影片中还专门为其设计了一场戏，通过将"魔方"的能量射入诺基亚手机以后，这个手机立刻变形为一个小小霸天虎，虽然穷凶极恶、飞扬跋扈，但是又有那么点可爱，让人印象深刻，如图12-6所示。

能成功地让诺基亚手机进入了汽车飞机唱主角的《变形金刚》，不是出现在打电话的环节，而是度身定制了一场引人入胜的小戏，这样对于赞助商和影片来说都是极大的双赢，这些成功都要归功于"从设备变形成人"的这种角色表现风格的开发，如图12-7所示。

图12-6

图12-7

案例2

《小羊肖恩》是一部英国定格动画喜剧，影片讲述一只小绵羊肖恩和伙伴们在农场的生活故事。在每天过着重复吃草的生活中，羊儿们时不时出现些异想天开的主意，同时忙中出错的各种闯祸环节也随之而来，让整部影片充满了搞笑幽默的氛围。这是一部没有任何台词的哑剧风格动画短片，每集大约有7分钟，但在短短的时间内，依旧能尽显英国式幽默的一贯风格，如图12-8所示。

图12-8

在动画影片里，采用哑剧的形式作为角色的表现风格确实很少见，在没有台词的情况下还要把故事情节、搞笑包袱一一展现，充分说明了创作者的用心和智慧。在一百多年前的英国就已经开始用哑剧的形式来表演童话剧给孩子们看了，如图12-9所示。

这种形式的艺术在英国是很有表演和观赏的传统的，比如《憨豆先生》的扮演者罗温·艾金森就是一名擅长用表情和肢体语言来征服观众的表演艺术家，如图12-10所示。

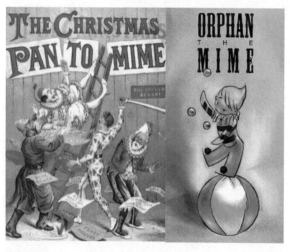

图12-9

图12-10

在《小羊肖恩》中，所有的景观为了适应黏土角色的尺寸都是微缩景观，但是麻雀虽小五脏俱全，英国的艺术家们对这些场景中的细节都是一丝不苟的，同时在一些特效的表现上也充满了智慧，比如用塑料袋来制作水的效果就非常形象，这些微缩的布景材料很多都是用来自生活中的元素制作的，观看感受就像儿时制作的手工一样具有亲切感，如图12-11所示。

图12-11

同时角色的表现风格又是最能激发观众童心的哑剧，这样整部戏的各种细节浑然一体、风格统一，在没有台词的情况下通过角色的肢体语言去调动观众的想象力，让观众在看角色表演的时候，能在搞笑包袱到来之前就已经会心一笑了。这种就是哑剧独有的魅力，不用等待台词出现再告诉观众好玩在哪里，而能赋予角色表演中所有的细节都有制造搞笑因素的可能，不仅对艺术家是一种创作的自由度，同时对观众来说也是一种很轻松幽默的观影体验，如图12-12所示。

图12-12

案例3

美国人很擅长讲草根逆袭的故事，这和美国是一个靠个人奋斗立国的移民国家有关。非常能反映草根逆袭这个情节的动画影片中，不能不说到其中的典型代表——《功夫熊猫》系列电影。这部电影采用起初都不被看好的熊猫也可以在武术方面取得"成功"的草根逆袭故事为主线，中间还穿插着父子情、师徒情等能触碰到每一个人内心深处的发出共鸣的，深有同感的那些作为人的共性，再加上梦工厂精湛的三维动画技术，让《功夫熊猫》系列电影每次问世都能取得票房奇迹，如图12-13所示。

图12-13

功夫熊猫这个故事本身其实就是一个美国年轻人来中国学习武术的奇遇记加传统的邵氏和成龙早期电影的经典桥段的组合，故事并不算新颖，但是梦工厂居然选择了熊猫这种看起来怎么也无法让人联想到武林高手的胖乎乎圆滚滚的动物作为这个故事的主人公，真是让人难以置信，正如影片里当乌龟大师指派熊猫阿宝去当神龙大侠的时候熊猫阿宝自己也难以相信这是真的一样，如图12-14所示。

图12-14

除了熊猫阿宝以外，对"神龙大侠"最有利的竞争者是从小一直跟随松鼠师父训练的"神奇五侠"，里面有老虎、螳螂、仙鹤、蛇和猴子。这五个动物不管哪个都具备天生成为武林高手的先天性优势，对熊猫阿宝来说只有羡慕崇拜的份儿，根本没有任何指望可以有朝一日成为"神龙大侠"，但是神奇的乌龟大师却坚定地认为熊猫阿宝是命中注定的"神龙大侠"，这个任命让阿宝不得不面对艰苦的训练，不断遭受松鼠师傅和四个徒儿的排挤，最终还要面对和邪恶太郎豹子的决战，如图12-15所示。

图12-15

这样的命运要求阿宝具备怎样的角色表现风格呢？可别忘了它可是一只胖熊猫啊。正是这只胖熊猫在各种艰难困苦面前展现了其独有的厚脸皮加自我鼓励的"正面阿Q精神"，闯过一关又一关，最后终于悟到了"神龙秘籍"的真谛。很有意思的是给阿宝配音的演员也选得很好，杰克·布莱克的个性演绎正好诠释了阿宝的这种个性，让观众观影的时候一方面处处为熊猫捏了把汗，同时又知道在生活中像熊猫阿宝这样性格作风的人是一定可以度过各种麻烦的，如图12-16所示。

图12-16

像"神奇五侠"这样的天生就具备成功条件的人的成功并不会吸引什么关注，而一个根本没有任何成功机会的人的成功才是吸引观众眼球的。揪住观众情绪的法宝。好莱坞深谙这个道理，干脆来了一个极端的，用熊猫来当功夫高手，让阿宝承载大部分草根的心，凭着简单、善良和各种厚脸皮的永不放弃在实现梦想的道路上越走越宽广。

12.2 角色风格的分类

本节主要通过五种风格：写实风格、漫画风格、可爱风格、形式感风格、抽象实验风格来展示角色创作的风格种类。这些种类就像电影有动作片、感情片、风光片等一样，都是满足观众不同审美和视觉需求而应运而生的。通过本节的学习，读者可以在创作角色的时候有比较多的风格的审美能力和借鉴。

写实风格

写实风格是最依赖科学技术在硬件和软件上的发展的，这是因为越是写实的风格，画面中所包含的细节信息就越多，如果没有可靠的软硬件技术的支持，以及不断对于真实细节的刻画和模拟，否则都是难以做到的。

1987年陆续推出的《忍者神龟》动画连续剧，当时的神龟们的形象还是属于卡通风格的，与1984年发行的漫画中的角色风格是一致的。但是在2015年的真人版电影中，神龟们的形象已经变成非常写实的风格了。不过这种高度写实的风格并不是突然之间变成这样的，而是经历了很长时间逐渐变成2015年版的那种写实还带有点黑暗的风格，如图12-17所示。

图12-17

在30多年的变迁中，神龟们变得越来越酷，越来越狠，这就需要在角色风格的刻画上更加逼真，让肌肉、表情和打斗时的各种特效更加真实。这种变化与神龟的"忍者"身份是分不开的，既然是忍者，那最主要的工作就是去战斗、去突袭，最后消灭邪恶力量。虽然从1987~2015年神龟们都是插科打诨、善于贫嘴的家伙，但是从角色风格变得越来越写实这个事实来看，市场的观影偏好却是更看重它们的战斗力，如图12-18所示。

图12-18

从三维动画的技术上来看，实现写实化的角色表现风格并不是什么困难的事情，或者说三维动画科技的诞生就是为解决如何拟真的问题。当今的三维动画技术从建模到动画均有一套完整的科技设备来辅助，从三维立体扫描建模到动态捕捉去制作与真人动作完全一致的三维动画和表情等，样样俱全，可以说只有想不到，没有做不到，如图12-19所示。

图12-19

　　2015年处于科技更发达阶段的《忍者神龟》与处于科技相对落后期的2009年的《阿凡达》相比较，二者均采用了最写实的角色表现风格，但是从市场实践来看，前者全球票房只有4亿美元，而后者全球票房高达27亿美元。口碑方面也是一样，《忍者神龟》的观影满意度很低，很多人抱怨最值得期待的决战环节也不够精彩；而《阿凡达》为观众提供了如其名字一样神秘的新视角，关爱环境保护的立意，加上很多富有想象力的创意让很多观众看了一遍还要看一遍，如图12-20所示。

图12-20

　　从同样是写实角色风格的《忍者神龟》和《阿凡达》的市场实践来看，一个角色风格的写实程度再高也只是一部电影的一个元素，如果这些元素搭配起来没有什么新意的话，市场的反应也是不会有什么惊喜的。4亿美元的票房是对《忍者神龟》高度写实技术的认可，而27亿美元的票房则是对《阿凡达》在电影工业和电影构思上有实质性创新的奖励，如图12-21所示。

图12-21

漫画型风格

　　漫画型的风格可以说是最不依赖技术的，这种风格最考验的是创意的能力，结合漫画特有的夸张、讽刺和幽默的特点把角色的性格展现得淋漓尽致。

　　电影《加菲猫》中的传奇胖猫Garfield【加菲】是来自1978年开始连载的漫画《加菲猫》中的角色。这款胖猫的角色从报纸漫画，到电视动画，最后到大银幕的角色风格都是一脉相承的卡通漫画型。这种类型的角色风格对于像"加菲"这样一只骄傲、懒惰、爱吃、爱捉弄狗、虚荣、自恋也有点责任感，可爱加点笨拙等，这么多特点于一身的猫来说，最适合它的呈现风格就是漫画型风格了，如图12-22所示。

图12-22

　　因为漫画风格可以最大化地夸张对象的特点，将对象在相貌和性格中的优点和缺点都夸张地暴露出来，就像传统的漫画都是用简单和夸张的表现风格来象征和暗示一些意味，取得讽刺或者歌颂的效果。这种表现风格有很强的娱乐性，也有一定的社会意义，如图12-23所示。

图12-23

　　而对《加菲猫》来说，在电影中保留漫画的造型风格是最好的娱乐搞笑的方式，因为这只猫不仅仅是一只宠物，它还总是扮演着事情发展的导火索和助推剂的作用，这样的一只猫怎么能不长得很特别呢？相比较同样是一只以猫为动画片主角的，来自日本藤子不二雄的《机器猫》同样也采用了漫画的风格，不论是在早期的连载漫画书中，还是在后来各种二维、三维的电影版中，机器猫和它的朋友们始终都是以非常简单的漫画风格出现，在让观众继承漫画和电视动画片的情感延续上起到了重要作用以外，《机器猫》的制胜法宝主要是以奇思妙想的情节来吸引观众，如图12-24所示。

图12-24

　　机器猫肚子上的万能小口袋里总能拿出一些来自未来的高科技工具，像照一下就可以让人缩小的缩小枪，可以到过去和未来的时光隧道，顶在头上就可以自由飞翔的竹蜻蜓等，这些奇思妙想的小工具彻底捕获了大人和小孩的心。谁没有在遇到困难的时候幻想一下有个什么小东西就可以让困难迎刃而解了呢？其角色表现方式与其动画片的诙谐、奇思的风格相得益彰，非常统一，真的很难想象这样的剧情配上一只写实风格的机器猫会是什么效果。2015年《多拉A梦 伴我同行》更是在国内掀起观影狂潮，在内地票房迅速突破4.5亿日元，在日本本土更是突破50亿日元，如图12-25所示。

图12-25

其实从三维制作技术难度上来说《加菲猫》的制作难度一定超过《机器猫》很多，比如要考虑三维制作的猫与真人之间的拍摄与合成的问题，猫的巨量毛发制作的逼真问题，还有神态上对加菲猫的那种独特性格的诠释都要拿捏到位等，都使其在制作难度上大大超过《机器猫》。《机器猫》虽然在制作技术上缺乏看点，但是它善于讲故事，很能唤起"80后""90后"观众对自己童年的回忆。所以最终在票房表现与受欢迎程度上远超了《加菲猫》，也印证了漫画型角色风格之所以寥寥数笔就可以连载几十年一直受欢迎的真正原因，是通过漫画风格的夸张以及对自己角色性格中优缺点的毫不掩饰，那种真实的情感深深地吸引了观众，伴我们同行，如图12-26所示。

图12-26

可爱型风格

曾几何时网络上开始风靡起"萌""萌化了"等表示可爱的词语，与之相伴也产生了一种新的角色表现风格——可爱型、萌型角色风格。这种词汇最早来自日本，对女孩子有"萝莉""御姐"等的称呼，对小男生会有"小正太"的叫法，在性格描述上可以称之为"天然呆""傲娇""傲沉""吃货"等这类非常网络化的新颖词汇。

这些角色往往都有非常单一性的性格属性，这与真实的人性是不一样的，也正是这种提炼以后的性格特质让这些角色更加独特，容易被人记住。这些日系角色从造型上往往都有着一对大眼睛，各色靓丽发型、大长腿、超短裙，要么系着围兜装扮成女仆或者少妇，激发男性看见这些角色以后的强烈保护欲和占有欲，这种欲望越强烈，这些卡通角色的可爱程度相对就越高，如图12-27所示。

图12-27

而欧美系的可爱型风格就完全走的是另一种路线了，25次荣膺美国电视界的最高奖项艾美奖的《辛普森一家》就是其中的典型代表。《辛普森一家》与日本动画的可爱型从角色的画面造型风格上来比较的话根本谈不上有什么可爱的，甚至多少还有点作践自己的画风。

拿这家人中的丈夫Homer来说吧，他是一个吃饭时张着嘴巴嚼东西，在低级酒吧里和流浪汉、醉鬼鬼混，用毛巾擤鼻涕，而且擤完鼻涕以后还把毛巾挂回去，用钥匙挠痒痒等各种不修边幅的粗线条脾气暴躁的老爸。但又是一个很有爱的老爸，曾经为了给女儿买只小马而没日没夜的工作，别人说他女儿丑的时候，他却说女儿很美丽等，如图12-28所示。

图12-28

　　欧美的"可爱"都是透过这样的一些和现实生活中一模一样的细节来刻画普通美国人的日常生活，然后通过这些真实得可爱的角色来对美国的文化与社会、种族问题，做人的条件和电视本身进行了幽默和嘲讽，讽刺性地勾勒出了普通美国人的生活方式。

　　说到《辛普森一家》的时候不得不提到同样是黄色的可爱型的著名角色——在《卑鄙的我》里面的捣蛋小黄人，它们调皮捣蛋的功力就像现实生活中3~4岁的顽皮小男孩一样令人头大，又忍俊不禁。别看小黄人在颜值上比辛普森一家要高多了，可是在角色的表现风格上却是有异曲同工之妙，都是通过有点"越线"的"类恶作剧"行为来刺激观众的感受，然后达到讽刺和搞笑的目的，这与日本系的可爱完全不同，如图12-29所示。

图12-29

　　欧美系的可爱型角色风格更加强调"真实而可爱"，是一种不可掌控的自由真实状态，如果一个角色想得到渴望的结果，只有努力付出，并没有别的途径，这和现实的生活是一致的。而日本系的可爱风格，强调的则是一种虚构的"宅男文化"，让人有一种可以掌控别人的幻觉，一种非真实的，唯独掌控者是自在的不对称状态，与现实生活是不一致的，但也是人类需求的一种，如图12-30所示。

图12-30

形式感型风格

　　形式感型风格的角色是比较概括和归纳的艺术风格，但是又并不抽象，角色从造型到行为方式都好像被同一种化学元素感染过一样，就像一个模子里刻出来的，这种角色风格的重点不在于像什么，反而强调的是一种象征性和仪式感。

像源自丹麦的LEGO【乐高】玩具，它至今已有81年的历史，是一种"魔术"拼装玩具，并于2014年推出了乐高大电影The Lego Movie。大电影中的角色风格也是高度概括化的造型，与乐高玩具的艺术风格是一致的，都是很规则，很有秩序，像计算机程序一般精炼，乐高的玩具本身也是应用了这种经过提炼的趋于方形的形态作为了它的风格特征，然后用这种形式感征服了全世界的小朋友和大朋友。除了用趋于方形的形式感统一整部电影的画面风格，同时趋于方形的形式感也影响了每一个角色的性格，让整部电影沉浸在简单、天真和团队合作的奇思妙想之中，如图12-31所示。

图12-31

迪斯尼2016年推出的与热门手机游戏《愤怒的小鸟》同名的动画电影也是在角色风格上属于形式感很强的一部电影。《愤怒的小鸟》在作为手机游戏时就表现出来的善恶分明、有仇必报、勇敢无畏的性格都被简略概括地造型成了各种球形的鸟，当然它们的对头，那些总是在你失败的时候发出憨笑的猪也是球形的，与乐高的趋于方形正好相反，小鸟们全都趋于圆形，如图12-32所示。

图12-32

这种圆形的形状在游戏中表现得很实用，因为小鸟们勇敢地将自己化作弹弓弹射出去的炸弹，英勇地向偷走它们鸟蛋的绿猪们发起进攻。圆形更像炸弹，也更适合投掷，所以小鸟们的造型也当仁不让地都趋于圆形。这种角色风格在动画电影时也被保留了下来，让这部《愤怒的小鸟》的动画电影能在角色风格上与另一部由20世纪福克斯出品，蓝天工作室制作的，也是讲述以鸟儿为主人公的三维动画电影《里约大冒险》可以做出明显的区分，对后续的商业营销是很有帮助的，如图12-33所示。

图12-33

抽象实验型风格

抽象实验型的风格有点像哲学，比如一些生活中偶然发现的值得记录下来之后，通过动画的形式表达出来给更多的人观看，以此来吸取和学习动画内的精神与经验教训，这类动画风格是和动画表现的技法相关的，由于这类动画处于试验阶段，所以在角色的造型和质感上通常都是采用比较抽象的样子，让观众一眼就能看出这个角色的心理状态，同时也是给制作降低难度。

1990年奥斯卡获奖的德国动画短片《平衡》里面的人物造型就是一种抽象实验型的风格，人物的面部形象非常古怪，一点也不美观，还多少有点病态，但是这种病态的角色风格却很适合《平衡》这部片子要讲的哲学内涵，如图12-34所示。

图12-34

　　《平衡》说的是一开始大家相安无事，后来有人挪了挪地方以后，平衡被破坏了，同时大家会自动调整继续保持所在平面的平衡，直到后来出现了一个可能是代表"利益"的盒子的出现，造成了人性上的困难，然后大家由于争夺这个"利益"而纷纷落下平面，当把争夺"利益"的对手全都消灭光了以后，最后剩下的这个人发现他与这个盒子"利益"却处在了平面的两极上，为了保持最后的平衡而动弹不得，"利益"也只能望梅止渴了，如图12-35所示。

图12-35

　　里面关于深思的哲学寓意有很多，其中关于人性中对利益的贪婪和共赢合作才是最好的解决方案等哲学寓意，通过一种动画的表现方式来表达，在当时确实令人耳目一新。

　　Nata Metlukh 是一名来自美国旧金山的插画师，他非常善于用抽象和富有想象力的画风去揭露和讽刺一些日常生活中的人性的小细节，当年大学毕业的作品《恐惧》就是一部非常有意思的作品，能把恐惧描绘成身边带着的小宠物的尺寸。其实它又是由一团乱七八糟的线组成的，不发作的时候很小，几乎看不见，但是一旦发作就会变得不可收拾，这种如影随形的小东西就是Nata Metlukh要通过抽象动画的方式指示给大家看的，人们平时可能不太会注意的一些它们存在的"证据"，如图12-36所示。

图12-36

　　最后还是把观众带回到相对积极乐观的维度，动画中恐惧这个小怪物有时也能救命。因为恐惧，所以才不去做一些比较冒险的事情，如图12-37所示。

图12-37

　　用抽象线团组成的"小宠物"来表现"恐惧"说说是很容易的，而且想到用这样的方式来表现没有具体形态的抽象概念也非常有创意，这部作品的成功证明了一个正确的创意99%来自平时对这种心理现象的细心观察和体会，剩下的1%才是拍脑袋的灵感一闪。

第 **13** 章

精简角色动画应用

本章内容

◆ 了解精简角色动画的应用与制作

本章主要介绍了一个以精简的三维卡通小人作为实验对象进行精简类角色动画制作的实例。精简的角色在日常的文稿演示、教学演示中经常会应用到，比如网络和PPT中常见的白色小人形象就是一个典型的精简角色的动画应用，还有在学校的三维教学中也会经常使用这类精简角色，因为这样的角色表面没有复杂的模型结构，也没有复杂多变的贴图材质，对初学者来说看上去一目了然，非常清晰、醒目，能单纯、准确地传递动画演示和教学的目标给学习者。对长期从事动画工作的资深动画创作人员来说，这样的精简角色也可以为各种动作的研究和探讨提供一个简单的测试型的角色，让创作者可以离开日常工作的紧张压力，以一种实验性的心态坐在电脑前。对这样的精简角色进行动画技术研究时所使用的骨骼动画的技术是Biped【两足动物】骨骼。

接下来，将通过一个全身简化到只有四肢和圆形头部的白色PPT小人的动画制作，来展示这种精简角色在动画制作时的一些特点，如图13-1所示。

STEP 01 观察和分析白色小人的形态、布线、骨骼和蒙皮的情况。在3ds Max透视图中央位置可以看到有一个没有眼睛、鼻子、耳朵，没有衣着，没有贴图的白色精简角色，如图13-2所示。

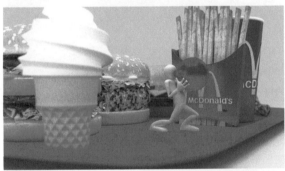

图13-1

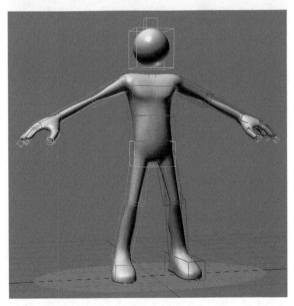

图13-2

选择Bip001 Pelvis【胯部】的骨骼，来到【运动面板】 中，可以观察到它的身体是采用3ds Max的Biped【两足生物】骨骼系统进行绑定的，如图13-3所示。

蒙皮采用的是3ds Max自带的传统Skin【蒙皮】，如图13-4所示。

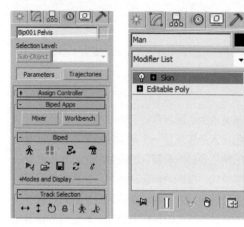

图13-3　　　　　图13-4

按键盘上的F4键，让视图呈边线模式显示，可以看到整个角色的网格布线均为四边面的标准布线，只有头部是有很多三角面，如图13-5所示。

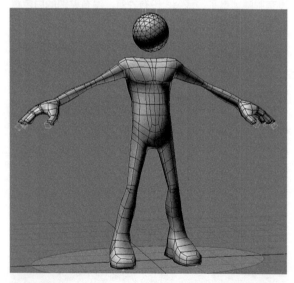

图13-5

不过由于头部模型与身体模型之间没有颈部的模型作为连接，所以头部的三角面布线不会对绑定产生什么不好的影响，如图13-6所示。

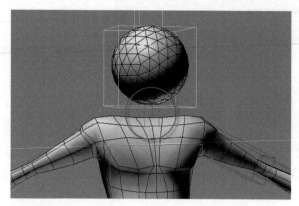

图13-6

作为一个没有五官、衣着也没有贴图的角色来说，它的动画表现达到吸引眼球的目的的话，就需要更加夸张一些，幅度更加大一些，整个的动画风格也更趋于一种试验动画的样式。

STEP 02 先来观察一下这个角色的下肢可以有多大的运动幅度。在视图中选择小人自身右边脚掌的骨骼，如图13-7所示。

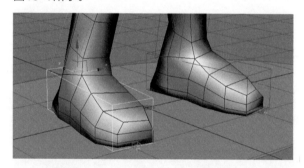

图13-7

然后在Biped【两足动物】的 【运动面板】的Key Info【帧信息】卷展栏里按下Set Planted【设置植根于地面的关键帧】 按钮，把这只脚牢牢地定在地面上，然后对左脚也做同样的操作，如图13-8所示。

图13-8

当脚部被锁定植根于地面的时候可以看到选择脚骨骼的时候，它上面的某个位置会出现一个红点，如图13-9所示。

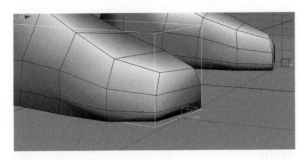

图13-9

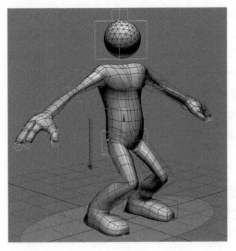

图13-12

　　同时可以观察到在关键帧栏里这个脚步的关键帧呈橘红色，橘红色的关键帧在Biped【两足动物】骨骼系统中的意思为此关键帧是锁定植根于地面或者上面地方，不可移动，如图13-10所示。

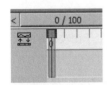

图13-10

知识提示： 这样两只脚都牢牢地钉在了地面上，这个操作其实就是把腿部的动画由FK【正向动力学】转化为IK【反向动力学】的过程。

STEP 03 继续在Biped【两足动物】运动面板中选择到Track Selection【行踪选择】卷展栏下的Body Vertical【身体纵向移动】⬍按钮，这时鼠标就自动选择到了Biped【两足动物】骨骼的重心物体，如图13-11所示。

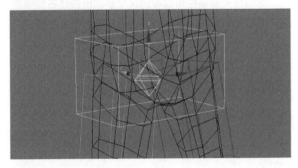

图13-11

STEP 04 拖曳这个重心物体向下，可以看到这个精简角色就随着鼠标的拖动产生了下蹲的动作，同时两只脚没有与地面发生穿插，说明两条腿正在进行IK【反向动力学】的运动，并且腿部的Skin【蒙皮】绑定效果良好，如图13-12所示。

知识提示： 与CAT骨骼不同，Biped【两足动物】的重心物体并不是其骨骼结构中的Pelvis【胯部】，而是一个位于Pelvis【胯部】内部中心的菱形物体，这个菱形物体其实就是Biped【两足动物】骨骼的一个总控。同时脚部与地面保持不穿插是这种精简角色动画非常重要的一环，因为它全身上下都没有特别吸引目光的细节，所以观众的视线是在它的身上上下来回扫动的，如果脚部在动画的时候会插入地面，哪怕只有一点点，也会很容易地被看的人观察到，也就是穿帮了。

STEP 05 接下来先把角色的重心位置恢复到起始位置，如图13-13所示。

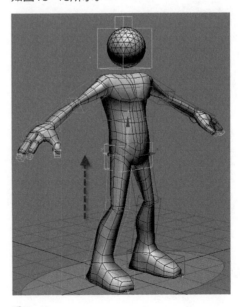

图13-13

然后给这个起始位置的重心设置关键帧，设置方法很简单，由于重心物体是在三维环境里有位移和旋转的，所以依次选择Body Horizontal【身体横向移动】↔、Body Vertical【身体纵向移动】↕和Body Rotation【身体旋转】按钮，如图13-14所示。

图13-14

并依次点击Key Info【帧信息】卷展栏里面的Set Key【设置帧】按钮给这三个移动旋转方式添加关键帧，如图13-15所示。

图13-15

知识提示： *之所以要给重心物体打上位移和旋转的关键帧是因为在后面的动画调整中难免出错。如果出错了，可以简单地通过按住键盘上的Shift+鼠标左键拖曳前面设置过的关键帧复制到后面相应的地方去，这样后面的动画又会简单地恢复到起始状态。*

STEP 06 开始制作动画之前在3ds Max菜单栏将移动、旋转的坐标轴都改成Local【本地】坐标方式，如图13-16所示。

图13-16

技术提示： *在Biped【两足动物】骨骼中进行动画操作时，一定要把位移与旋转的轴向调至Local【本地】坐标系的状态，否则Biped【两足动物】骨骼无法产生正确的动画，特别是在旋转上。*

STEP 07 选中角色的右脚掌，如图13-17所示。

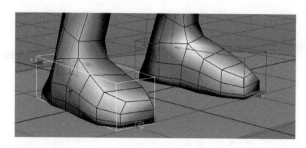

图13-17

把时间滑块拖至第5帧，如图13-18所示。

图13-18

将其沿着地面向后拖曳直到右腿处于比较绷直的状态为止，如图13-19所示。

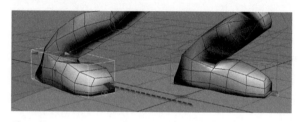

图13-19

STEP 08 右脚拖动到合适的位置后，再在Biped【两足动物】运动面板中的Key Info【帧信息】卷展栏中点击Set Sliding【设置滑动帧】按钮，赋予这个位于第5帧的新关键帧以一个滑动帧，如图13-20所示。

这时在关键帧栏可以看到这个移动出去让右腿绷直的关键帧呈现黄色，黄色表示这个关键帧不会让脚穿过地面，它是锁定在地面上的，但同时也是可以移动的，如图13-21所示。

图13-20

图13-21

知识提示： *前面提到精简角色身上没有特别吸引视线注视的细节，全身都会受到观看者视线的上下来回不断的扫视，所以不容许有半点穿帮的情况存在，当拖动右脚向后移动被记录成动画的时候，最好的办法是通过滑动*

IK【反向动力学】按钮，让脚部在保持不穿帮的锁死在地面的同时，还能进行水平的滑动动作。当滑动帧被设置后可以看到完全锁死于地面的第一帧的颜色为橘红色，而滑动帧的颜色为柠檬黄色。

STEP 09 选择Biped【两足动物】的重心Bip001物体，将整个精简角色往下拖曳，让角色呈现一个后弓步的状态，如图13-22所示。

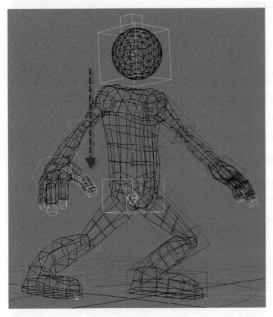

图13-22

STEP 10 选择Biped【两足动物】骨骼的Bip001 Spine【第一块脊椎】，如图13-23所示。

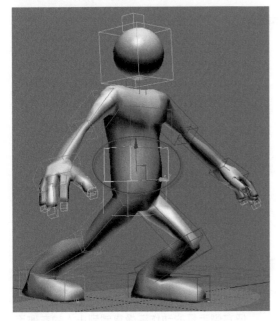

图13-23

来到它的【运动面板】，在第0帧的时候给这个脊椎添加一个关键帧（通过Key Info 卷展栏中的Set Key按钮实现），如图13-24所示。

STEP 11 点开Bend Links【弯曲链接】卷展栏，单击Bend Links Mode【脊椎弯曲模式】按钮，如图13-25所示。

 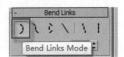

图13-24　　　　　　　　　　图13-25

知识提示： 这个按钮的作用是当旋转第一块脊椎物体的时候，整条脊椎都会跟随这个第一块脊椎产生合适的弯曲角度，有了这个按钮也就不用手动一块块脊椎去旋转了。

STEP 12 在Bend Links Mode【脊椎弯曲模式】按钮开启的情况下，将时间滑块拖动到第5帧，向后（逆时针）旋转第一块脊椎，让角色呈现一个后仰的趋势，如图13-26所示。

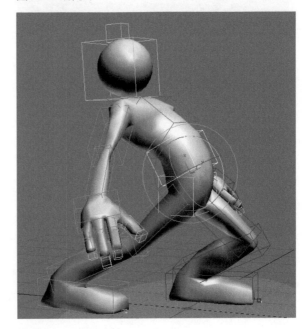

图13-26

调节头颈部的骨骼，让角色的头部也向后仰，如图13-27所示。

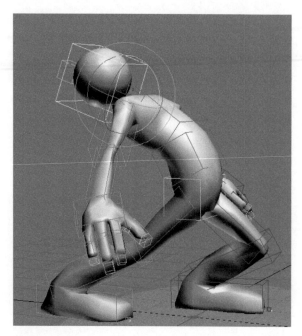

图13-27

图13-29

STEP 13 将时间滑块拖回第0帧，双击小人自身右手臂的最后一块骨骼，也就是最靠近锁骨的手臂骨骼，这时整一条手臂都会被选中，包括手指上的骨骼，如图13-28所示。

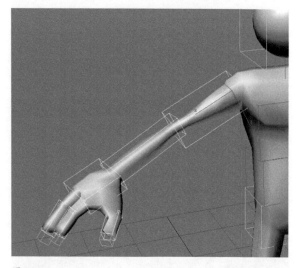

图13-28

技术提示： 这是因为在3ds Max系统里面，只要双击父物体，子物体都会被选中。

STEP 14 然后再在运动面板的Key Info【帧信息】卷展栏下单击Set Key【设置帧】按钮即可，给角色的手臂上的每一块骨骼都在第0帧添加一个默认的灰色关键帧，如图13-29所示。

知识提示： 由于手臂不需要做任何关于IK【反向动力学】的运动，所以只要设置一个基本的关键帧即可，对另一条手臂也做同样的操作。

STEP 15 然后将时间滑块拖至第5帧，在手臂的旋转轴向都处于Local【本地】轴向和动画记录扭Auto Key【自动关键帧】处于打开的情况下，通过旋转工具，将角色的右手臂向后展开，让角色呈现出一种蓄力去拥抱阳光的一种准备状态，如图13-30所示。

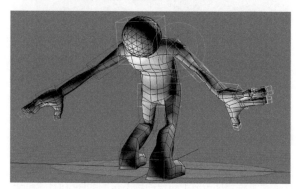

图13-30

技术提示： 在动画记录扭Auto Key【自动关键帧】处于打开的情况下旋转手臂的话，系统会自动为手臂生成灰色的默认关键帧，对于这种不需要锁定的关键帧来说打开Auto Key【自动关键帧】和在Key Info【关键点】卷展栏下的Set Key【建立关键帧】的按钮的功能是一样的，如图13-31所示。

图13-31

STEP 16 把右侧手臂的动作镜像复制到小人的左侧手

臂上。选择整条右手手臂，在运动面板的Copy/Paste
【复制/粘贴】卷展栏下单击Create Collection【创建
集合】按钮 ✳（因为只有创建了集合才能进行复制粘贴
的操作），如图13-32所示。

STEP 17 点击Copy Posture【复制姿态】按钮 ☑，如
图13-33所示。

图13-32

图13-33

这时在Copied Postures【拷贝姿态】对话框中会出
现以红色高亮显示的被复制的肢体，如图13-34所示。

STEP 18 单击Paste Posture Opposite【镜像粘贴姿
态】按钮 ☑，如图13-35所示。

图13-34

图13-35

这时位于第5帧时的整条右臂的动作关键帧就会镜
像复制到角色的左臂上，使左右两边保持完美的对称，
如图13-36所示。

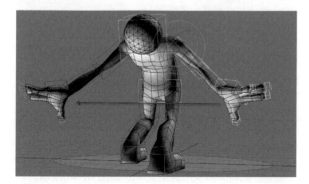
图13-36

STEP 19 然后将时间滑块拖动到第15帧，给这个角色

在完成了张开双臂的动作以后，一个10帧的缓冲时
间，如图13-37所示。

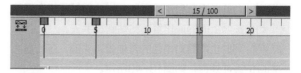
图13-37

知识提示：凡是角色的动画，都是会有缓冲时间的，这
是由于重力加速度和肉体本身的弹性两方面
造成的，作为一个优秀的角色动画来说这种
缓冲时间是必需的。

STEP 20 虽然10帧的时间并不长，但是为了加强这种
缓冲的效果需要对角色的手掌和手指有一定的动画，双
击角色右手的手掌骨骼后，整个右手手掌和手指的父子
物体都被选择，如图13-38所示。

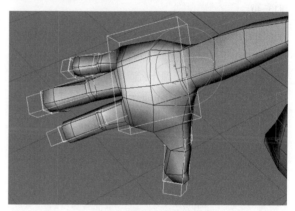
图13-38

这时选择【旋转工具】☑对其做一个逆时针的适度
旋转，这样手掌和手指会有一定的合拢的动作出现，如
图13-39所示。

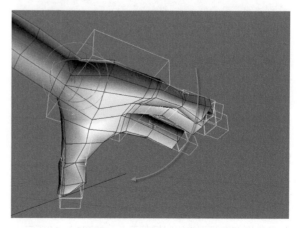
图13-39

与前面的手掌和手指伸展的动作对比起来会产生一个手掌和手指在缓冲阶段时舒张的效果，就像它们是受到了缓冲力的影响在自由地晃动一样，然后再将右手的这个动画按照上面的操作复制粘贴到左手去。

STEP 21 同时也需要对角色的脊椎骨和头部，还有重心做相应的缓冲处理，如图13-40所示。

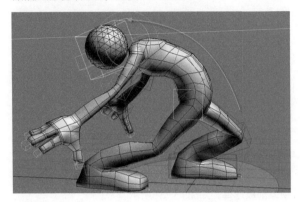

图13-40

STEP 22 精简角色动画最显著的动画风格就是实验型的动画风格，所以一方面动作往往都比较夸张和匪夷所思，另一方面如果要出现什么道具的话也是不拘一格的精简。这里给这个角色提供了一个红色的球作为其"拥抱太阳"这个动作的最终目标物体，如图13-41所示。

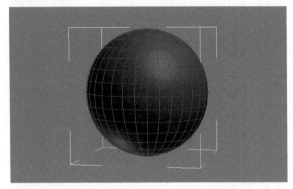

图13-41

STEP 23 同样也为这个球做一个简单的坠落动画，打开Auto Key【自动关键帧】按钮，把时间滑块拖动到第10帧的位置，如图13-42所示。

图13-42

让红球在第0帧到第10帧的时候做下落动作（也就是角色后仰弯腰下去的时候落下），如图13-43所示。

图13-43

STEP 24 把时间滑块拖到第13帧，如图13-44所示。

图13-44

在第10帧到第13帧继续做落下的动作，来表现红球自身重力加速度对它下落的影响，如图13-45所示。

图13-45

STEP 25 把时间滑块拖到第15帧，如图13-46所示。

图13-46

在第13帧到第15帧的时候稍微把红球拉起一些，如图13-47所示。

图13-47

知识提示： 之所以要在第13帧到第15帧的时候把红球再少许拉起一些是因为这是一个实验性的动画，也是一个比较卡通的动画，所以里面的角色和物体在动画的时候需要处理得稍微卡通一点，虽然按常理来说这个红球下落以后除了重力加速度以外，空气阻力应该不至于对它产生上浮的作用，但是作为卡通表现来说，这个红球在接近角色肚子的时候可以感受这个肚子的存在而有一个上浮的动作。

STEP 26 将时间滑块拖动到第23帧，给角色前仰去保住红球留出8帧的运动时间，如图13-48所示。

图13-48

STEP 27 然后将这8帧分为两半来考虑，前4帧为手掌带动前臂和上臂的动作，使用旋转工具旋转角色的上臂、前臂和手掌，最后是每个手指的骨骼，先让角色在第19帧，也就是用4帧的时间把它的手臂运动到从第15帧开始的手掌位置到离最后碰到球的距离上的一个中间的位置，如图13-49所示。

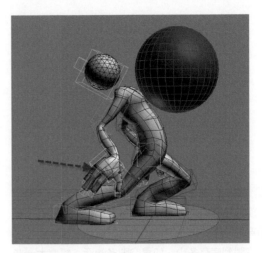

图13-49

STEP 28 后4帧为手掌去抱住球的动作，如图13-50所示。

图13-50

在操作上也是通过旋转工具去旋转角色的上臂、前臂和手掌，最后是每个手指的骨骼，让角色和红球来一个亲密接触，如图13-51所示。

图13-51

知识提示： 让角色双手抱住这个球的动画制作，就好像它得到了一个宝贝一样，但是由于精简角色的手一般比较大，所以如果这个拥抱球的动作过于迅速的话，"大手"会牵引走观众的视线，而看不见与手连贯的前臂和上臂的运动，会让整个抱住球的动作显得过于急促，而让观众看清上臂和前臂的动作有利于舒缓这种急促的效果。这样分解了以后，就强化了前臂和上臂在这个抱球的运动中所承担的作用，这也是像小白人这种精简角色通常会遇到的问题。

STEP 29 最后，制作角色手掌抱住球的动作，使用旋转工具去旋转角色的脊椎和重心，这些部位都需要做一定的向前弯曲动作，这个弯曲旋转的幅度取决于角色与球之间的空隙到底有多少，如果空隙多的话，幅度大一些也未尝不可，如图13-52所示。

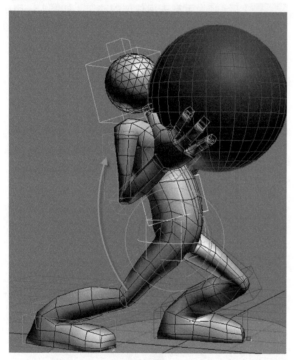

图13-52

STEP 30 在角色的手抱住球的那一帧需要将手设置为滑动锁定帧，先从角色的右手开始。设置完成后手掌会有一个红色的小点，如图13-53所示。

也就是在Key Info【关键点】卷展栏里面为这一帧的手掌点击Set Sliding Key【设置滑动帧】按钮 ，如图13-54所示。

使用上面学过的镜像功能，把右手的姿态镜像复制到左手的手掌上。可以看到在关键帧栏里，这个滑动关键帧呈柠檬黄色，如图13-55所示。

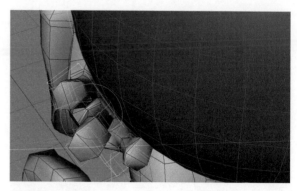

图13-53

图13-54

图13-55

STEP 31 将时间滑块拖至第50帧，如图13-56所示。

图13-56

两只手都锁定在球上之后，给角色的脊椎和重心一个顺时针的缓慢向后（逆时针）的旋转，让角色逐渐靠近球，给角色一个27帧长度的端详球的时间，对于整个动画的完整性有帮助，也有助于观众逐渐了解到这个动画已经完成，如图13-57所示。

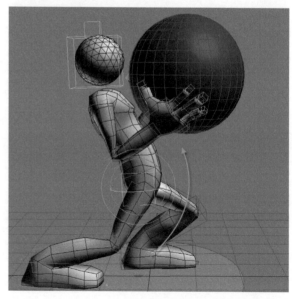

图13-57

第 **14** 章

夸张角色动画应用

本章内容

◆ 动作1——Waiting【待机动作】的制作步骤
◆ 动作2——Attack【攻击】的制作步骤

　　本章主要以游戏中经常可以见到的夸张角色作为动画研习的对象，对其在动画时的动作特点与制作技巧进行了解析。所谓夸张角色一般是指那些在现实生活中本身不存在的，或与现实生活中本来存在的角色比较起来身体的某些部位的比例被夸大了，再或者本来是四足着地的动物，经过人为的改造，变成了站立行走的拟人化的角色等。通过本章节的学习，读者可以了解到在比例失调的情况下如何制作动画的一些技巧，这里使用的骨骼动画的技术是Biped【两足动物】骨骼。

　　在这些夸张角色中，最有代表性的角色之一是传说中的"狼人"，狼人是一个典型的由原本四足着地行走的动物，经过魔幻性质的各种夸张加工以后，将其演变成了一种在月圆之夜会变身为人与狼结合体的暴虐怪物，狼人也是西方神秘文化中最热门的话题之一，在众多影视及游戏作品当中，都有狼人的身影，其形象往往是残忍、嗜血的屠夫和忠诚、勇猛的战士两者的结合。本案例使用在各种网络游戏中都会经常出镜的狼人作为动画研究对象来进行讲解，如图14-1所示。

图14-1

14.1 动作1——Waiting【待机动作】的制作步骤

STEP 01 对狼人角色进行观察和分析。狼人在现实中并不存在，是经过人们发挥想象力加工而成的夸张角色，现在多应用于时下各种热门魔幻游戏中。在游戏中狼不仅可以夸张地变成人形，更可以夸张地改变其身体的各部分的比例关系，让狼人看起来更加具有魔幻色彩。在图中的狼人形象，上半身的比例结构被扩大，这样可以更好地佩戴人类的盔甲，让它的双肩更加宽阔，看起来更加强壮，同时还给它的两只爪子上添加了类似金刚狼一样的钢爪，增加其近身的攻击力，如图14-2所示。

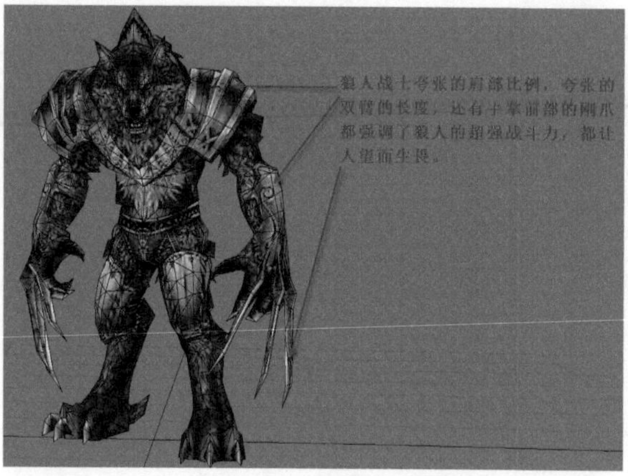
狼人战士夸张的肩部比例，夸张的双臂的长度，还有手掌前部的刚爪都强调了狼人的超强战斗力，都让人望而生畏。

图14-2

STEP 02 继续对狼人进行观察和分析。狼人后脖子上的鬃毛也被刻意的夸张出来，在造型上让这只充满战斗力的狼人战士更加有一种站在凛冽寒风中的萧瑟与沧桑感。值得注意的是在各种拟人化的夸张造型的调整中，这只狼人的腿部仍然保留了只有动物才会有的弯曲的腿部结构，虽然两条腿的与身体的比例关系已经被夸张成了人类的比例关系，但是保留下来的动物后腿的弯曲结构是老虎、狮子、狼、狗这些趾行类哺乳动物才会有的，如图14-3所示。

夸张的后脖颈上的鬃毛更能凸显狼人的沧桑感。
保留下来的趾行类动物特有的后腿弯曲结构强化了狼人体内人与狼的矛盾。

图14-3

知识提示： 这种腿部的弯曲结构是让这些动物的后腿以脚趾接触地面的一种行走方式，而不像人类，人类是全脚掌接触地面，这个区别是在这个狼人动画模型的各种夸张中保留下来的一个狼特有的细节，不过也正是因为这个细节的保留，也更加强化了这只狼人体内人与狼的矛盾，正如很多影视作品里狼人往往都是游走于人与狼矛盾中而痛苦万分一样，这种矛盾带来的痛苦有时也是狼人这种魔幻角色可以随时爆发出超强攻击力的一个原因。

STEP 03 开始为狼人制作吸气和吐气的待机动作选择狼人胯部骨骼中心的Bip01【重心】，作为整个待机循环动画的主控和首先被动画的物体，如图14-4所示。

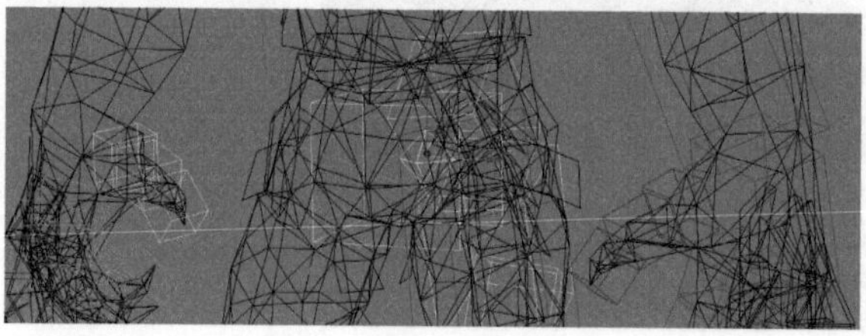

图14-4

知识提示： 在游戏中，狼人首先需要有一个标准的Waiting【待机动作】，这个动作是衔接狼人攻击、奔跑、躲闪等动作的待机状态，这个状态不可能是一个僵硬地矗立在原地的动作，为了增加角色的生动性，这个待机动作一定要制作出角色似乎在呼吸吐纳的样子。

STEP 04 将时间滑块拖至第25帧，预设第一个呼吸节奏为25帧，并打开Auto Key【自动关键帧】按钮，这段待机循环动画总长度暂定为50帧，如图14-5所示。

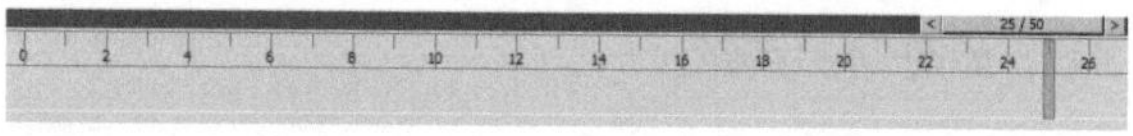

图14-5

STEP 05 拖动Bip01【重心】在第25帧处使用移动工具，在Local【自身】坐标系下沿着Z轴和X轴，也就是向下和向前的方向适度移动，便完成了一个吐气的动作，如图14-6所示。

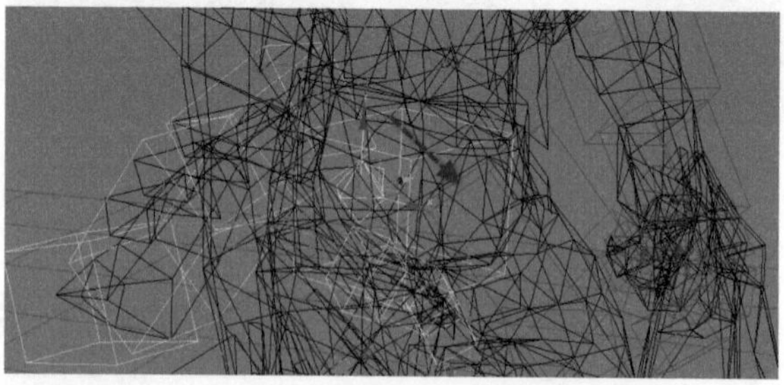

图14-6

技术提示： Bip01【重心】在第0帧处的初始高度设定为呼吸的“上浮吸入动作”，这个动作可以和第50帧处的“上浮吸入动作”认定为同一个动作，可以通过复制同一个关键帧，以达到前后循环的效果。

STEP 06 选择狼人的脊椎骨的第一块骨骼，也就是最靠近Bip01 Pelvis【胯部重心骨骼】名字叫Bip01 Spine

的【第一块脊椎】，如图14-7所示。

来到【运动面板】 ，在Bend Links【弯曲链接】卷展栏中点击Bend Links Mode【弯曲链接模式】按钮，激活脊椎骨成可连续弯曲状态，如图14-8所示。

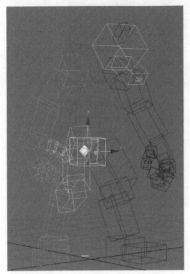

图14-7

图14-8

STEP 07 在第12帧和第25帧处使用旋转工具将Bip01 Spine【第一块脊椎】沿顺时针方向，如图14-9所示。

图14-9

向前适度旋转，以配合Bip01 Pelvis【胯部重心骨骼】的下沉动作，如图14-10所示。

STEP 08 在第10帧和第20帧处适度逆时针旋转Bip01 Neck【颈骨】，如图14-11所示。

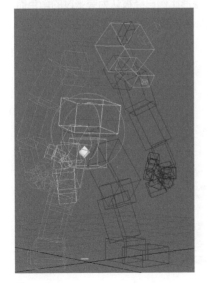

图14-10

图14-11

逆着Bip01 Pelvis【胯部重心骨骼】下沉动作的方向对Bip01 Neck【颈骨】做动画，如图14-12所示。

图14-12

知识提示： 脊椎动物的脊椎的整个链式结构到了颈部和头部的时候，也就是整个链式结构最末尾的地方，它的运动方式会和发力的地方比如Bip01 Pelvis【胯部重心骨骼】的运动方向相反，如果是颈部和头部发力的话，那到腰部会呈现一个反向的运动，这个动态就像蛇、尾巴等链式结构的骨骼运动一样，如果保持一致方向的运动就不会产生脊椎运动了，而是会变成一根棒子。

STEP 09 选择狼人的右上臂骨骼，使用旋转工具在第12帧和第27帧处任意适度旋转即可，如图14-13所示。

图14-13

因为手臂的旋转方向没有那么严格，如果非要严格来说的话，应该是在狼人动画处于从第0帧往第25帧进行吐气动作的时候，双臂应该向胸部的中心内旋转，以表达收缩的意思，如图14-14所示。

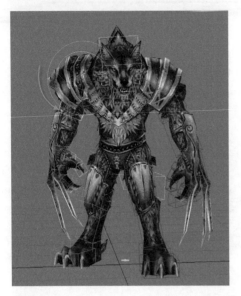

图14-14

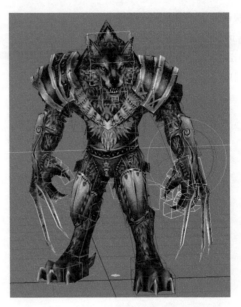

图14-15

STEP 10 接下来对狼人的另一只手臂、手指、两条腿，都要做配合全身运动的适度动作，都是使用旋转工具进行一些微弱的旋转调整，遵循吐气时"收缩"，呼气时"放开"的原则即可，如图14-15所示。

知识提示： 呼吸待机动作不可能只有Bip01【重心】有上下浮动的动作，应该对Biped【两足动物】骨骼的头部骨骼、手臂、手指骨骼、脊椎骨骼、胯部骨骼等也要进行一些循环动作的Key帧，让这只狼人产生一种原地站立喘着粗气的效果。

14.2 动作2——Attack【攻击】的制作步骤

在完成了狼人的Waiting【等待】动作后，还需要为这只狼人制作一个Attack【攻击】动作，这个动作也是游戏动画时和Waiting【等待】动作一样必备的一个基本动作。对于狼人这种身形比例已经被认为夸张过的角色而言，在制作它的Attack【攻击】动作时，需要注意这种身形比例被夸张以后带来的重心不稳头重脚轻的问题，如图14-16所示。

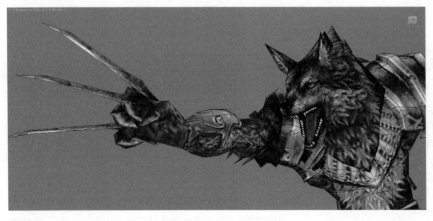

图14-16

STEP 01 观察和分析狼人的身形比例关系。它的上半身已经被刻意地夸张变得更加魁梧，还给它的双肩增添了盔甲护肩，然后还在手背上安装了钢爪，这样就进一步地加重了上半身的长度，让上半身和下肢的比例关系更加拉开，而狼人的武器又是延长出体外，装在肢体最外端的手背上的钢爪，这样一来如果进行钢爪攻击的时候，很可能会出现狼人整体重心不稳的情况，如图14-17所示。

图14-17

STEP 02 在第0帧的时候，如图14-18所示。

图14-18

选择狼人左脚脚掌骨骼Bip01 L Foot【左脚脚掌】骨骼，如图14-19所示。

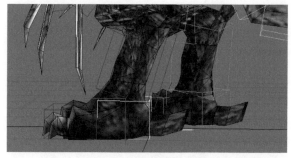

图14-19

在【运动面板】中的Key Info【帧信息】卷展栏下为狼人左脚脚掌骨骼打上一个滑动关键帧，如图14-20所示。

同时可以看到在时间滑块下，这个关键帧呈明黄色，表示这个关键帧是锁定于地表，但是可以贴着地表滑动的，如图14-21所示。

图14-20   图14-21

STEP 03 将时间滑块移动到第3帧，如图14-22所示。

保持选择狼人左脚脚掌骨骼Bip01 L Foot【左脚脚掌】，按住Shift+鼠标左键将其在第0帧的这个关键帧复制到第3帧来，如图14-23所示。

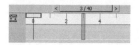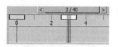

图14-22   图14-23

知识提示： 把第0帧的关键帧复制到第3帧来让狼人的左脚在前3帧的时候保持贴在地面不动，目的是为了后面脚移动的时候不至于从第0帧就开始移动了，脚部的移动一定是晚于Bip01【重心】的移动的。

STEP 04 保持时间滑块在第3帧，同时Auto Key【自动关键帧】处于打开状态，选择狼人的Bip01【重心】物体，如图14-24所示。

图14-24

使用移动工具，拖曳Bip01【重心】物体沿着其Local【自身坐标系】的Z轴和X轴向下，向后移动到合适的位置，给狼人在进攻前一个稍微下蹲的准备动作，如图14-25所示。

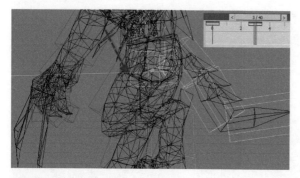

图14-25

STEP 05 将时间滑块拖动到第9帧，如图14-26所示。

图14-26

选择狼人Bip01 L Foot【左脚脚掌】骨骼，如图14-27所示。

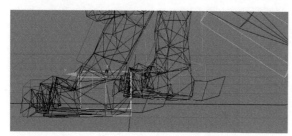

图14-27

将Bip01 L Foot【左脚脚掌】骨骼沿着View【视图】坐标系的Y轴方向向前移动适度距离，如图14-28所示。

图14-28

知识提示： 这步的移动是为了后面制作狼人手臂挥舞钢叉攻击造成其自身重心改变后，需要有一个新的脚步支点，做的一个前期的准备。

STEP 06 与之前已经设置了关键帧的重心和脚掌骨骼一样，Bip01 Spine【脊椎骨】也是需要在第0帧和第3帧的时候制作一些配合移动的关键帧的。这些动作都使用旋转工具在运动面板的Bend Links【弯曲链接】卷展栏下的Bend Links Mode【弯曲链接模式】开启的状态下做一些适度的配合旋转即可（身体其余部位像手臂、尾巴、头等骨骼也需要做一定的配合动作，幅度不用大，适度即可。），如图14-29所示。

图14-29

STEP 07 保持之前的设置，将时间滑块拖至第9帧，如图14-30所示。

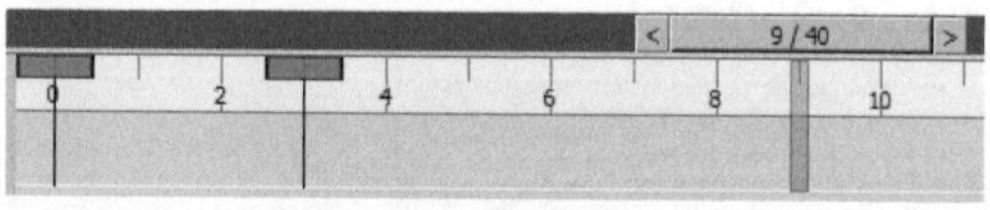

图14-30

在Local【自身坐标系】下旋转Bip01 Spine【脊椎】让狼人的腰和胸都直起来向后弯曲（这是狼人向前攻击时必备的准备动作），如图14-31所示。

图14-31

然后可以看到在第9帧出现一个新的灰色关键帧，这个帧就是狼人直起腰的关键帧，如图14-32所示。

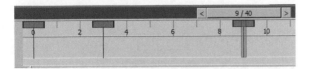

图14-32

STEP 08 在第6帧的时候使用旋转工具在Local【自身坐标系】下旋转狼人右手负责攻击手臂的上臂和前臂，让它的右手向它的身后挥去，这个动作是一个它攻击前的蓄力和准备的动作，旋转的幅度可以尽量地大一些，让它的手臂可以尽量地伸展开，如图14-33所示。

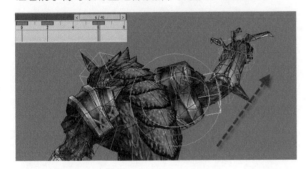

图14-33

STEP 09 在之前狼人直起腰的攻击前准备动作第9帧处，将狼人的手臂的上臂和前臂使用旋转工具都微弱地制作一些旋转，让手臂配合上整体身体的动态即可，如图14-34所示。

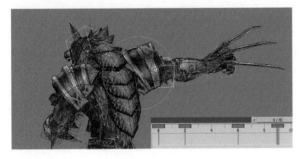

图14-34

STEP 10 在第14帧的时候使用移动工具将狼人的Bip01【重心】物体沿着其Local【自身坐标系】的X轴、Z轴方向向前向下移动一个合适的位置，这个位置要能凸显出狼人攻击的力度，所以要移动到狼人的两个膝盖呈现90°的弯曲为好，如图14-35所示。

STEP 11 同样在第14帧的时候把Bip01 Spine【脊椎】骨骼也要使用旋转工具沿着其Local【自身坐标系】的Z轴向前做一定的旋转，旋转的幅度以配合之前狼人已

经迈出的左脚所形成的新的重心不会倒下为准，如图14-36所示。

图14-35

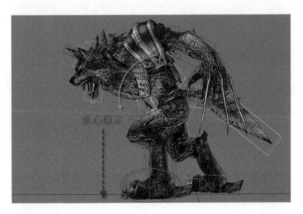

图14-36

STEP 12 在第13帧的位置将狼人的手臂的上臂和前臂都旋转到身体前方合适的位置，这个位置以它的手臂可以尽量地向前伸展为准，如图14-37所示。

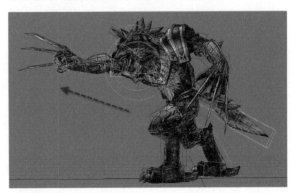

图14-37

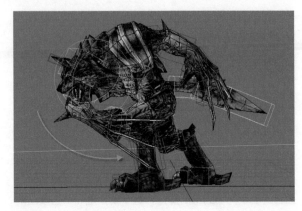

STEP 13 由于狼人的手掌上有更长的钢爪，一味地向前伸展的话可能会造成重心不稳的情况，所以在第16帧的时候需要使用旋转工具让狼人攻击出去的钢爪向内兜回来，一方面可以强化攻击不是一个"刺"，而是一个"爪"的特点，这个特点更符合狼人凶残的个性，另一方面钢爪向内兜回来也可以使狼人整体的重心保持平衡，毕竟它是一个身体比例夸张的角色，攻击动作过度的话会造成重心不稳的问题，如图14-38所示。

知识提示： 遇到这类身形比例夸张的角色动作时，一定要注意由于比例夸张所带来的重心不稳的情况，为了避免这种情况的出现，需要在做动画的时候做一些变通，而不能死板地该怎么样就怎么样。

图14-38

第15章

准确角色动画应用

本章内容
◆ 了解准确角色动画的应用与制作

本章主要介绍了在影视动画和高级游戏中，准确类型的角色在动画上的特点和注意事项。

所谓准确角色就是指角色的身形比例都是以真实的人物或者动物的形构建而成的，由于从解剖学和人机工程上的内外结构与真实的人物一致，所以不论是从材质、照明、衣着饰物，还是从动作都需要呈现真实的样子才能符合真实的角色模型。这样的准确角色经常应用在高级别的影视动画里，随着计算机软硬件技术的进步，现在也能将这样的准确角色应用于计算机游戏中，为玩家提供真实的视觉享受，如图15-1所示。

图15-1

① 观察和分析准确角色的特点。从图中的这个准确角色可以看到这是一个有着嘻哈风格发型和饰物的青年男子，从脸部特征可以看出他是一个有着非洲裔血统的人，在美国这样的人确实与嘻哈和Hiphop这样的文化很融合，嘻哈也好，Hiphop也好都是美国的街头文化，这种文化在放荡不羁追求自由和自我表现的同时还会带有一些暴力倾向，所以影视和游戏作品中这样的角色经常会通过衣着服饰暗示或者表达出他们是一群"能征善战"的人，一些影视和游戏中，还会以这样的人的出身背景和经历来塑造一个草根逆袭的励志故事，如图15-2所示。

图15-2

② 通过服饰挂件的搭配来展现角色的精神气质。为了凸显角色与众不同的个性，一般都会添加一些符合这种精神气质的衣着和装饰物，也就是衣着和饰物必须与角色的精神气质相配合。在这个准确角色的场景中，这个角色脖子上有一个类似子弹的挂坠，内穿紧身黑背心，显得非常的彪悍、勇猛。作为重要的游戏角色，他还必须有一股英雄气，最佳表达这种英雄气的方式就是给他添加一件大衣，这样就衬托出他的气度不凡，如图15-3所示。

图15-3

⑬ 一个角色的战斗力该如何从外表来体现呢？在图中可以看到，通过给角色的双手带上黑色半截手套，再在手臂部分缠绕上白色的布条，如图15-4所示。

图15-4

④ 准确角色之所以是准确的就是从每一个细节的设计开始都是有据可循的，不是天马行空胡思乱想随便设计的。在角色的腿部装饰和靴子上，也是采取了符合其彪悍和战斗风格的靴子，靴子上有宽大的皮带用来固定，可以看到靴子帮的高度和鞋面部分的长度与日常生活中真实的靴子或者鞋子的经验尺寸都是一致的，这也是准确角色在进行艺术处理时要遵循的原则，如图15-5所示。

图15-5

⑤ 在3ds Max选择种类的设置菜单下选择Bone【骨骼】，如图15-6所示。

然后全选角色身上的所有骨骼，如图15-7所示。

图15-6　　　　图15-7

这时，在关键帧栏中可以看到这个角色全身的骨骼关键帧居然在32帧的动画范围内保持着每隔一帧都有一个关键帧的设置，如图15-8所示。

图15-8

这种设置就是典型的非手动设置的关键帧动画，这是一个典型的使用了运动捕捉器的动画效果，动画师手动设置关键帧时绝对做不到每隔一帧都有关键帧的动画设置的。

知识提示： 作为一个准确角色来说，其运动的时候就要保持与真人运动幅度的完全一致，在准确角色的动画制作时一般留给动画创作者自由发挥进行夸张表现的空间并不大，这与夸张角色有着很大的不同。而且在游戏和影视制作的时候，在这种有准确角色出场的时候，其动作基本都是通过动作捕捉设备来录取的，而非通过动画师的手动设置关键帧的方式来获得，因为角色模型不论从长相、比例到衣着都是与日常生活经验中遇到的人完全一致，如果在动画的时候没能设置出与真实情况一致的动作，观众和玩家的眼睛会立马发现其中的问题。

《最终幻想》系列通过运动捕捉形成动画的游戏和电影就是这类准确角色实际应用的典型代表，如图15-9所示。

图15-9

帧与帧之间的间隔都是一致，这也正好解释了准确角色动画时的一个特点——身体上每一个动作都会联动身体的任何一块骨骼且产生相关的联动动作，哪怕这个关联动作幅度极小，哪怕这个关联动作对肉眼来说根本无法分辨，也是需要设置的，因为这是与真实的生物的身体结构的关系相一致的，所以当选择全部的骨骼的时候，每一块骨骼相对应的动画关键帧在时间滑块下都是对应存在的，不会出现有的骨骼的关键帧有较长的时间间隔。

基本上所有的准确角色的动画都是由Motion Capture【运动捕捉】设备捕捉了真人演员表演的运动数据以后再导入三维软件中的，在3ds Max中也有一个进行运动捕捉和导入捕捉到的数据的面板。选择任意一块Biped【两足动物】的骨骼，来到【运动面板】◎中的Motion Capture【运动捕捉】卷展栏，可以看到在3ds Max中的Biped【两足动物】骨骼也是有可以进行Motion Capture【运动捕捉】的接口的（需要有相应的运动捕捉设备），如图15-10所示。

图15-10

在运动面板的Layer【层】卷展栏中有可以调取运动捕捉后的关键帧的按钮，单击这个文件夹按钮，会弹出一个对话框，在相应的存储位置可以为当前的Biped【两足动物】骨骼调入格式为*.bip的运动捕捉关键帧文件，旁边的存盘符号也可以让动画创作者将自己手动设置的动画关键帧存储为*.bip文件，方便下次再调取，如图15-11所示。

总的来说，准确角色的动画制作相对于精简角色和夸张角色要复杂一些，因为准确角色的那些与真人一模一样的动作基本都是靠运动捕捉设备来提供的，动画师手动设置关键帧动画是很难制作出与真人运动完全一致的动画，准确角色的动作应用更多的是考量一个角色整体从身体到发型，到服饰、配饰等相关配套设备的一个统一性，不像精简角色和夸张角色根本不用考虑统一不统一的问题，只要动画创作者尽情发挥即可，而准确角色来自生活，观众和玩家对生活中的这样的角色再熟悉不过了，这些真实存在的角色就算再奇怪，也是要在物理和心理上符合情理才行的。

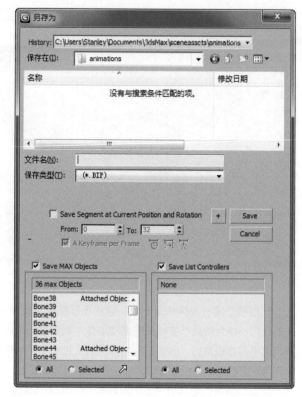

图15-11

第16章

按媒介应用划分

本章内容
◆ 影视动画的角色应用媒介
◆ 角色应用媒介的分类

16.1 影视动画的角色应用媒介

　　本章主要介绍了角色在媒介方面的应用，按照媒介的应用，大体可分为影视媒介呈现，平面媒介呈现，装置艺术媒介呈现，还有移动互联里面的各种互动媒介的呈现。但是不管有多少呈现角色的媒介可以应用，如果角色始终无法融入到人们的生活方式，改善人们的生活方式，而只能活在卡通片里让小孩子记住的话，那么这个角色仍然是没有生命力的。在下面两个章节中将对角色是如何在媒介应用里发展进行详细的阐述。

　　影视动画是角色应用最广泛、最悠久的媒介，从世界上第一部有声动画电影——迪斯尼的《汽船威利》开始，米老鼠这个角色就开始活跃在电影正片播放前的热场影片中了，这种正式影片开场前的热场影片成为了角色应用的第一种媒介。在这之后，各种动画电影和连续剧让米老鼠这个角色开始逐渐家喻户晓，也将沃尔特·迪斯尼的动画事业不断推向新的高度，同时米老鼠开始走下银幕，进入各种纸质出版物、广播剧、舞台剧，以及各种米奇秀，如图16-1所示。

图16-1

　　当迪斯尼的动画事业发展得如火如荼，钱赚的钵满盆满的时候，在沃尔特·迪斯尼心中还有一个真正伟大的梦想正在酝酿，那就是——建造迪斯尼乐园。当1955年第一座迪斯尼乐园正式对外开放时，距离沃尔特·迪斯尼酝酿筹划这个梦想已经过去了20多年之久，这过去的20多年里米老鼠这个角色从手绘稿媒介到电影幕布，再到各种衍生产品，都还没有把迪斯尼真正的推向一个王朝，在当沃尔特·迪斯尼想将他的事业从传统的视频媒介推向全方位多行业发展的综合性企业帝国时，对沃尔特·迪斯尼来说他还缺少一个能彻底改变广大民众对其事业在认知上的局限性——只是卡通片的一个【破局】之物，如图16-2所示。

图16-2

　　但也正是在这个时候，机会来了。在20世纪50年代，那时的世界处于冷战的大背景下，美苏之间为了争夺太空的霸权展开了一系列的科技竞赛，在第二次世界大战末期，美国从德国俘获了德国火箭之父——冯·布劳恩，并带到美国本土进行火箭方面的研究。

　　就在这时，沃尔特·迪斯尼敏锐的商业嗅觉让他抓住了这个机会，他与冯·布劳恩一起合作了一系列动画电影，比如《Man in Space》（《太空之旅》），号称"在科技上实事求是"，当然也融合了各种迪斯尼式的奇思妙想，包括当时的总统艾森豪威尔都观看了这部讲述新科技带来的新视角的电影。伴随着来自真实科技作为基础的科幻电影展开的市场宣传，1955年第一座迪斯尼主题乐园正式对外开放，当时迪斯尼乐园的吸金招牌和游园核心区正是"未来世界"（TomorrowLand），并以巨大火箭作为迪斯尼乐园的中心，称之为"TWA Moonliner"（联合了当时美国最主要的航空公司TWA进行的"月球航线"科幻展），同时关于太空和米老鼠的各种衍生产品，像T恤衫、帽子、纪念手册等也开始搭配销售，到今天，迪斯尼乐园已经成为迪斯尼度假休闲综合事业体的一部分，其门票的收入只占到园区营业额的5%，更多的销售额则是由融化进人们生活方式的各种各样的迪斯尼相关产品产生，如图16-3所示。

图16-3

　　从热场影片开始到动画正片，到各种纸质和玩具衍生物，最后彻底打破人们的思维定势，一飞冲天成为跨越各种行业和媒介发展的综合性企业王国，时至今日已经可以在各种可以想象的媒介里面看到迪斯尼米老鼠的角色形象，其已经完全与人们的生活融为一体。迪斯尼的米老鼠是一个非常经典的案例，它突破了卡通角色只能活在动画片里的局限，向人们传达了一个叫作米奇老鼠的卡通角色是如何一步步在传统媒介中成长，最后抓住时代的机遇，由有形的媒介形态变成无形的生活方式的资产增值过程，如图16-4所示。

图16-4

16.2 角色应用媒介的分类

本节的主要内容是通过对角色在不同媒介（影视媒介、平面媒介、装置艺术媒介、移动互联媒介）的应用分类的介绍，让读者了解到角色在不同媒介应用时的特点。

1. 影视媒介呈现

影视媒介是角色动画最常见的应用媒介，从第一部由艺术家创意出来的有声动画片《汽船威利》开始，他们虚构的角色们就开始活跃在电影院里了，从米老鼠、唐老鸭到兔子罗杰，从二维动画的巅峰之作《狮子王》到三维长篇动画的开山鼻祖《玩具总动员》，角色都是以长篇动画里面主人公的形式引领整部影片，如图16-5所示。

图16-5

随着电影科技的发展，三维制作的各种角色也开始越来越多地参与到各类影视作品的创作中，虽然它们不是那些电影电视节目的主角，但是对于吸引观众，创造新奇的视觉特效也起到了至关重要的作用，从第一部由特别擅长奇思妙想的好莱坞大导演斯皮尔伯格指导的，将三维数字电影特效应用于真人电影制作的《侏罗纪公园》开始，数字化的虚拟角色就不断成为各类影片中的看点，要知道在《侏罗纪公园》以前，最卖座的特效影片也是由斯皮尔伯格导演的《大白鲨》，这部电影里面的角色完全不是由数字化制作的，而是用各种可操控的机械模型大白鲨来参与拍摄的，这些机械模型虽然可以制作得以假乱真，但是毕竟不如数字化的角色来得有更强的变通性，也给到导演和创作人员更大的想象空间，同时对于真人演员拍摄的安全性也有大大地提高，如图16-6所示。

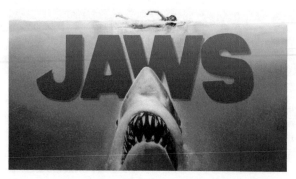

图16-6

2. 平面媒介呈现

平面媒介是角色最为传统的应用媒介，从最早的西班牙阿尔塔米拉原始人山洞里的绘画开始，人类就没有停止过用绘画的方式来记录和创造生活的历史和情趣。平面媒介从岩壁和石头作为介质开始，在廉价的纸被发明了以后，便可以将图案画在纸上，再后来随着印刷机的发明，更多的绘画作品可以随着大量复制的书籍传遍世界的各个角落，比如但丁的《神曲》里面就有很多绘画的角色插图，如图16-7所示。

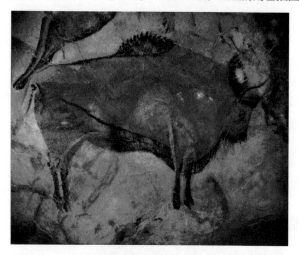

图16-7

值得注意的是在影视媒介出现之前的平面媒介上呈现的角色的传播力度是依赖于平面媒介的复制数量来决定，也就是有赖于印刷术的普及和传播，而当有了影视媒介以后，人们通过去电影院看卡通电影和在自己家里观看电视卡通连续剧的方式来了解角色，像米老鼠唐老鸭、猫和老鼠、大鸟看世界等这些角色的深入人心都是通过更为廉价，传播速度和广度更大的电影电视的方式在人们的记忆里积累起了对这些角色的认识，然后稍晚于影视媒体，与这些角色的故事相关的平面媒体才开始出现在各大报亭和书店，变成了影视媒体的衍生产品。当然也有从平面媒介开始，然后衍生出影视媒介的角色，如《蜘蛛侠》《绿巨人》《超人》等，这些都是先有漫画，然后再在影视科技达到了可以拍摄这样的角色故事的时候，才出现相应的影视作品，如图16-8所示。

图16-8

总而言之，平面媒介也好，影视媒介也好，不管上面呈现的是什么角色，其发展的程度都取决于科学技术的发展程度，是科学推动了艺术变成现实，艺术同时又不断为科学的发展提供新的思考和可能性。

3. 装置艺术媒介呈现

简单地讲，装置艺术，就是"场地+材料+情感"的综合展示艺术。在角色呈现媒介方面也有很多出色的装置艺术形式，比如日本人很喜欢高达机器人战士，在日本的很多商场门口和活动派对门口都会有高达的巨大模型树立，对烘托气氛和渲染活动主题都起到了关键作用；还有机器猫的形象也经常被制作成各种装置摆放在公园和商场里面，供游人顾客驻足拍照，如图16-9所示。

图16-9

这种将原本非实体形象呈现的卡通角色用圆雕的样子做出实物呈现在人们的生活场景里的呈现方式能让观众和卡通角色更加亲密的互动，加强角色和观众的"私人感情"。在全世界的迪斯尼乐园里面，也有很多这样的

装置卡通角色供人们拍照留念，还有很多带着头套扮演卡通角色的演员，这些cosplay表演就是流动的装置艺术呈现方式，在固定不动的卡通雕塑装置以外，还多了一层移动的角色装置的空间，让游人可以更加身临其境地全方位感受多种维度的媒介体验，如图16-10所示。

图16-10

4. 移动互联媒介呈现

当今的时代是一个移动互联网的时代，几乎人手一部手机，在这些手机上都有各式各样的应用程序，不管是娱乐的游戏应用还是功能性的生活服务类应用，都会广泛的使用到角色动画和角色设计，因为角色能非常有效的与用户互动起来，完成类似主持人、客服和导游的功能，这样人性化的人机互动是文字和示意图无法完成的，只有生动可爱的各种角色才能完成这样的任务，如图16-11所示。

图16-11

网络电商也纷纷采用艺术创意出来的角色来充当购物网站的标志，这些角色有的憨态可掬，有的精明可爱，也有的精致认真。在吸引顾客的注意力和增加网站亲和力方面都起到了不小的作用，比如在前面介绍的"城市蚂蚁"角色就是一个非常可爱亲民，同时又勤劳智慧的电商吉祥物。这些角色在消费者与商家之间架起了一座座沟通的桥梁，帮助消费者更好、更快地感受到商家兢兢业业的工作与服务态度，也帮助商家通过角色的独特形象在消费者的内心占据一席之地，如图16-12所示。

图16-12

　　总的来说，"角色动画"并不是一个独立存在的艺术门类，它的发展与各种传播信息的媒介的发展是息息相关的，随着科技的发展，为了丰富人们的生活，同时更好地推动经济的发展，对于使用什么媒介来呈现角色动画一定只有想不到，没有做不到，在艺术与科学的领域还有很大很大的空间等着大家去开发。

第 17 章

三维立体角色的应用

本章内容

◆ 了解三维立体角色的应用与制作

本章的内容是以讲解实例的方式对特殊的三维立体角色在动画时会遇到的问题和其动画的特点进行详细的解析。该实例是以飞龙（English Dragon）作为三维立体角色应用的对象，飞龙是很多游戏和影视作品中经常出现的角色，它们的性格亦正亦邪，又往往能在最关键的时候发挥重要作用，如图17-1所示。

与两足或者四足动物的角色比较起来，飞龙的身体结构既包含了四足动物的特点，也包含了两足动物的特点，它们在剧情式表演的时候，两只后肢是作为身体支撑不移动的，两只前爪则充当手的作用，而由飞行转换成落地的时候又是四足着地爬行，同时两只翅膀又带有鸟类猛禽的飞行特点，飞龙其实就是一个地球上生活着的所有动物的集合体，如图17-2所示。

图17-1

图17-2

这种集合体的三维角色也注定了飞龙这种角色很难使用一种单一的骨骼系统来动画它，通过本章的学习，读者可以了解到这种比较特别的三维立体角色在应用骨骼时候的特殊性，比如Biped【两足动物】骨骼没有足够的外挂骨骼点去产生翅膀，所以飞龙的翅膀必须采用Bone【骨骼】来创建，同时Bone【骨骼】也是需要与Biped【两足动物】骨骼相连接才能完成最终的飞龙骨骼设置；同时本章也讲到为什么不采用CAT骨骼预置的English Dragon【欧洲飞龙】骨骼来作为这个案例的骨骼系统的原因。

STEP 01 选择视图中的飞龙模型，如图17-3所示。

图17-3

右键单击飞龙模型，在弹出的菜单中选择Object Properties【物体属性】，单击左键，如图17-4所示。

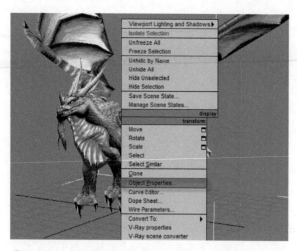

图17-4

在弹出的Object Properties【物体属性】对话框的Display Properties【显示属性】面板中勾选See-Through【透视显示】选项，然后单击OK按钮，如图17-5所示。

图17-5

这时在视图中可以看到飞龙模型变成透明的了，如图17-6所示。

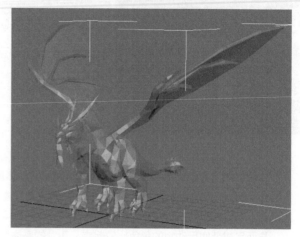

图17-6

知识提示： *之所以要让飞龙的模型显示为透明的，是为了在之后骨骼调节的时候可以在一个既看到骨骼也能看到模型的状态下把飞龙的骨骼和模型相匹配。*

STEP 02 对飞龙的整体情况进行观察和分析。对于这种集合了各种动物特点的角色而言，其在三维立体呈现的时候最重要的是骨骼的搭建工作，因为不论是Biped【两足动物】骨骼系统还是CAT骨骼系统都没有完全与之相匹配的预置骨骼，虽然CAT在后续的版本中添加了专门的English Dragon【欧洲飞龙】骨骼，但是针对具体模型的时候它也并不能简单轻松地完成任务，而且CAT的English Dragon【欧洲飞龙】预置骨骼的操控也不是那么方便，所以综合考量下来针对这只在游戏中使用的飞龙角色应该采用Biped【两足动物】骨骼+Bone骨骼相结合的方式是最简便的，如图17-7所示。

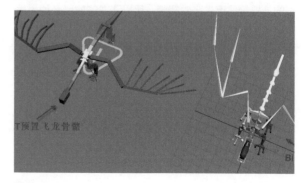

图17-7

知识提示： 有时更先进的骨骼系统不见得是实际操作时最佳的选择，因为涉及与游戏的接口问题，也涉及动画和绑定的难度，在动画的要求并没有那么复杂的时候，更加原始一点的骨骼系统反而会降低工作的复杂性。

STEP 03 在综合考量之下，最终选择了Biped【两足动物】骨骼+Bone骨骼相结合的方式来给飞龙的模型添加骨骼。首先来到3ds Max创建面板的System【系统】栏下点击Biped【两足动物】按钮，如图17-8所示。

图17-8

STEP 04 在视图中的空白处拖曳鼠标左键，创建一个Biped【两足动物】骨骼，如图17-9所示。

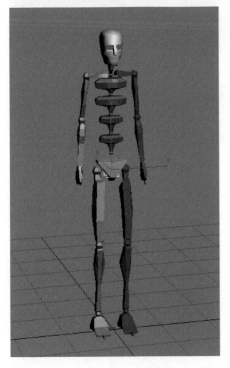

图17-9

飞龙是有尾巴的，而默认的Biped【两足动物】骨骼里面是没有尾巴部分的骨骼的，如图17-10所示。

图17-10

STEP 05 尾巴部分的骨骼在选择Biped【两足动物】骨骼之前，在【运动面板】⊙的Biped【两足动物】卷展栏下先激活Figure Mode【肢体模式】☆，如图17-11所示。

图17-11

STEP 06 在Figure Mode【肢体模式】激活之后，再在Structure【结构】卷展栏下面给Tail Links【尾巴链接】后面的数字加大到5，数字越大尾巴越长，节数越多，尾巴的动作也就可以做得越细，如图17-12所示。

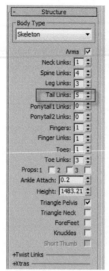

图17-12

STEP 07 对Biped【两足动物】骨骼依据飞龙模型的样子使用选择和移动工具将其摆成飞龙趴着的样子，为了使骨骼更加贴合模型，可以使用缩放工具把骨骼的形状变形成更加贴近模型的样子，如图17-13所示。

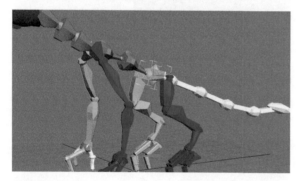

图17-13

STEP 08 在Biped【两足动物】骨骼趴下之后，将【STEP 01】中设置为See Through【透视显示】的飞龙模型拖过来，与骨骼进行对位，如图17-14所示。

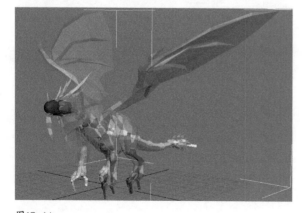

图17-14

STEP 09 选择飞龙的模型，单击鼠标右键，在弹出的菜单中选择Freeze Selection【冻结选项】，单击鼠标左键，如图17-15所示。

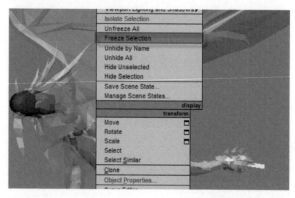

图17-15

在视图中使用鼠标框选Biped【两足动物】可以发现，飞龙的模型已经无法选择了，因为它已经被冻结了，如图17-16所示。

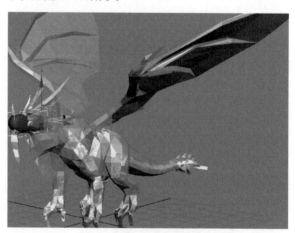

图17-16

知识提示： 在摆骨骼形态的时候，飞龙的模型可以使用冻结+透视的显示模式，这样方便骨骼的调节。冻结+透视的显示模式也可以在3ds Max 🖳【显示面板】中Freeze【冻结】卷展栏的Freeze Selected【冻结已选择】和Display Properties【显示属性】卷展栏中的See Through【透视】中激活，如图17-17所示。

图17-17

STEP 10 继续在Figure Mode【肢体模式】激活下使用旋转工具调节飞龙骨骼的右爪，如图17-18所示。

图17-18

STEP 11 使其右爪与模型尽量匹配，如图17-19所示。

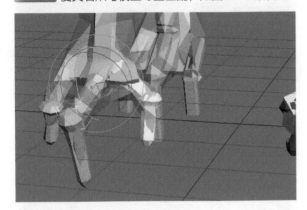

图17-19

STEP 12 双击飞龙的Bip01 R Clavicle【肩胛骨】，全选飞龙的整条右手，如图17-20所示。

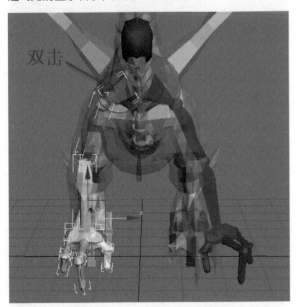

图17-20

STEP 13 在【运动面板】 的Copy/Paste【拷贝/复制】卷展栏下单击Copy Posture【拷贝姿态】按钮，如图17-21所示。

单击之后可以在显示小方块中看到整条右手显示为

红色，表示它们都被选择并复制了，如图17-22所示。

STEP 14 单击Paste Posture Opposite【镜像复制姿态】按钮，如图17-23所示。

图17-21　　　图17-22　　　图17-23

在视图中可以看到飞龙的整条右手的数据已经镜像复制到了它的整条左手，两边已经对称了，如图17-24所示。

图17-24

知识提示：Biped【两足动物】骨骼也提供了很好用的对称工具，当设置完一侧的骨骼之后，可以使用对称工具将这一侧的骨骼姿态复制到另一侧去，在Figure Mode【肢体模式】开启的状态下，在Copy/Paste【复制】卷展栏中点Create Collection【创建集合】按钮 后，使用Copy Posture【复制姿态】按钮 和Paste Posture Opposite【镜像复制姿态】按钮 来完成姿态的镜像复制。

STEP 15 观察飞龙的模型和已经调节好的Biped【两足动物】骨骼，通过对比可以看到，光有Biped【两足动物】的骨骼是不够的，飞龙的翅膀和下颌赘肉部分还没有控制它们的骨骼，而Biped【两足动物】骨骼已经不能提供那么多的额外骨骼了，这时就需要使用3ds Max的Bone骨骼来完成这些额外部分的任务。根据飞龙身体结构的走向，还需要创建一系列的Bone骨骼，并将它们沿着飞龙模型翅膀和脖下赘肉的部位进行对齐，如图17-25所示。

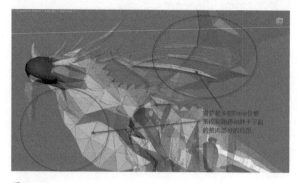

图17-25

STEP 16 在3ds Max的创建面板的System【系统】面板下单击Bones【骨骼】按钮，如图17-26所示。

图17-26

在3ds Max的Front【前景】视图中依据飞龙翅膀轮廓的样子创建a、b、c三组Bone【骨骼】，如图17-27所示。

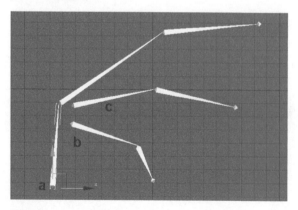

图17-27

STEP 17 在创建翅膀Bone【骨骼】的时候，是先创建a骨骼组，这组骨骼由三节组成，如图17-28所示。

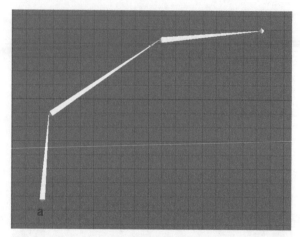

图17-28

然后创建b骨骼组，如图17-29所示。

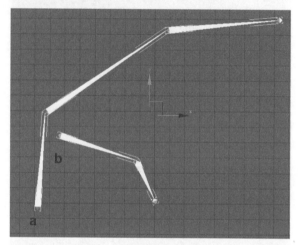

图17-29

最后创建c骨骼组，如图17-30所示。

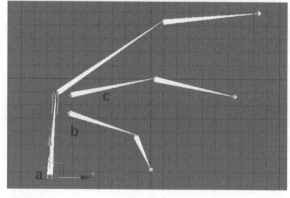

图17-30

STEP 18 创建完三组骨骼之后可以发现这三组骨骼并不是一体的，所以需要使用鼠标选择b和c骨骼组的根骨骼，如图17-31所示。

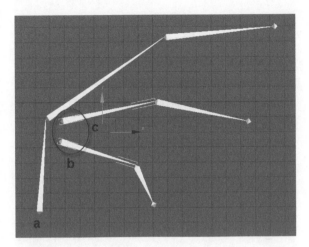

图17-31

然后使用链接工具将b和c骨骼链接到a骨骼的根骨骼上，这样b和c骨骼就成为a骨骼的子物体了，当a翅膀主干挥动的时候，b和c骨骼也会跟随挥动，如图17-32所示。

图17-32

STEP 19 选择a骨骼的根骨骼，将整副翅膀的骨骼移动到飞龙模型的左侧翅膀位置，如图17-33所示。

图17-33

选择整幅骨骼的根骨骼，使用缩放工具将Bone【骨骼】缩小到合适的大小，如图17-34所示。

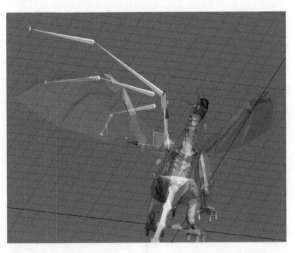

图17-34

使用移动和旋转工具将这些骨骼调整到与飞龙的翅膀模型的位置尽量一致，如图17-35所示。

图17-35

STEP 20 选择全部的翅膀Bone【骨骼】，如图17-36所示。

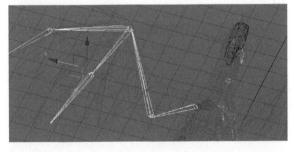

图17-36

在3ds Max菜单的Animation【动画】菜单栏下选择Bone Tools【骨骼工具箱】选项，如图17-37所示。

在弹出的Bone Tools【骨骼工具箱】中单击Mirror【镜像】按钮，如图17-38所示。

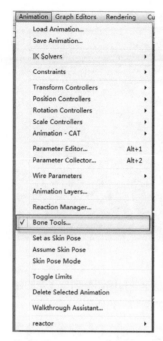

图17-37

图17-38

在视图中可以看到左侧翅膀的Bone【骨骼】已经在右侧翅膀的位置镜像出来了,并在Bone Mirror【骨骼镜像】对话框中单击OK按钮,如图17-39所示。

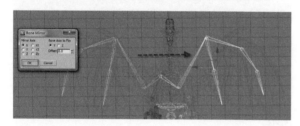

图17-39

使用移动工具调整镜像出来的右边翅膀骨骼与飞龙右侧翅膀的位置匹配,如图17-40所示。

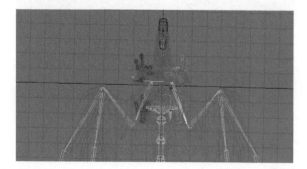

图17-40

STEP 21 链接Bone与Biped【两足动物】骨骼为一体的操作也是很方便的,3ds Max允许不同的骨骼之间进行简单的链接。选择两只翅膀骨骼的根骨骼,然后使用链接工具将这两根骨骼链接到Biped【两足动物】骨骼的Bip01 Spine1【脊椎01】骨骼上。这样Bone【骨骼】和Biped【两足动物】骨骼就合二为一了,至此飞龙角色也可以通过这种复合的骨骼结构进行模型绑定和动画,如图17-41所示。

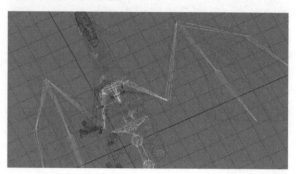

图17-41

总之,在像飞龙这样比较特殊的三维角色的构建过程中,最关键的是其骨骼系统的设定,不论是传统的Biped【两足动物】骨骼还是更先进一些的CAT骨骼都不能完全依靠其自身的骨骼结构来满足全部的骨骼设置要求,额外的部分还是需要通过嫁接Bone骨骼的方式来最终完成任务;其次是对于像飞龙这样比较特殊的角色,采取什么骨骼更为方便动画,并不完全取决于骨骼的先进性,而是取决于动画的要求,有时更先进的骨骼反而会增加动画的复杂程度,而简单传统的骨骼系统却能快速简便地完成任务。

关于骨骼的蒙皮绑定和角色动画的问题可以参看本书之前和之后的相关章节的介绍,这里就不再做详细地阐述了。

第18章

二维平面的角色表现

本章内容

◆ 了解二维平面的角色表现与制作

　　本章主要结合实例详细阐述了三维角色是如何通过材质的改变，渲染成二维平面角色的。二维平面角色在表现时遇到的最大的问题就是如何将一个三维的物体渲染成平面效果，这个问题其实不难解决，采取相应的平面材质赋予三维角色即可将一个三维的物体转换成平面的渲染效果，不同的渲染器有不同的平面渲染材质和办法，这里为大家介绍3ds Max默认的Scanline【扫描线】渲染器所支持的二维平面角色表现方法，至于角色的骨骼设计和蒙皮绑定请参看本书相关章节，在此章中不作为重点讲述，如图18-1所示。

图18-1

STEP 01 了解基于默认Scanline【扫描线】渲染器的平面材质渲染效果的相关知识。它的默认渲染器Scanline【扫描线】配套了一款叫Ink'n Paint【钢笔画】材质球，这款材质球可以在渲染器为Scanline【扫描线】渲染器的时候将三维物体渲染成二维物体，如图18-2所示。

图18-2

STEP 02 打开3ds Max的【材质编辑器】 ，单击 Standard【材质类型】按钮 ，如图18-3所示。

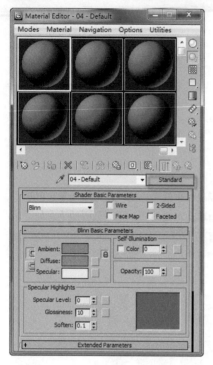

图18-3

STEP 03 在弹出的Material/Map Browser【材质/贴图浏览器】对话框的Materials【材质】卷展栏下面双击名叫Ink'n Paint【钢笔画】的材质球，如图18-4所示。

图18-4

这时原本在材质编辑器中的标准灰色材质球就会被替换成蓝色的平面Ink'n Paint【钢笔画】材质球，如图18-5所示。

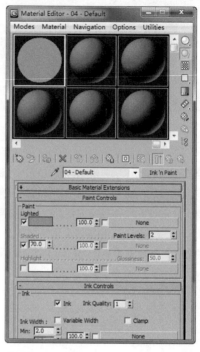

图18-5

STEP 04 观察和了解一下Ink'n Paint【钢笔画】材质球面板中的Paint Controls【着色控制】卷展栏的相关参数。在Ink'n Paint【钢笔画】材质球的Paint Controls【绘制控制】卷展栏中有三个可勾选的选项，从上至下依次为：

❶ Lighted【固有色】，也就是物体的主色，就是当光线照在物体上的时候，物体对光线直接产生的一个基本的回应。蓝色是默认状态时的颜色，可以根据自己的需要随意改变这个颜色，同时也可以在材质扩展槽（None【无】）上为这个固有色改换成贴图，如图18-6所示。

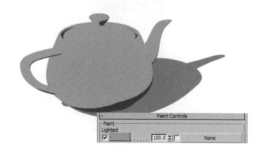

图18-6

② Shaded【过渡色】，也就是物体除了高光和最暗部分以外的中间色，如图18-7所示。

图18-7

当Shaded【过渡色】参数为"0"时，其呈现非常强硬的黑色的暗部，表示此时颜色没有过渡，如图18-8所示。

Shaded参数为"0"

图18-8

当Shaded【过渡色】参数为"100"时，其呈现完全被过渡掉的状态，整个物体完全没有任何中间色，如图18-9所示。

Shaded参数为"100"

图18-9

知识提示： Shaded【过渡色】下面的数值是用来调节过渡层数的，它的数值越小中间过渡的灰度层就越多（为0时为极端状态），数值越大过渡的灰度层就越少，看起来越平面。Highlight【高光色】与默认材质的高光不是一种风格，而是一种非常平面卡通的锐利边缘的高光，由于在高光周围缺乏过渡，所以在打光的时候需要注意应对这种平面材质时光线不要太亮。

③ Highlight【高光色】，也就是物体的高光部位的颜色，颜色默认为白色，也是可以根据自己的喜好更改的，如图18-10所示。

图18-10

STEP 05 接下来观察和了解一下Paint Controls【着色控制】卷展栏下面的Ink Controls【勾线控制面板】卷展栏的相关参数。Ink Controls【勾线控制】卷展栏是一个设置平面勾线效果的卷展栏，勾选Ink【勾线】的时候，平面勾线效果被激活，其右侧的Ink Quality【勾线质量】为勾线效果的渲染质量，数值越大质量越好，同时渲染时间也会成倍地增加，如图18-11所示。

图18-11

知识提示： 勾线质量是否需要增加取决于有时明明勾选了勾线这个选项，但是渲染的时候却看不清，或者根本没有渲染出来的情况，这种使用会成倍地增加渲染的时间，所以并不是平面的材质在渲染的时候就一定会让三维的材质大大提速。

下面是设置勾线的粗细的选项，Ink Width【勾线宽度】，如果勾选Variable Width【宽度变化】的话，沟边效果会呈现粗细的变化，为渲染效果增添一定的韵律感。Min【最小】、Max【最大】这两个选项是控制勾选了宽度变化的沟边效果以后，沟边的线最宽的宽度和最细的宽度，系统会自动计算其中的粗细变化量，如图18-12所示。

图18-12

再下面为勾线的种类栏，其中可以看到Ink'n
Paint【钢笔画】材质为使用者提供了5种可选的沟边种
类，第一种为Outline【外轮廓沟边】，勾选这个选项
以后角色会出现轮廓线，用以与背景区分，如图18-13
所示。

图18-13

第二种为Overlap【前遮挡物沟边】，勾选后，在
角色自身结构内处于不同凹凸高度的位于前面的物体会
产生边线，这个选项用以区分角色自身结构的位置关
系，如图18-14所示。

图18-14

第三种为Underlap【后遮挡物沟边】，勾选后会
为角色自身互相折叠或者遮挡的处于后面位置的物体产
生边线，如图18-15所示。

知识提示： Underlap【后遮挡物沟边】这个选项一般不
使用，因为位于后方的遮挡物体一般会有投
影在其上让前后的空间区别出来，这时再加
上沟边的话会可能会过于粗大而不够美观。

图18-15

第四种为SmGroup【Smoothing Group光滑
群物体沟边】，勾选后可以对做了Group【群集】命
令合并为一个群的多个物体添加沟边，作用和下面的
MatID【材质ID边界沟边】的作用类似，不同之处是一
个是以群组来区分，一个是以ID号的不同来区分，如
图18-16所示。

图18-16

第五种为Mat ID【材质ID边界沟边】，勾选后可
依据材质的ID号的不同进行沟边，不过仅限于不同ID
号的交界线的位置，如图18-17所示。

图18-17

技术提示： 提示一下关于每一个沟边效果边上的None
【无】材质扩展槽在平面材质中应用的问题。

将茶壶的平面材质的Lighted【固有色】的蓝色改为白色，如图18-18所示。

图18-18

将Ink Quality【勾线质量】改为3，如图18-19所示。

图18-19

后勾选Variable Width【变化宽度】和Clamp【加强】选项，这样勾线会有粗细变化和颜色强化的加深效果，如图18-20所示。

图18-20

然后将Ink Controls【勾线控制】卷展栏下的Outline【轮廓线】和Over Lap【前遮挡物沟边】处的None【无】材质扩展槽都改选为Noise【噪点】材质，如图18-21所示。

图18-21

将Noise【噪点】设置为如下参数，如图18-22所示。

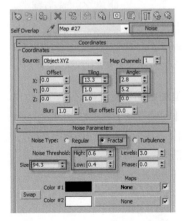

图18-22

这时渲染茶壶可以得到一个类似钢笔素描的效果，这便是材质扩展槽的应用，更多的使用可能性还有待于读者

自己去发现，这里就不做详细介绍，如图18-23所示。

图18-23

STEP 07 以小袋鼠模型作为平面材质渲染的实验对象，如图18-24所示。

图18-24

STEP 08 任意在视图中设置2盏灯，使用3ds Max默认的Omni【泛光灯】即可，如图18-25所示。

图18-25

STEP 09 单击渲染按钮，或者按键盘上的F9键皆可，如图18-26所示。

图18-26

先渲染得到一张在没有给小袋鼠添加Ink'n Paint【钢笔画】平面材质时的图，这样可以在后面添加了平面材质之后有所对比，如图18-27所示。

图18-27

STEP 10 给模型添加Scanline【扫描线】渲染器支持的Ink'n Paint【钢笔画】材质球后，再次单击渲染按钮，可以看到在添加了Ink'n Paint【钢笔画】材质球后模型的三维表面的立体效果已经消失，取而代之的是类似平面卡通的着色和明暗效果，如图18-28所示。

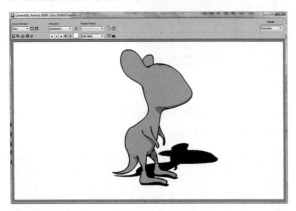

图18-28

STEP 11 在材质编辑器的Ink'n Paint【钢笔画】材质球的Paint Controls【着色控制】卷展栏下的Lighted【固有色】边上的None【无】材质扩展槽上单击鼠标左键，如图18-29所示。

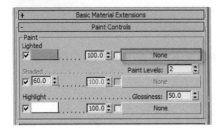

图18-29

在弹出的Material/Map Browser【材质/贴图目录】对话框中双击Bitmap【位图】选项，如图18-30所示。

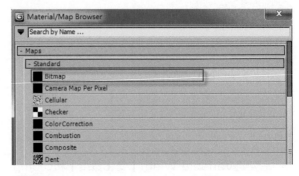

图18-30

在弹出的Select Bitmap Image File【选择位图文件】对话框中打开事先已经拥有的一张袋鼠的贴图，如图18-31所示。

图18-31

STEP 12 在小袋鼠的位图贴图加载进来之后，同时也勾选Paint Controls【着色控制】卷展栏下的Lighted【固有色】、Shaded【过渡色】和Highlight【高光】的选项，如图18-32所示。

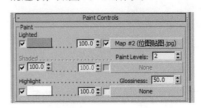

图18-32

然后再次单击渲染按钮进行渲染，可以看到这时的小袋鼠已经呈现沟边的平面着色渲染效果了，如图18-33所示。

图18-33

技术提示： Ink'n Paint【钢笔画】材质球的Highlight【高光】的呈现情况比较特殊，它是一种基于三维渲染的高光数据，但是当要呈现成二维白色斑点效果高光的时候，如果直接用照明光去产生高光的话，有时高光和照明之间会出现鱼和熊掌不能兼得的矛盾，如下图红圈中的高光斑点就是由产生投影的那盏灯产生的，由于角色高光和场景照明都是由一盏灯产生，所以难免会发生高光斑点出现在不希望它出现的位置上的问题，如图18-34所示。

图18-34

所以最佳的处理办法是取消勾选照明中那盏产生投影的灯的Specular【高光】，如图18-35所示。

图18-35

保留Diffuse【漫反射】，再在场景合适的位置新

建一盏灯专门产生高光，如图18-36所示。

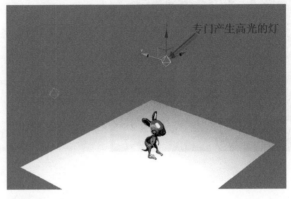

图18-36

而且这盏新建立的灯光要保持Diffuse【漫反射】和Specular【高光】两个选项都勾选上才行，如图18-37所示。

图18-37

STEP 13 多换几个不同的角度渲染三维模型，可以看到二维平面的渲染效果在不同角度的呈现，如图18-38所示。

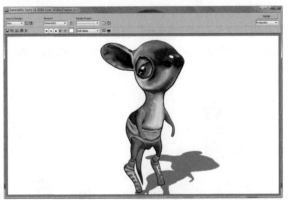

图18-38

第 **19** 章

角色在纸质上的表现

本章内容

◆ 角色在纸质上的表现种类
◆ 实例1：纸盒小人的UV切分与动画链接
◆ 实例2：透明贴图的角色制作

本章节的内容是阐述纸这种特殊的材料在动画的时候具备的特性和问题，以讲解实例的方式阐述纸这种材质在动画时的不同技术手段。读者通过本章的学习可以了解到纸这种材料的轻薄、可塑等特性。在动画里，不论是直接作用于纸质本身还是使用三维动画技术去模拟纸的质地都是可以的，只要用心细致，纸这种材料是可以形成非常美妙的角色动画效果的媒介的。本章的实例部分以纸盒人和纸盒装的超级马里奥的角色形象作为研究对象，着重说明了纸质三维角色最重要的是在其UV的正确划分和纸盒整体的折叠方式。

19.1 角色在纸质上的表现种类

角色在纸这种材质上的表现可以分为两种情况，一种是角色通过绘画的方式直接画在纸张上表现，另一种是根据纸质的特点在软件中模拟它的特性。

种类1

在传统的动画片制作中，首先都是把角色绘画在纸上，原画师画关键帧（原画），然后动画师绘制中间帧（中间画），绘制中间帧（中间画）是一项十分繁复、细致的工作，如图19-1所示。

图19-1

一部10分钟左右的短片,除原画外,通常需要绘制4000~6000张的中间帧(中间画),这些工作都由动画人员来完成。然后以每秒25张画面的方式连续播放的时候,角色就跃然纸上栩栩如生地动起来了,如图19-2所示。

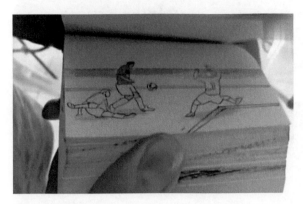

图19-2

近年来,还出现了一种在平面的纸张上进行三维立体画创作的艺术风潮,虽然是在一张平面的纸张上的绘画创作,但是纸张本身却是真实地存在于三维立体的现实世界中的,同时纸张自身又是平面的,这种三维和二维相互共融又矛盾共存的特性,创作的立体画也别有一番意境,如图19-3所示。

图19-3

种类2

另一种是根据纸的材质特性在三维软件中制作三维虚拟的纸质角色。比如像图中采用三维建模方式制作的立体书的这种纸质的动画形式在很多的频道包装栏目包装的动画中经常可以看到。在真实的世界里,立体书肯定不如虚拟三维世界里可以变化的可能性更多,三维纸质效果不仅可以有各种复杂形态的折纸效果,同时这些折纸与折纸之间还能互动动画,让画面非常丰富生动,如图19-4所示。

图19-4

知识提醒： 在频道包装中经常可以看到用三维动画的方式来模拟立体书的呈现方式的原因正是"纸"这种材料的特殊属性造成的，纸是一种可以扁平化，又可以立体化的可折叠、可塑形的轻便材料，在频道包装中通过这种从扁平化的平面效果转变成立体的三维效果的这种视觉上的魔术，可以有效地吸引住观众的视觉注意力，让观众不换台，继续把频道包装中包含的电视信息都一起看完。

同时在利用三维电脑技术来模拟纸质的动画方案中，还有在很多与儿童的寓教于乐有关的节目和视频互动教材中也经常会出现纸质感和纸结构的视觉表现方式来表现角色的案例，如下图，这就是国外教小孩子单词的一个幼教类节目，里面的所有的角色和场景都是采用三维建模模拟纸质感和纸张折叠结构的效果呈现，包括里面的动画也是由纸的折叠和打开效果来呈现的。之所以使用纸质来造型和演绎角色，是因为这些纸质的效果与小孩子学校里做的纸质手工的样式非常类似，让小孩子可以在饱满的好奇心的驱使下，怀着充分的兴趣去学习英语，同时这些纸质的角色形象在后期的动画延伸

品中也可以陆续推出，扩展动画片所影响的领域，如图19-5所示。

图19-5

这也是利用了纸张在平面和三维立体之间的转换性质来吸引小孩子的好奇心和注意力，从而让小孩子在学习语言的过程中可以目不转睛地把节目中包含的教学信息都看完，原理和针对大人的频道包装的原理是一致的，同时折纸的表现方式也为动画的运动形态提供了一种有趣的运动方式，非常符合寓教于乐的教学理念，让孩子在富有兴趣的观看中学习英语单词。采用纸质方式的动画表现后，也为激发小朋友自己动手制作纸质小玩具来互相促进学习开了一个好头，如图19-6所示。

图19-6

　　接下来，就使用两个三维动画模拟纸质角色的实例来介绍一下在动画纸质角色的时候需要注意的事项和纸质角色特有的一些特点。在第一个实例中着重强调的是正确的UV贴图对展现纸质感觉的作用，读者可以通过这个案例掌握基本的Unfold3D在切分UV时的操作流程；第二个实例着重强调的是利用黑白的Opacity【透明】贴图来简化纸质的制作过程，在一些角色不是重点的频道包装中可以提高工作效率。

19.2 实例1：纸盒小人的UV切分与动画链接

STEP 01 观察场景中纸质的亚马逊快递纸盒小人（右）和纸质的马里奥（左）。可以看到在三维场景中有两个形态方块的角色，左边的是超级玛丽里面的马里奥，右边的是一个由快递盒子组成的纸盒人。我们可以观察到左边的马里奥是有脸部的，而右边的亚马逊纸盒小人的头部是没有脸部的，如图19-7所示。

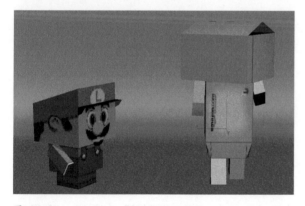

图19-7

　　而同时在材质编辑器中可以观察到其实这个亚马逊纸盒小人的头部是有脸部贴图的，如图19-8所示。

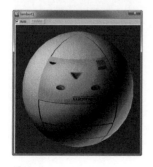

图19-8

　　这就说明右边的亚马逊纸盒小人的头现在的UV切分是不正确的，需要重新分UV。

知识提示： 三维纸质的角色在建模、材质和动画的时候最需要注意的问题是它的UV贴图的划分问题，由于纸质角色一般都是模拟一种纸张折叠以后形成的角色的样子，它的模型结构要能体现出纸张的折叠效果就必须在UV贴图的切分的时候依据实际一张纸是如何围拢折叠成角色的那种刀线和折线来制作UV的划分和贴图的绘制工作。

STEP 02 选择亚马逊纸盒小人的头部，如图19-9所示。

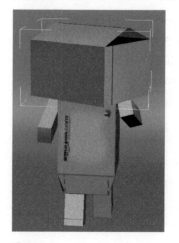

图19-9

STEP 03 单击3ds Max菜单的主开关的Export Selected【导出被选择项】，如图19-10所示。

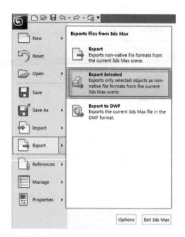

图19-10

STEP 04 在保存位置Export【导出】为.OBJ格式，单击【保存】按钮，如图19-11所示。

图19-11

在弹出的OBJ Export Option【Obj导出选项】对话框中将Faces【面】选为Quads【四边面】，单击Export【导出】按钮，如图19-12所示。

图19-12

STEP 05 之后会弹出一个Exporting OBJ【OBJ导出】对话框，这个对话框中显示了点、法线和边的数量，反映了模型在建模时布线的情况，最佳的导出状态是

Triangles【三角面】为"0"，如图19-13红框中所示。然后再按Done【做】最终执行这个把亚马逊快递盒子小人的头部导出为Obj物体的命令，如图19-13所示。

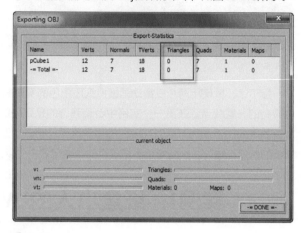

图19-13

知识提示： 一些独立的UV切分软件，像Unfold3D这样的软件对导入进它的OBJ模型的三角面的数量非常敏感，有时三角面过多或者三角面的分布位置不是很好的话会造成Unfold3D无法继续正常工作。

STEP 06 在电脑已经安装了Unfold3D的情况下，打开此软件，单击此软件菜单上的Loading of OBJ file【加载OBJ文件】按钮，如图19-14所示。

图19-14

在弹出的Loading of OBJ file【加载OBJ文件】对话框中选择之前通过3ds Max导出的"亚马逊纸盒人头部.obj"文件，并单击打开按钮，如图19-15所示。

图19-15

STEP 07 将文件导入进了Unfold3D之后，在视图中可以看到这个纸盒子的样子，左边的视图是操作视图，右边的视图是之后UV展开的时候的显示区域，同时可以看到纸盒子上有以橘红色高亮线段显示的当下的刀版线，这个线的意思是指当下系统默认切割这个纸盒子的刀线的位置，如图19-16所示。

图19-16

STEP 08 按住键盘上的Shift+鼠标左键选择盒子上需要作为切割线的边，这时被选择的边会显示为高亮天蓝色。切线的选择方式是自由决定的，不过为了能展现真实的纸质盒子的情况，在选择切分线的时候还是需要尽量尊重真实环境中快递盒子可能的切分方式为好，如图19-17所示。

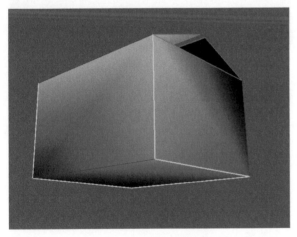

图19-17

技术提示： 在Unfold3D软件中，Shift+鼠标左键是选择边，Shift+鼠标右键是旋转视图；鼠标左键单独使用是移动视图；中键可以放大缩小视图；使用Alt+鼠标左键在不单击边的情况下是为系统自动选择可以切分的边的模式。

STEP 09 单击菜单栏上的Cut Mesh【切分模型】按钮，如图19-18所示。

图19-18

这时在Unfold3D的左侧视图中可以看到之前为高亮天蓝色显示的被选择边，这时会呈现高亮橘红色显示，表示这些边已经被切分了，如图19-19所示。

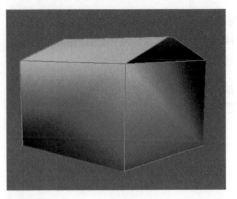

图19-19

STEP 10 单击菜单上的Automatic Unfolding【自动展开】按钮，如图19-20所示。

图19-20

这时在右侧视图中可以看到被展开的盒子UV，看起来就像日常生活中收到的快递盒子被展平以后的样子，如图19-21所示。

图19-21

STEP 11 单击Unfold3D的菜单上的Files【文件】按钮，在弹出的菜单中选择Save【保存】，如图19-22所示。

图19-22

这时在保存目录里就会多出一个加了Unfold3D后缀的obj文件，这个文件就是已经被切分好的UV的纸盒人的头部，如图19-23所示。

图19-23

STEP 12 回到3ds Max中，选择现有的亚马逊纸盒人的头部，单击鼠标右键，在弹出的菜单中选择Hide Selection【隐藏选择项】，如图19-24所示。

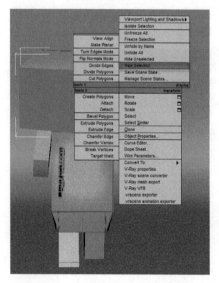

图19-24

技术提示： 将现有的场景中的纸盒人的头部隐藏，是为了避免在导入Unfold3D切分好UV的纸盒人头部时的问题因为位置上的重合而找不到或者很难被选择。

STEP 13 单击3ds Max菜单的Import【导入】按钮，如图19-25所示。

图19-25

将前面被Unfold3D切分好的obj文件导入到场景中来，如图19-26所示。

图19-26

STEP 14 在弹出的OBJ Import Option【OBJ导入选项】中直接按Import【导入】按钮即可，如图19-27所示。

图19-27

STEP 15 之后场景中，在之前小人脑袋的同一位置会出现一个灰色的纸盒子，如图19-28所示。

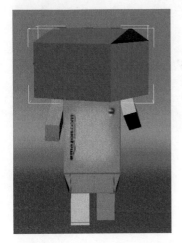

图19-28

知识提示： 这是因为Unfold3D继承了3ds Max中的坐标信息，所以导出和导入的obj物体都会回到同一位置，同时新导入进来的这个在Unfold3D中切分过UV的obj物体在3ds Max系统默认情况下的名称为default【缺省默认状态】，同时材质也是灰色的默认状态。

STEP 16 给这个导入的纸盒子改个名字，然后在它的命令面板中为它添加一个Unwrap UVW【UVW贴图展开】命令，如图19-29所示。

STEP 17 单击Unwrap UVW【UVW贴图展开】命令面板下的Parameters【参数】卷展栏下的Edit【编辑】按钮，如图19-30所示。

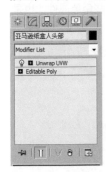 

图19-29   图19-30

在弹出的Edit UVWs【编辑UVW】对话框中单击下拉菜单，选择纸盒头部的Map【贴图】，如图19-31所示。

图19-31

之后，贴图会被置入进UVW编辑器中，如图19-32所示。

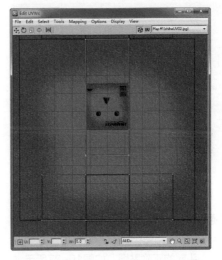

图19-32

使用编辑器中的移动工具，如图19-33所示。

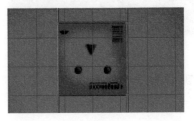

图19-33

选择UV上的相关点，这时UV上的点会显示为红色，如图19-34所示。

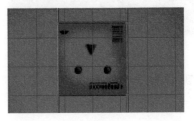

图19-34

同时与模型上相对应的点，被选中的点也会呈现红色，如图19-35所示。

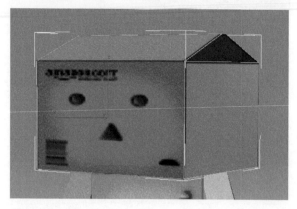

图19-35

用移动工具调节UV与贴图上点的相关位置，使贴图能处于一个最佳状态即可，如图19-36所示。

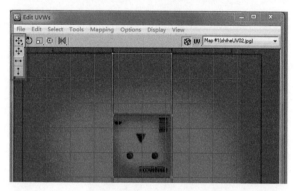

图19-36

STEP 18 这样通过Unfold3D的UV切分和3ds Max中UVW编辑器具体点对点的贴图调节，就得到了一个亚马逊快递盒子小人头部的正确贴图，如图19-37所示。

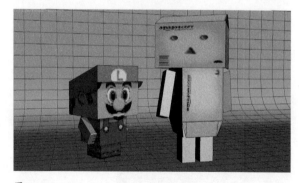

图19-37

渲染场景，得到渲染图，如图19-38所示。

图19-38

知识提醒： 很多人都认为纸的材质效果主要是靠材质编辑器里对材质球的调节来实现，殊不知在三维软件的虚拟世界里面，一个虚拟的东西要仿真一个现实中存在的东西，首要的不是材质，而是模型，准确地说应该叫"如何对待模型"，就像纸质角色一样，该划分刀版的地方就要用刀版的方式来划分UV，该折叠的地方就是要折叠，只有这样才能创造出仿真的三维虚拟角色。

STEP 19 角色在纸质上的表现最后一个关键的地方就是动画了，纸质角色一般来说不会去强调它们的柔软和弯曲，那些属性是塑料质感的角色的事情，当角色在纸质这种材质上的时候，一般在运动方式上都是比较"硬"的，如果需要表现弯曲的话，也是通过多个纸质的关节去表现。在这种情况下，对纸质角色的绑定可以使用Bone【骨骼】系统，也可以使用Biped【两足动物】或CAT骨骼系统，或是直接通过调节纸质角色身体各部件的重心位置，直接旋转和移动这些角色部件，也是可以进行动画的，如图19-39所示。

图19-39

STEP 20 前面的章节已经用了很多篇章去讲述Biped【两足动物】骨骼和CAT骨骼的绑定动画了，这里为大家简单介绍一下直接调节身体各部位的重心所形成的关节效果的动画调节。在3ds Max的Front【前视图】中打开亚马逊快递盒子的纸盒人，如图19-40所示。

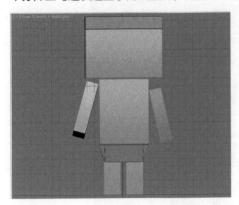

图19-40

STEP 21 全选住所有的身体部件，在Hierarchy【从属关系】面板中，如图19-41所示。

单击Affect Pivot Only【仅仅影响重心】按钮，如图19-42所示。

图19-41　　　　图19-42

这时在视图中可以看到纸盒人全身各部位都有其每个部位相对应的重心点的显示，如图19-43所示。

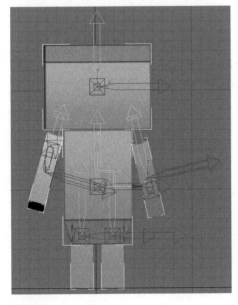

图19-43

STEP 22 通过观察可以发现这些重心点都是居中于每个部位自己的中心位置对齐的，而不是在人体结构常识上的关节位置，如图19-44所示。

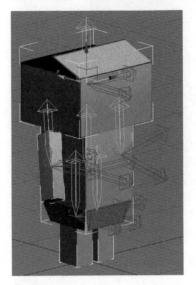

图19-44

STEP 23 使用移动工具，在坐标系为Local【本地】坐标下，如图19-45所示。

图19-45

将每一个部位的重心移动至其位于人体结构中相对关键可旋转的位置，如图19-46所示。

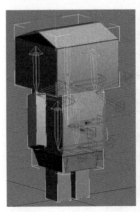 

图19-46

STEP 24 旋转除了纸盒人身体的其余部位，使用链接工具将这些部位全都链接在其身体上，如图19-47所示。

STEP 25 身体作为总控物体，接下来就可以使用旋转工具为纸盒小人制作动画了，如图19-48所示。

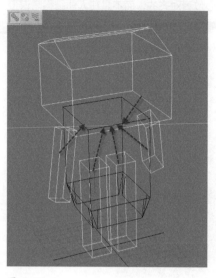

图19-47

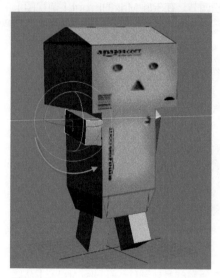

图19-48

知识提示： 在3ds Max中，如果通过调整重心去直接动画角色身体部件的话，首先要将这些身体部件用链接工具连接在一个总的控制部件上，比如拿亚马逊的这个纸盒小人为例，它的手脚和头部应该先连接在身体上，然后再打开Auto Key【自动关键帧】去旋转手臂和腿，而如果先做了手脚的动画再连接到身体上的话这些手和脚就会飞离身体呈现奇怪的状态，这个是3ds Max这个软件特有的一种有关动画的链接先后顺序。

总结，在本实例中，主要介绍了一种可以充当角色动画主体的三维纸质角色，这种角色在呈现时为了能更加像纸质的效果，首先要在贴图的UV切分上做好准备，同时在动画的时候由于纸质是比较坚硬的，所以也可以不使用Biped【两足动物】和CAT骨骼去绑定，转而以这些纸盒子与纸盒子之间自己的衔接来作为关节进行动画，也是一个不错的选择。

19.3 实例2：透明贴图的角色制作

在纸质角色不是主体时，使用透明贴图制作简化的纸质角色。也同样能呈现纸张的质地。

STEP 01 在3ds Max的Front【前视图】中创建一个Plane【平面】物体，如图19-49所示。

Plane【平面】物体的参数如图19-50所示。

STEP 02 在Photoshop中打开一张有婴儿车的位图图像，如图19-51所示。

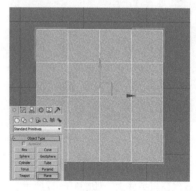

图19-49

图19-50

图19-51

使用Photoshop的钢笔工具，或者选区工具，将这张彩色的位图变成如下图所示的黑白图，如图19-52所示。

图19-52

STEP 03 回到3ds Max中，按键盘上的M键，打开材质编辑器。选择任意材质球，将名字改成婴儿车测试用，如图19-53所示。

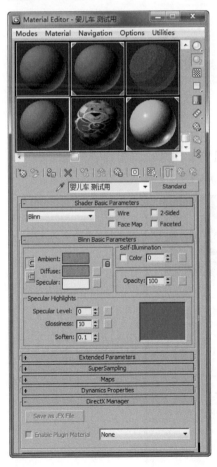

图19-53

STEP 04 在它的Maps【贴图通道】卷展栏中，单击Diffuse【漫反射贴图】材质扩展槽，如图19-54所示。

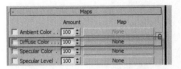

图19-54

在弹出的Material/Map Browser【材质/贴图目录】对话框中双击Bitmap【位图】选项，如图19-55所示。

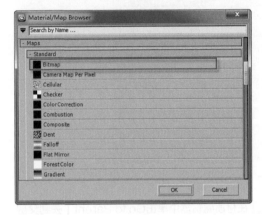

图19-55

在弹出的Select Bitmap Image File【选择位图图像文件】对话框中把之前保存好的"婴儿车有气球03"打开，如图19-56所示。

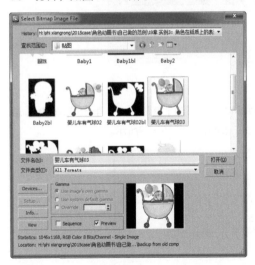

图19-56

这时在材质编辑器中会显示出一张贴图，如图19-57所示。

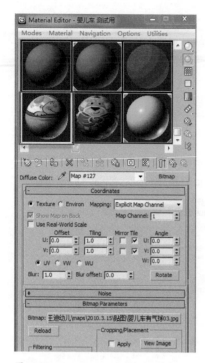

图19-57

STEP 05 在材质编辑器中单击Go to Parent【去到父层级】按钮，如图19-58所示。

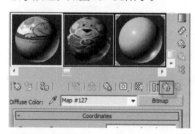

图19-58

回到Maps【贴图】卷展栏中，单击Opacity【透明】材质扩展槽，如图19-59所示。

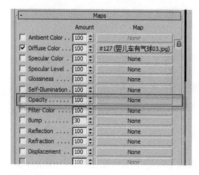

图19-59

在弹出的Material/Map Browser【材质/贴图目录】对话框中双击Bitmap【位图】选项，如图19-60所示。

图19-60

在弹出的Select Bitmap Image File【选择位图图像文件】对话框中把之前保存好的"婴儿车有气球03bl"打开，如图19-61所示。

图19-61

将这张黑白图置入之后，单击材质编辑器的Background【背景】按钮，如图19-62所示。

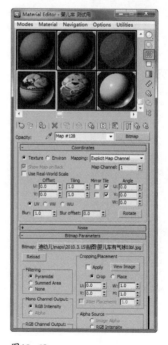

图19-62

然后双击本材质球，可以看到在弹出的本材质球的缩略大图中，婴儿车原本白色的背景已经没有了，转而是以透明的镂空背景呈现，如图19-63所示。

图19-63

STEP 06 单击Assign Material to Selection【指定材质给所选物体】按钮，如图19-64所示。

图19-64

把设置好的贴图指定给在视图中创建的那个Plane【平面】，同时在视图中可以看到这辆婴儿车以没有背景的镂空方式存在于3ds Max的场景中，如图19-65所示。

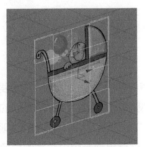

图19-65

在渲染视图中，它也是没有背景的物体，如图19-66所示。

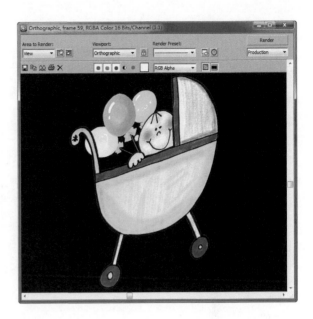

图19-66

STEP 07 依照上述方法，逐步将更多的类似物体制作好，最终用这些物件来制作一个立体书的三维场景，如图19-67所示。

图19-67

渲染后的效果如图19-68所示。

图19-68

场景中的图，如图19-69所示。

图19-69

渲染后得到的图，如图19-70所示。

图19-70

　　总结，在本实例中所讲述的纸质的特性是：在一些频道包装中并不是作为一种主要的角色在包装中呈现，而是由很多小的角色一起来烘托整个包装的氛围，这些角色一般可以使用图片+透明通道的方式来呈现，而不需要再去建模。将角色的图片贴在材质编辑器的Diffuse【漫反射】扩展槽里，将图片的黑白透明通道（黑色为透明，白色为实体）贴在材质编辑器的Opacity【透明】扩展槽里，这样就能出现一个个片状的角色，在表现像立体书里面这样的不太需要太多细节的纸质角色的时候是非常能提高工作效率的。

第20章

角色表情动画的表现

20.1　角色表情分析

　　本章主要解析了动画角色表情的表现与真人表演的不同。动画角色的表情一般都是有很明确的喜怒哀乐的，很少有像真人影视里面那么复杂的情绪演绎，这与动画角色的观看受众有关。特别有些人类表情是比较抽象的，像"踌躇满志""喜极而泣"这种要读懂它们确实也需要一定的社会阅历和人生体会，而动画角色大部分的观众年龄层都比较低，近年来也有很多动画片都是适合全家观看的，不过就算是老少皆宜，这些动画片吸引全家观看的原因主要还是它们带来的快乐与奇幻的观看体验，所以为了凸显角色的个性，也为了降低阅读剧情的难度，动画角色的表情往往会比较夸张和明确，用这种夸大了的表情来告诉观众这个角色是一个什么性格，是好人还是坏人，懒惰还是勤奋，聪明还是憨直……如图20-1所示。

图20-1

　　在《功夫熊猫》里，松鼠师傅的表情与乌龟大师的表情是截然不同的，松鼠师傅一看就是那种只懂"用力"的人，如果有什么事情还没有办妥，对松鼠师傅来说唯一的办法就是再多花些力气，而乌龟大师则是充满了经历过大风大浪，看遍人间百态的淡定泰然。他们在《功夫熊猫1》里面有一段非常有意思的戏来表现这两个角色迥然不同的心理素质——松鼠师傅听到钟声气急败坏的冲上大殿去找乌龟大师，开口就说："出了什么事？你找我？"而乌龟则不紧不慢地吹灭一个个蜡烛，然后对松鼠说："没事就不能找你来看看你吗？"然后继续不慌不忙地吹蜡烛，而松鼠已经心急如焚了，使用功夫一下子就帮乌龟大师把它面前所有的蜡烛都扇灭了，然后告诉乌龟大师："都什么时候了，你还有心思开玩笑"（交代一下背景，豹子大龙从天牢逃出来了），如图20-2所示。

图20-2

　　这样一段戏，虽然好莱坞梦工厂的三维制作能力是相当高超的，可以毫无悬念的制作出和人类表情一样的卡通表情，但是当涉及一些比较晦涩难懂的人类心理的时候，为了能够让观众不要花太多的时间去读懂这两个角色到底在干嘛，导演和编剧设计了一出乌龟吹蜡烛，松鼠看到吹蜡烛觉得百爪挠心，然后用很厉害的"内功"把所有的蜡烛都扇灭了的戏，如图20-3所示。

图20-3

　　这就是因为动画影片里面的角色主要面对的是没有丰富人生阅历和感悟的人群，所以在制作表情时，就算有再高深的技术保障，也要通过情节的巧妙安排，比如用对比松鼠和乌龟的行事方式来让观众看清这两个人性格的不同，分辨出他们在遇到事情时心理素质的差异，就算有些小观众并不能准确地用词汇说出这种不同，但因为有了两者对于"吹蜡烛"这个事情的不同吹法，就在这些小观众的心里留了一个以蜡烛为代表的印象，为后面交代豹子大龙是怎么变坏的，乌龟为什么要选熊猫做"神龙大侠"做好了铺垫，让影片真正变成老少皆宜，都看得明白，如图20-4所示。

大龙要回来了

图20-4

另外，皮克斯的三维动画片《汽车总动员》也是一部将人类表情很好地结合在汽车这个本身没有五官的物件身上。皮克斯对角色表情的设计是非常有创新精神的，他们将汽车的脸部放在了车窗的位置，而不是传统的车灯作为眼睛，同时忽略汽车的进气格栅的阻碍，直接给车加了个嘴，这些创新给了汽车角色们更大的表情变化的空间，这样可以让动画工作者制作出更加丰富的表情，让剧情也可以设计的更为多样复杂。这样的表情创新设计对于表情的三维制作来说也并没有什么太大的挑战，应该说当表情变化区域的面积变大了以后，三维动画师在制作表情上的难度只会降低而不会增大，这让工作人员可以把更多的精力放在体会角色的情感，制作出各种妙趣横生的画面上。从《汽车总动员》的表情设计来看，真正好的创意不会去把制作难度提高，而是应该把制作难度降低，然后让所有的工作人员把节省出来的时间用在体会角色，感受角色，去揣摩出富有灵魂的动画上，如图20-5所示。

图20-5

最后，一起来看看几个根本没有表情的角色是如何俘获观众的心的，一个是2008年皮克斯的《机器人总动员》，一个是2015年迪斯尼的《超能陆战队》。里面的几个主要角色们：矮大紧垃圾清理机器人瓦力，白富美多功能机器人伊娃，还有超能陆战队里面的暖男机器人大白，有趣的是这三个机器人角色都没有具体的面部表情来模拟人类的情感，但是这一点也不妨碍动画创作者开动他们的脑筋去就地取材地发现一些角色可以用来表达情感的小细节，比如垃圾机器人瓦力，它的望远镜一样的眼睛就是一个可以表达情感的小零件，虽然它的眼睛只能做出有限制角度的旋转，但是配合剧情做出合适的反应时，这种被限制了的"情感技术局限性"反而增强了这个角色的努力与不容易，就像一个身残志坚的孩子需要付出比常人更多的艰辛才能实现心中的愿望一样，更加能得到观众的同情和支持，如图20-6所示。

图20-6

多功能机器人伊娃则是一个典型的白富美型的高等级先进机器人，与负责垃圾清理的瓦力正好形成鲜明的对比。伊娃的表情和肢体一样非常简单干净，同时它又有威力惊人的战斗力，这样的一个角色在极简的表情下更显得非常干练和高冷，对瓦力来说要赢得伊娃的芳心就只能用真情而不是能力了，当瓦力用真情与勇敢感动高冷的伊娃，最终有情人终成眷属的那种不容易能够被观众接纳，正是归功于瓦力的"情感技术局限性"和伊娃的"极简到高冷"的戏剧矛盾产生的冲突，在这样的戏剧矛盾中，剧情才会有一种张弛的力量牵动观众的观影情绪，如图20-7所示。

图20-7

在同样票房大卖的《超能陆战队》中，医疗看护机器人"大白"也是一位没有表情的角色，虽然没有表情，但是它的充气身体是一个柔软可变形的设备，这个设备可以通过充气和放气产生的声音、塌瘪、膨胀等变化参与到人物才有的情感交流里面来，还能当做取暖的暖炉给落水着凉的朋友们烘干身体……如图20-8所示。

图20-8

总结，表情的设计与制作不仅仅是一个三维建模的工作，它更是对整部戏从说故事到市场营销的一个全盘考虑的事情，要求创作者不仅要有出色的三维技术，还要有感悟角色灵魂的悟性和参与完整动画项目的热情。所以虽然"大白"们没有表情，但是并不影响动画创作者通过表情以外的方式来表达它们的情感，对于像"大白"、瓦力和伊娃这样的机器人角色来说，有时没有表情反而正好可以强化出它们内心的热度，这种真情和像孩子一样的简单的价值观，在遇到现实考验时的那种对真善美的坚持，同时内心也不得不利弊权衡而形成的矛盾，更能让观众体会到它们冰冷外表下那颗滚烫的心，这种来自内心的力量就是"人性的力量"，不管是什么角色，有没有类似人类的五官，角色表情的目标都是让观众能感受到人性的力量。

20.2　表情的表现风格

本节的主要内容是讲述西方和东方两种表情的表现风格的特点，这些风格受到不同国家人民审美习惯的影响，也受到每一个时期所特有的时代特征的影响，读者通过本节的学习可以对东西方表情表现风格是如何变化和发展的有一个概括的了解。

总的来说，卡通角色不论是二维的还是三维的，都可以区分为西方和东方两大表情表现风格，其中经典的要数美国动画为代表的西方表情表现风格和日本动画为代表的东方表情表现风格。这两个国家的动漫发展历史都非常悠久，发展兴起的时间也都是差不多在20世纪20～30年代。西方第一部有声动画片是1928年沃尔特·迪斯尼创作的《蒸汽船威利》，日本公认的第一部有声动画片是1933年由政冈宪三和他学生懒尾光世创作的《力与世间女子》，如图20-9所示。

两国的动画发展历史都已经跨越了80多年，形成了非常成熟和为世人接受的绘画风格，两种动画角色的表情表现也非常的风格化。也涌现了相当多的动漫大师，日本动画界为"80后""90后"非常熟悉的大师级的人物有手家治虫、宫崎骏、鸟山明、车田正美、押井守、大友克洋、井上雄彦等；同样美国动画界的大师级人物和公司也是层出不穷像：沃尔特·迪斯尼、大卫·艾立克、理查德·威廉姆斯、华纳、皮克斯、梦工厂等，他们每个人都有自己对于角色表情的表现风格，同时又都统一于其所在的西方和东方的大风格里，如图20-10所示。

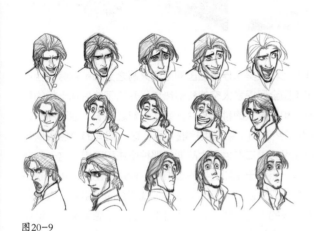

图20-9　　　　　　　　　　　　　　　　　　　　　图20-10

　　随意抽出一张来自早期1928~1935年美国经典动画的影像，第一印象都是美国卡通角色的表情都很圆润，角色不管是动物还是人物都是以"圆"作为组成角色的基本形状，角色的表情也多为圆润和与世无争型。在第二次世界大战爆发以后，随着美国国内进行战争动员和激励民众的需要，出现了很多漫画卡通形象的视觉英雄，被视作美国精神象征的《美国队长》漫画，和同时代漫画史上第一位超级英雄——超人等英雄人物纷纷加入第二次世界大战的宣传前线；还有很多号召开展大生产，驰援前线，购买战争国债的招贴画，像经典的"I want you"征兵海报等，这些绘画的风格一改战前美国人对世界事务漠不关心的只过好自己小日子的田园态度，此时角色的表情风格非常犀利强悍，眉宇间充斥着毫不犹豫、勇往直前的精神气质，整个这时期的美国漫画卡通角色都属于非常脸谱化的状态。如图20-11所示。

图20-11

　　第二次世界大战前日本动画主要是讲述一些生活中有趣的小事情，像1933年的《力与世间女子》，讲的就是一个小人物的三角恋的喜剧故事，可以看到在这个时期的日本动画里角色的表情还是很有日本民族特色的那种幽默感的。到了第二次世界大战全面爆发以后，日本同样也采用了在民间颇受欢迎的漫画的形式来为侵略战争鼓噪助威，比如利用日本民间家喻户晓的人物桃太郎来制作了一系列美化军国主义的动画片——《桃太郎·海上神兵1944》等，这些美化侵略战争的影片制作精良，在保持了日本角色的表情风格的同时更加突出了对于战争的支持，与第二次世界大战时的美国一样，日本的动画角色在第二次世界大战时也在做着同样的事情，如图20-12所示。

图20-12

在第二次世界大战结束后的冷战时期，随着沃尔特·迪斯尼和被美军俘虏回国的德国火箭之父冯·克劳恩合作的一系列讲述科学技术的电视、电影科幻片的兴起，点燃了美国全民探索太空的科幻热情，开始了往后几十年的科幻狂想曲，应运而生了一系列关于火箭、宇宙飞船、星际航行和外星人的科幻影片。如《奇幻之旅》《地球停转之日》《星球大战系列》《星际旅行系列》和开启外星人和UFO热潮的《第三类接触》等。这一期间的角色表情与第二次世界大战时期的卡通角色表情比较起来，可以发现已经没有第二次世界大战期间那种坚决和无畏，这一时期的角色更多了一种对神秘宇宙和外星生物的探索之情，虽然有一点对于未知世界的恐惧感，但是角色脸谱化的趋势开始逐渐减弱，角色开始思考自己存在于宇宙中的意义，生存与毁灭已经不是战争中的杀戮那么简单粗暴，人们开始对于自己的所作所为有所反思，这时角色的表情开始融入更多的人之常情。同时期日本也涌现了像手冢治虫这样有着人文和自然保护主义情怀的漫画家，他的《铁臂阿童木》《森林大帝》等也是同样反思生存的意义和环境保护的，如图20-13所示。

图20-13

在冷战的后期，有一部延续至今仍然生命力强劲的电视节目——《芝麻街》诞生了，这部电视节目是美国公共广播协会（PBS）制作播出的儿童教育电视节目，它是迄今为止，获得艾美奖奖项最多的一个儿童节目，是现代的大量针对儿童寓教于乐电视节目的鼻祖。芝麻街里面的角色表情表现风格是一种多种族的表现风格，通过单纯的大眼睛配上各种不同色彩毛茸茸的毛发，形成了对美国这个多民族国家各种民族的代表，这也正是《芝麻街》电视节目创作的初衷。19世纪60年代末的美国是一个种族矛盾非常尖锐的时刻，为了让下一代的孩子从小就懂得与其他种族和睦相处、互帮互助，一档旨在对孩子进行潜移默化教育的合家欢的电视节目就成了最好的综合呈现方式。采用提线木偶和手套木偶的方式，虽然木偶不能像下一代的三维动画一样制作出逼真的表情，但是艺术家也想了很多办法来增强角色的表情表现力，比如使用夸张的大嘴巴，夸张的大眼睛和眼皮，忽闪忽闪的长睫毛，特别是这些角色毛茸茸、颜色各异的毛发不仅模仿了不同种族的发型和肤色，还强化了角色的性格倾向，为电视机前的小朋友能看懂并参与其中起到了良好的作用，如图20-14所示。

图20-14

　　到了21世纪（2000~2015年），随着计算机技术的发展，DNA链解码的突破，网络与各种分布式清洁能源的发明，人们的需求也变得更加多元化，不再像第二次世界大战和冷战时期那样的一种模式。

　　在这样的新的时代，角色表情也变得更加返璞归真，以第一部真正意义上的三维动画长篇——皮克斯的《玩具总动员》为先导，诞生了一大批更加关注亲情、友情、爱情的三维动画电影，像《虫虫危机》《海底总动员》《怪物公司》《闪电狗博尔特》《机器人瓦力》《阿凡达》《功夫熊猫》《驯龙骑士》和《超能陆战队》等，不胜枚举的佳片杰作不断通过富有灵气与创意的艺术家的手呈现在广大观众面前，令全家老少都可以体会到亲情、友情和爱情带来的丰富心灵感受。当世界变得和平，行动中也可以随时与他人保持联系时，人们在享受科技带来的各种便利之时，也对人与人之间的真情的需求变得更加珍惜，那些在现实世界里不能得到充分满足的情感需求，可以在动画角色的自我救赎中让观众得到自我情绪的满足，在这样的市场里，角色表情也变得越来越有人情味，不管是人物的角色，还是非人物的角色，他们的表情风格都变得越来越生活化，越来越真实，越来越像我们自己，如图20-15所示。

图20-15

　　总结，表情的表现风格绝不是孤立存在的一个可以独立拿出来的风格，表情的表现风格如果在没有时代背景和市场需求的情况下几乎可以有无限多的可能性，但是任何事物的发展都是有其传承和发展的谱系和脉络的，这些谱系和脉络上下承接的是人类的欲望与反思，同时伴随着各种科学技术的突破，推动着艺术家把角色表情的表现风格不断带入新的时代。但是不管科技会如何改善角色表情表现时的难度，角色的表情表现终究是为影视和戏剧等有实际用途的产品服务的，当这些产品是要面对市场的时候，表情的表现风格就一定是与市场需求有关的，如图20-16所示。

图20-16

所以，虽然80多年来，动画角色的表情表现风格各异，但是所有不同时期的角色表情的表现风格都是在为那个时期的需求服务，能存活下来被写进历史的成功角色创作都是在满足客观需要的前提下去进行的艺术创作，对艺术家来说在创作任何表情风格时一定不能忘了要去对客观存在的事物和时代的需求做科学严谨的调查和研究，如图20-17所示。

图20-17

20.3　表情控制器工作原理

本节的主要内容是以理论的方式阐述表情控制器的工作原理，读者通过本节的学习可以了解到为什么要使用表情控制器。

使用表情控制器的目的是减小制作时直接调节面部表情变形参数或者控制面部表情变形的骨骼时的操作难度。因为当为一个模型的原始头部添加了很多个Morph【变形控制器】以后，就需要不断下拉滚动卷展栏才能看到全部的Morph【变形控制器】，有时找一个表情需要浪费不少时间；而有的时候由于表情和牙齿，舌头还会有与角色头部穿帮的可能，可能还需要制作标准表情以外的修正穿帮用的附加表情，这时来回的调节也会花费不少的时间。而当使用骨骼群组来对角色的表情进行控制的时候，寻找骨骼和调整骨骼就会变得更加费事费时，所以需要制作表情控制器来让制作角色表情变化的过程变得简便清晰，如图20-18所示。

图20-18

表情控制器的工作原理简单来说就是通过使用二维的矩形和圆形等直观形状，通过Reaction Manager【反应管理器】把这些二维直观物体的运动给关联到相对应的角色表情的Morph【变形控制器】上，让好认、好找的圆圈来操控表情Morph【变形控制器】堆阶里面的每一个变形目标。使用时，需要给每一个表情控制器编写相应的名称，还要为控制器设置"0位"以便这些二维控制器可以创建在视图的任何位置，让这些起始数据不搞乱后面Reaction Manager【反应管理器】里面的Sate【状态】数值的显示等，这些操作将在下一小节中阐述，如图20-19所示。

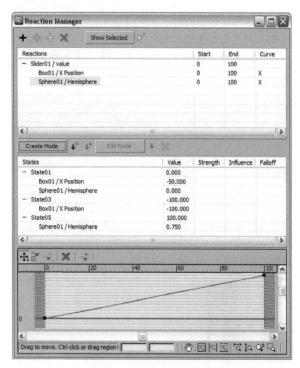

图20-19

20.4　表情控制器参数详解

本节的主要内容是从技术参数的角度，通过实际的应用举例，使读者通过学习了解到表情控制器的参数是由哪些组成的。

3ds Max的表情控制器由以下4部分组成：①自建的2d控制组件；②制作好的角色表情变形目标；③运动面板里的Float Limit【位移限制控制器】；④Reaction Manager【反应管理器】。

① 自建的2d控制组件是在创建面板的Shapes【二维曲线形状】 面板里面，通常选用 Rectangle Rectangle【矩形】作为控制器的操作范围，选用 Circle 圆圈作为控制器的操作手柄，如图20-20所示。

图20-20

也就是让圆圈上下左右的运动来操控相应的角色表情的变化，圆圈在矩形的范围内移动，不超出矩形的范围。一般还需要在矩形与圆圈组成的控制组件下使用 Text 给这个控制组件编写相应名称，如图20-21所示。

图20-21

② 制作好的角色表情变形目标是在前期的建模中已经制作好的各种从初始状态演变过来的像角色在发"喔……""撇嘴""微笑"等表情，每一个表情都是分别制作的模型，且保持每一个表情上的点的数量一

致，这样可以在后面的Morph【变形控制器】里成功拾取，若在制作表情目标时因为加了点和线致使模型上点的数量发生变化了，则无法在Morph【变形控制器】内拾取为变形目标物体，如图20-22所示。

图20-22

③ 运动面板里的Float Limit【位移限制控制器】位于【运动面板】■内，点击Assign Controller【指定控制器按钮】可以给相关坐标轴指定Float Limit【位移限制控制器】，如图20-23所示。

2d物体"圆圈"在作为控制器使用时不能超出"矩形方块"的区域，这时需要使用Float Limit【限制控制器】来限定"圆圈"的运动范围，如图20-24所示。

图20-23   图20-24

技术提示： 为了能让2d自建控件可以放置在3ds Max场景里的任何位置，而其自身坐标不影响后面Reaction Manager【反应管理器】里的State状态参数，需要通过选择"圆圈"物体以后按住Alt键，同时单击鼠标右键弹出一个小菜单。在这个小菜单里选择Freeze Transform【冻结位移】来冻结掉这个"圆圈"的位移，使它的起始位置不管放在场景中的任意点都始终在Reaction Manager【反应管理器】中显示起始最小值为"0"，从而方便对Reaction Manager【反应管理器】里父子关系的State【状态】进行管理，如图20-25所示。

若在调整中移动了圆圈后，希望将圆圈的位置归零的话，可以按住Alt键的同时单击鼠标右键，在弹出的菜单里选择Transform to Zero【归零】来让"圆圈"回到起始位置，如图20-26所示。

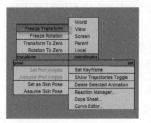

图20-25   图20-26

④ Reaction Manager【反应管理器】是一个位于3ds Max界面主菜单栏里，Animation【动画】分菜单栏里的一个选项，如图20-27所示。

图20-27

单击之后会弹出Reaction Manager【反应管理器】控制窗口，如图20-28所示。

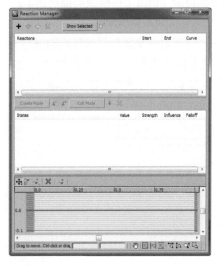

图20-28

这个反应管理器是用来告诉3ds Max系统哪个物体是父物体，哪个物体是被操控的子物体，管理器面板分上中下三块。

① 上部为添加父子关系的区域，如图20-29所示。

图20-29

在【反应管理器】的父子关系区域，黑色加号为Add Master【添加父物体】，其右边的灰色加号是Add Slave【添加子物体】，如图20-30所示。

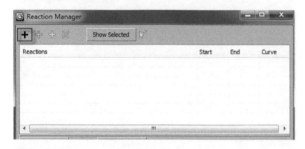

图20-30

比如用"圆圈"来操控蚂蚁的表情，"圆圈"就是通过Add Master【添加父物体】添加进去，蚂蚁表情相对应的Morph通道就通过Add Slave【添加子物体】添加进去。这里的结构类似于通过【链接工具】形成的父子链接关系，如图20-31所示。

图20-31

② 中部为State【状态栏】，用来为控制器与被控制的变形目标指示相应的控制参数状态，如图20-32所示。

中部的State【状态栏】上最有用的按钮就是这个向下的黑色小箭头，它叫Create State【创建状态】，如图20-33所示。

图20-32

图20-33

它的使命类似于动画命令里面的Set Key【创建关键帧】按钮，如图20-34所示。

图20-34

在Reaction Manager【反应管理器】里，通过创建State【状态】的最大值和最小值的"关键帧"以后，系统就知道父物体在影响子物体时的一个Value【变化程度数值】的区间，这个父物体影响子物体的变化区间就是从0到4的5个变化区间里，如图20-35所示。

图20-35

知识提示：【反应管理器】通过这个向下的黑色小箭头来分别指示父物体处于什么状态时，子物体相应的状态，从而形成明确的参数控制。在黑色小箭头下面的状态显示区域里有显示出分别表示父子物体状态与变化数据的参数，红色框选的Value【数值】就是表示父子相对应的状态变化参数，上面的为父物体的参数，下面的为子物体的参数，按照现在的参数所示，其意思为：当父物体参数为0时，子物体的相应参数为4。一般在设置参数时需要为父子物体设置一个最小值的状态，通常为起始状态，也可以是为"0"时的状态，还需要设置一个最大值的状态给子物体, 当有了一个最小值和最大值的区间以后, 就完成了一个反应管理器的控制设置。

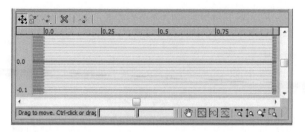

图20-36

③ Reaction Manager【反应管理器】最下部为类似Track View【曲线编辑器】的部分, 用来调节变化曲线, 用法与Track View【曲线编辑器】一致, 如图20-36所示。

20.5 表情控制器的使用

本节的主要内容是通过自制的矩形+圆圈的表情控制器去操控蚂蚁头部表情的实例, 来学习表情控制器是如何使用的, 读者通过本节的学习可以掌握Freeze Transform【冻结位移】、Transform To Zero【归零位】和Reaction Manager【反应管理器】的使用方法, 为今后自己创建动画角色做好技术储备。

STEP 01 首先通过创建面板的【二维图形面板】在前视图中创建一个长宽均为100个单位的正方形线框, 如图20-37所示。

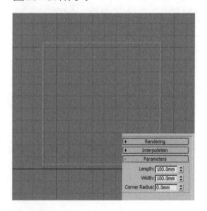

图20-37

STEP 02 在矩形中心位置创建一个任意大小的二维图形圆圈, 如图20-38所示。

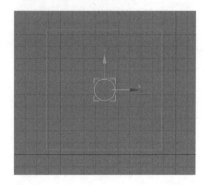

图20-38

STEP 03 通过Text【文字】在其下注明为面部表情字样, 如图20-39所示。

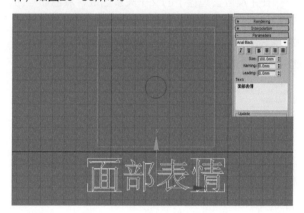

图20-39

STEP 04 通过Edit Poly【编辑多边形】命令, 经过建模与调整, 分别为城市蚂蚁的头部原型物体创建两个名为"喔"和"撇嘴"的表情目标物体, 如图20-40所示。

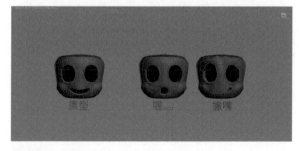

图20-40

STEP 05 为城市蚂蚁的头部原型物体在命令面板中添加Morph【变形修改器】, 如图20-41所示。

图20-41

在添加之后会出现一系列的Empty【空槽】表情目标通道，如图20-42所示。

STEP 06 右键单击第一个Empty【空槽】，点击Pick From Scene【从场景中拾取】后，鼠标显示为十字形，这时可以点击场景里的目标表情，拾取进Empty【空槽】作为一个表情变形目标，如图20-43所示。

STEP 07 拾取成功后原本Empty【空槽】就变成这个拾取进来的表情的名字，如图20-44所示。

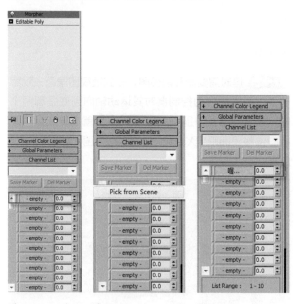

图20-42　　　图20-43　　　图20-44

当将第一个表情变形目标"喔"的数值由0改为100后，可以发现场景中的城市蚂蚁头部原型也变成了目标"喔"的样子。同理将名称为"撇嘴"的变形表情目标拾取进第二个Empty【空槽】中，如图20-45所示。

图20-45

STEP 08 选择自制控制器的圆圈物体，按住键盘上的Alt键，然后同时按住鼠标右键，这时会弹出一个快捷菜单，如图20-46所示。

图20-46

STEP 09 在这个菜单里选择Freeze Transform【冻结位移】，如图20-47所示。

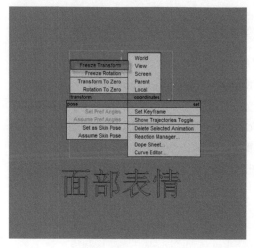

图20-47

会弹出一个征询确认弹窗，按"是"即可，如图20-48所示。

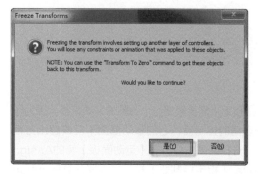

图20-48

技术提示： 这样把这个圆圈的位移冻结以后，圆圈自身位移的起始参数就会在后面的Reaction Manager【反应管理器】里始终保持为零，并将这个圆圈创建在场景的任何位置。同时，在操作时将圆圈拖离了它的起始位置，如图20-49所示。

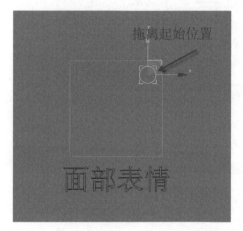

图20-49

也可以通过选择圆圈后，按住键盘上的Alt键，然后单击鼠标右键弹出一个小菜单，在这个小菜单里选择Transform To Zero【归零位】，这个圆圈就可以回到起始位置了，如图20-50所示。

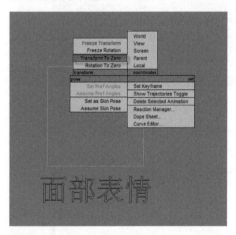

图20-50

STEP 10 接下来需要限定这个圆圈的移动范围，因为作为一个表情的控制器，它的移动范围不应该超出方框的范围。选择圆圈物体，在【运动面板】 的Assign Controller【指定控制器】卷展栏中展开其Position【位移】下面的Zero Pos XYZ【零位移XYZ】，如图20-51所示。

图20-51

STEP 11 这时需要离开前视图，去到透视图里面去观察一下，当圆圈作为控制器时其运动轴向到底是哪两个轴，通过观察发现是X轴和Z轴，这样就需要在运动面板的位移里面限定X轴和Z轴的运动范围，如图20-52所示。

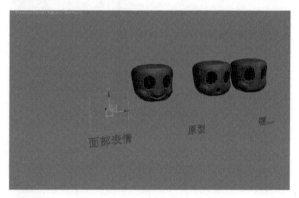

图20-52

STEP 12 在运动面板的Assign Controller【指定控制器】卷展栏中选择这个圆圈的X轴，然后用鼠标左键单击Assign Controller【指定控制器】按钮 ，如图20-53所示。

这时会弹出一个控制器的选择对话框，选择Float Limit【浮点限制控制器】，如图20-54所示。

图20-53　　　　　　图20-54

STEP 13 选择之后，会再跟着再弹出一个对话框，这个小框是一个参数设置对话框，用来设置圆圈的移动范围，由于正方形外框的长宽都是100，所以作为圆圈来说其最大的移动单位就是50与-50，如图20-55所示。

STEP 14 设置完毕后，X Position【X位移】边上会有一个红色圆圈出现，同理给圆圈的Z轴也做同样的操作，如图20-56所示。

图20-55   图20-56

这时，再去移动圆圈的时候会发现它只能在方框的范围内移动了，如图20-57所示。

图20-57

STEP 15 接下来通过Reaction Manager【反应管理器】让圆圈控制蚂蚁头部的表情。Reaction Manager【反应管理器】是在3ds Max顶部菜单的Animation里的，如图20-58所示。

图20-58

单击Reaction Manager以后弹出反应管理器操作界面，如图20-59所示。

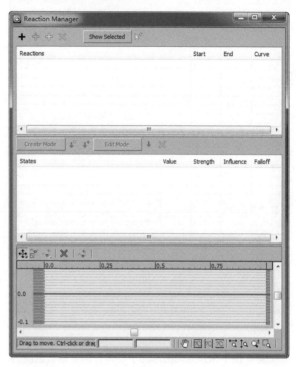

图20-59

STEP 16 单击黑色小加号后选择作为"控制者"也就是父物体的圆圈，在一系列的后拉菜单里面选择Zero Pos XYZ【零位】里X轴Position【位移】下面的Limit Controller：Bezier Float【贝塞尔浮点限制控制器】，这些联系与其在运动面板里面的参数是相对应的，其实也就是指定圆圈的贝塞尔浮点限制控制器为父物体，如图20-60所示。

图20-60

单击之后，圆圈就被当做父物体添加进了Reaction Manager【反应管理器】内，如图20-61所示。

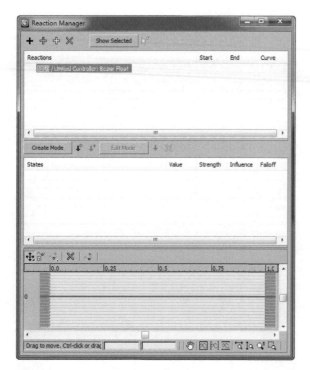

图20-61

STEP 17 接下来是为圆圈添加子物体，也就是被圆圈的位移影响的城市蚂蚁头部的Morph【变形】通道需要被作为Slave【子物体】添加进去。在确保反应控制器里是圆圈为父物体被选择时（呈蓝色被选择状态），点击黑色小加号右侧的灰色小加号，如图20-62所示。

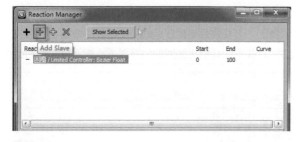

图20-62

STEP 18 然后单击城市蚂蚁的原型头部，之前已为这个原型头部在命令面板中添加了Morph修改器，并拾取了"喔"和"撇嘴"两个表情。在Modified Object【修改物体】下面找到Morph，然后在它下面选择变形表情目标"喔…"，单击鼠标左键，这样圆圈作为父物体就可以通过它的移动控制这个"喔"表情，如图20-63所示。

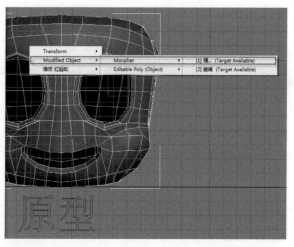

图20-63

这时可以观察到在Reaction Manager【反应管理器】的窗口里，"喔"作为圆圈的子物体已经被添加进去了，如图20-64所示。

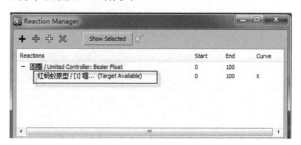

图20-64

同时可以看到在下面的状态栏中由于圆圈的初始位置是被冻结的Zero【零位】所以这个圆圈与"喔"的状态在当前这个初始状态下的State【状态】值都是为"0"的，如图20-65所示。

图20-65

STEP 19 在State003【状态003】处于非选择状态时，点选状态栏里的黑色向下小箭头，它是用来为当前的圆圈和"喔"创建状态的，这样在已有的初始状态State003【状态003】，初始值Value均为0的状态下，又多出来一个叫State004【状态004】的新状态，默认的Value【数值】也是0，如图20-66所示。

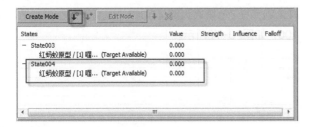

图20-66

知识提示： 有了Master【父物体控制器】和Slave【子被控制物体】都为零的初始状态的State【状态】以后，还需要为圆圈指定一下其与"喔"这个表情变形目标在数值最大时的State【状态】，以便让Reaction Manager【反应管理器】知道变化的极端区间。可以把它当作类似于动画里面设置关键帧去理解，当Reaction Manager【反应管理器】知道了一个最小值和一个最大值的"关键帧"以后，它就可以自动化的去运算当中的数值变化。

STEP 20 接下来将State004【状态004】上面的一个表示圆圈在X轴上移动的极限数值设为50，下面的"喔"在Morph【变形修改器】里的极限数值设为100，这样State004【状态004】就设置好了。与State003【状态003】一起表示圆圈运动的两个极值，如图20-67所示。

图20-67

STEP 21 为圆圈和它对应的表情变形Morph通道"喔"设置了初始状态和最大极限状态后，在X轴上去移动圆圈时，会看到圆圈已经可以控制蚂蚁头部表达出为"喔"的口型，如图20-68所示。

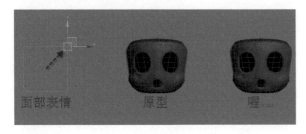

图20-68

STEP 22 然后，在Reaction Manager【反应管理器】中，在第一个被添加进去的控制"喔"的圆圈项处于非选择状态时，继续为这个圆圈的Z轴添加"撇嘴"这个表情，同样在Reaction Manager【反应管理器】里按黑色小加号然后点选蚂蚁头部原形物体，在后拉的一系列菜单里选择到Z轴下面的贝塞尔控制器，如图20-69所示。

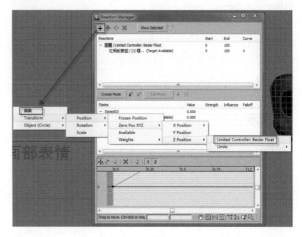

图20-69

然后在Reaction Manager【反应管理器】的Reactions【反应器】栏里会看到圆圈的Z轴的Bezier Float【贝塞尔浮点控制器】被添加进来，作为另一个父物体参数，如图20-70所示。

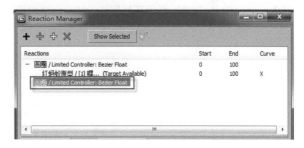

图20-70

STEP 23 在圆圈的Z轴Bezier Float【贝塞尔浮点控制器】处于天蓝色被选择状态下，单击黑色小加号边上的灰色小加号，再单击场景中的蚂蚁头部原型，为圆圈的Z轴添加其子物体——"撇嘴"的Morph【变体】通道，如图20-71所示。

图20-71

STEP 24 添加成功之后，会在状态栏里面出现新的State001【状态001】，这个状态是圆圈的Z轴和表情通道"撇嘴"之间的父子关系的状态，如图20-72所示。

图20-72

知识提示： State【状态】后面的数字"001"还是"002"取决于之前是否有操作过和删除过，如果之前有过添加操作，并因为不合适而删除过，那在Reaction Manager【反应管理器】中会继续往后面计数，而不是采用已经操作过的计数，就算之前的状态已经被删除，它也是继续往后计数的。

STEP 25 同样，需要像之前的操作一样，为圆圈Z轴和"撇嘴"这个新的父子关系添加最大的极限状态（默认的最小极限状态已经有了，是零）。在State【状态】001处于非选择状态下，点击状态栏里面的黑色向下小箭头，出现State002，然后在其相应的Value值里面

打入圆圈在Z轴里最大数值50和"撇嘴"的极限数值100，如图20-73所示。

图20-73

STEP 26 然后向上沿着Z轴移动圆圈至方框边缘时，可以观察到蚂蚁头部原型物体的表情已经变成了"撇嘴"的状态。这时，这个圆圈物体就已经可以在随意拖动时成功地控制蚂蚁的表情了，也就成功地完成了表情控制器的设置，如图20-74所示。

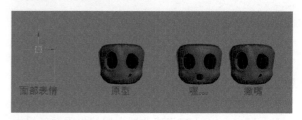

图20-74

技术提示： 注意由于在蚂蚁头部的Morph【变体】里面没有设置负数，所以当圆圈移向左侧负数区域时是不会有相应的表情变化的。

表情的应用

第21章

本章内容
- ◆ 实例1：简单角色的表情设计
- ◆ 实例2：标准五官表情设计
- ◆ 实例3：高级表情的动画技法

21.1　实例1：简单角色的表情设计

　　本章主要介绍了简单角色的表情设计风格与方法，简单角色主要指一般的卡通风格的角色，这类角色的表情对创作者来说自由变换的空间是相当大的，几乎没有一个死板的标准可以限制创作者对表情的调整。虽然随着3ds Max第三方插件的蓬勃发展，也出现了很多为表情服务的插件，但是从简单角色的表情设计来说，它的表情设计思路却是所有表情制作的一个思维方式的基础，通过对简单角色表情设计的了解，可以使创作者对不同角色表情是如何构建有一个基础性的认识。

STEP 01 首先仔细观察视图中的角色，在视图中有一个简单的卡通小男孩的角色模型，可以看到他是一个有头、有脖子、有身体、有四肢，虽然简单，但也是有很多部分组成的一个完成的角色模型，如图21-1所示。

STEP 02 对于表情设计来说，首先要做的是将头部先独立的与其他部分分离出来，这样方便对其单独进行调整。在3ds Max的命令面板中给这个角色添加一个Edit Poly【编辑多边形】命令，如图21-2所示。

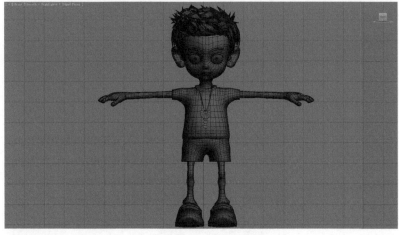

图21-1

图21-2

技术提示： 也可以在命令堆阶的空白处单击鼠标右键，再单击弹出菜单的Collapse All【整体塌陷】命令，整体一起塌陷成Edit Poly【编辑多边形】模式，但这样就是一个不可逆的操作了，对于初学者来说还是添加Edit Poly【编辑多边形】修改器要便于纠错，如图21-3所示。

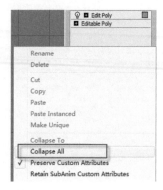

图21-3

STEP 03 然后在面选择模式下选择小男孩的头部（连脖子一起选择），如图21-4所示。

图21-4

然后在Edit Geometry【编辑几何体】卷展栏下单击Detach【分离】按钮，将小男孩的头部与身体分离出来，如图21-5所示。

图21-5

分离后可以在视图中看到头部已经处于非选择状态下了，只有身体是高亮显示，表示头部已经不是身体整体模型的一部分了，如图21-6所示。

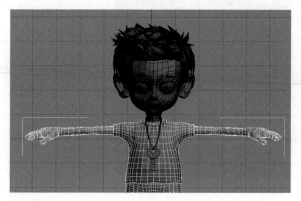

图21-6

技术提示： Detach【分离】按钮的右边有个方块的小按钮，这个小按钮的作用是选择分离的方式：一种方式是Detach To Element【分离成部件】，这种方式可以让被选择的部分直接从整体的角色上切分出来，但是只是分开，而不会成为一个独立个体；另一种方式是Detach As Clone【分离成为一个克隆物体】，这种方式可以让被选择的部分以分离的方式复制一个一模一样的部件，同时原始的头部还在角色脖子上。本节中使用的Detach【分离】模式的第三种方式，即：分离头部与身体的模式是采用了两个都不勾选的方式下按OK，这种方式可以把头部直接以另一个物体的方式与身体完全区分开成独立物体，如图21-7所示。

图21-7

STEP 04 将分离出来的小男孩头部选择之后使用Shift+鼠标左键拖曳，横向设置克隆对象为6个（加上原本的一个，总共是7个，如果是要复制7个的话，就在弹出的对话框中键入6即可），如图21-8所示。

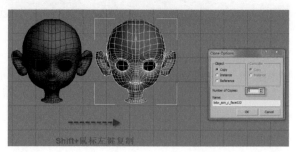

图21-8

STEP 05 利用同样的办法总共在视图中复制出21个头部模型，作为表情制作的21种变化，如图21-9所示。

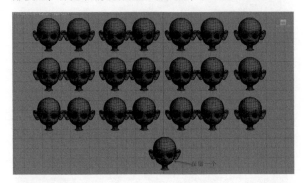

图21-9

技术提示： 这21个模型都是需要编辑的表情目标物体，所以别忘了保留一个不进行头部表情编辑的原始头部模型，一方面在表情调整好了以后要通过Morph【变形】修改器来添加表情，另一方面也是后备一个未编辑过的头部模型，以防编辑失误。

STEP 06 然后选择第一个头部样本，单击鼠标右键弹出小菜单，选择Isolate Selection【孤立选择】把这个被选择的头部模型单独地孤立出来进行Edit Poly【编辑多边形】的操作，如图21-10所示。

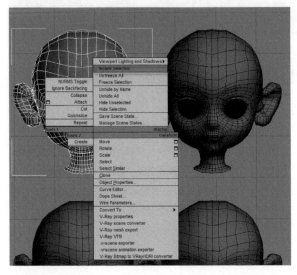

图21-10

STEP 07 在点选择模式下选择后脑勺和脖子等不需要在表情变化中编辑的点，如图21-11所示。

图21-11

在Edit Poly【编辑多边形】命令中的Edit Geometry【编辑几何体】卷展栏中单击Hide Selection【隐藏选择】按钮，将这些不需要编辑的点都隐藏起来，以免妨碍正面的表情制作，如图21-12所示。

单击后在视图中，被选的点呈消失状态，如图21-13所示。

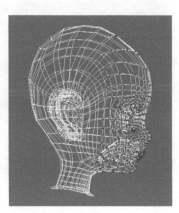

图21-12　　　　　图21-13

STEP 08 继续在点选择模式下，并使用适当的Soft Selection【软选择】参数，如图21-14所示。

图21-14

使用移动工具将头部的嘴角处的网格点抬高，并调节好周边的相关点的位置，使其看起来在做一个撇嘴的表情，并将这个头部的名字改为表情的名字——向右撇嘴，如图21-15所示。

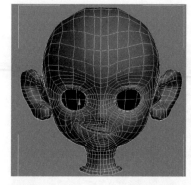

图21-15

STEP 09 利用上述办法将剩余的头部网格修改为不同表情，并分别命名。注意要将五官左右分别修改，比如："撇嘴"这个表情要做成向左边撇嘴和向右边撇嘴两个表情，得到如图所示的全部常用表情。这其实是一个建模的过程，建模的细节教学在这里不做详述，请参看前面的相关章节，如图21-16所示。

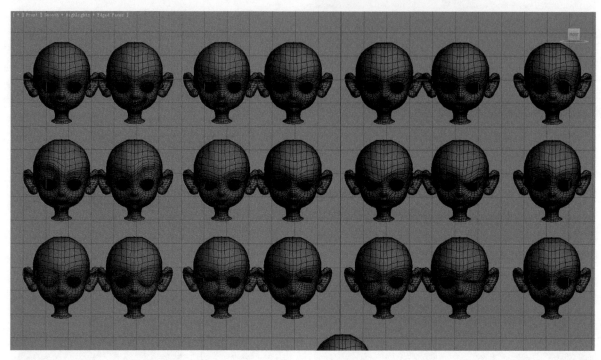

图21-16

STEP 10 选择初始状态的原始脑袋，在命令面板里给它添加一个Morph【变形】修改器，如图21-17所示。

在Morph【变形】命令里Channel List【通道列表】的卷展栏下第一个Empty【空格】里单击鼠标右键，这时会弹出一个微型菜单命令Pick from Scene【在场景中拾取】，然后使用鼠标左键点击这个命令，如图21-18所示。

单击之后，使用鼠标左键单击左上第一个表情——"向右撇嘴"，把左上第一个表情拾取进来，成为Morph【变形】命令中的一个表情通道，如图21-19所示。

STEP 11 将剩余的头部表情用同样办法依次都添加拾取进空格通道中，如图21-20所示。

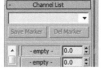

图21-17　　　　图21-18

图21-19　　　　图21-20

STEP 12 这时就已经完成了表情的编辑和添加，可以把制作的各个表情头部模型都隐藏或者删除掉，同时调节Morph【变形】修改器里表情通道的参数可以看到这些表情参数已经能作用于头部模型了，如图21-21所示。

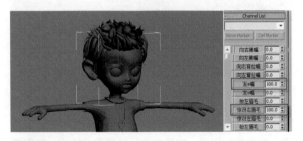

图21-21

STEP 13 选定头部模型，给它加一个Edit Poly【编辑多边形】命令，如图21-22所示。

然后单击Edit Geometry【编辑几何体】卷展栏下的Attach【附着合并】按钮，再点选身体，使头部和身体合并为一个物体，如图21-23所示。

图21-22   图21-23

当头部重新与身体合并为一个物体以后，可以从边线显示的网格上可以看出，整个角色都呈现白色边框，说明此时的头部和身体属于一个物体了，如图21-24所示。

图21-24

知识提示： 注意，如果是身体去Attach【附着合并】头部的话，头部的Morph【变形修改器】的表情就会失效，要保持表情修改器的有效，就要使用头部的Attach【附着合并】去合并身体。并且这个新加入的Edit Poly【编辑多边形】的命令必须在Morph【变形修改器】的上面一层，这样Morph【变形修改器】里拾取的所有头部的表情就还是有用的，否则这个Morph【变形修改器】命令就会失效。

在简单角色的表情设计中，采用了头部与身体分开编辑的办法，使用了Morph【变形】修改器来拾取表情目标，使用Edit Poly【编辑多边形】命令来分离头部和身体，最后还是通过这个命令将头部和身体再合二为一，需要注意的是模型的贴图绘制和UV的展开工作必须在头部和身体分离制作表情的工作之前完成，这样贴图才能跟随表情的变化发生相应的变化。

21.2 实例2：标准五官表情设计

本节的主要内容是解析标准五官的表情设计的工作步骤，所谓标准五官表情设计就是依据真实的人类口型发音和表情的真实幅度来做的表情，不像简单卡通角色那样拥有夸张的表情，而是基本都是适中的表情表现。在口型上会对角色制作一些基本的像发"A""O""E"等字幕发音的口型；标准角色的眼睛也不会像卡通角色的眼睛那样大得夸张，所以眨眼和眼部动作的幅度相对都要小很多，也比较微妙；同样眉头和肌肉的运动幅度也不会像卡通角色那样极端；同时标准五官的表情里面需要特别制作一个眼睛瞳孔的变化动作，这个动作一般在卡通角色里用的不多，但是对于标准的五官角色来说，就要模拟与正常人类一样的生理变化，像瞳孔这样，在遇到强光和紧张的时候会发生孔径大小的变化。

STEP 01 对于标准五官表情的设计来说，也是从最基础的口部发音、眨眼、皱眉等五官动作开始做起，制作方法与上一小节简单角色的表情设计是一样的，都是通过复制一些头部模型，然后对这些头部模型制作相应的Morph【变形】目标物体，然后再由给原始头部添加Morph【变形】修改器来逐个添加进去的方法制作，如图21-25所示。

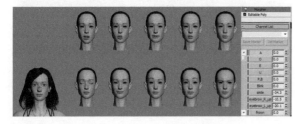

图21-25

STEP 02 不同的是针对不同的角色会有与这个角色性格背景相关的表情设计，这一点与简单卡通角色都是千篇一律的夸张表情有所不同。比如在这个实例中，角色是一个年轻女子，所以她的嘴部的表情就会制作一个类似"嘟嘴"的表情，这个表情可以被用来作为亲吻动作的时候用，而一般的简单角色不会设计这种亲吻的动作，这种动作只会在比较准确的像真人的角色才会使用，如图21-26所示。

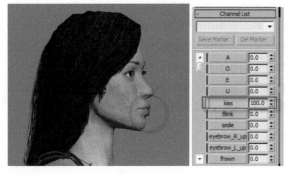

图21-26

STEP 03 在制作女孩皱眉的表情时，需要考虑到她是一个美丽的角色，所以就算再皱眉的时候也要把握住幅度，千万别和简单卡通角色一样非常的夸张，一定要用适度的变化既表现出她在皱眉，也要保持女孩美丽的外表，这也是准确角色与简单角色在表情表现上的一个显著区别，如图这个发"O"的表情，当我们正在制作这个"O"的表情时，要注意它的幅度，不要太大了，影响美观，数值打到92就可以了，如图21-27所示。

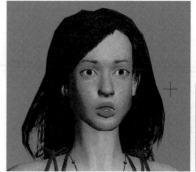

图21-27

STEP 04 口型的制作需要依据这个角色所使用的语言特点来制作基础口型，如果她使用的是英语的话，就需要依据英语的字母发音特点来调制角色的口型，并以一些基础的字母发音方式来制作几个基本的发音表情。

比如，发"A"，如图21-28所示。

发"O"，如图21-29所示。

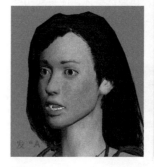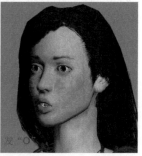

图21-28　　　　　　　　　图21-29

发"E"，如图21-30所示。

发"U"，如图21-31所示。

图21-30　　　　　　　　　图21-31

STEP 05 女孩的瞳孔也是需要制作相应的放大缩小的表情的，以便在需要的时候通过变化瞳孔的大小来强化角色的情绪，比如惊恐的时候瞳孔会放大，凝思苦想的时候瞳孔会缩小等。与一般简单卡通角色的大眼睛不同，准确角色的眼睛一般都和真人的眼睛大小一致，所以完全可以通过自身的Morph【变形】来达到闭的效果，而不需要额外使用一个半球来作为眼皮（参看城市蚂蚁的眼睛）。在本案例中是专门制作了一个叫Blink【眨眼】的Morph【变形】目标作为眨眼动作的目标，如图21-32所示。

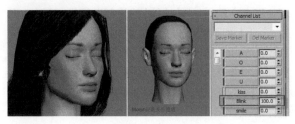

图21-32

知识提示： 在标准五官表情设计的时候所采用的技术手段与简单卡通角色表情所采用的技术手段是一样的，都是逐一建模每一个不同的表情，然后使用Morph【变形】修改器和Edit Poly【编辑多变形】命令。所不同的是标准五官的表情设计所依据的对象和经验是来自真实的生活中，是不可以随意夸张的，口型的变化也要依据角色所使用的语言的发音习惯来，同时表情也要符合角色的性格特点，最后还需要做一些像瞳孔收缩这类很微妙的表情变化来丰富角色的五官表情。

21.3 实例3：高级表情的动画技法

本节主要讲述了高级表情的制作步骤，所谓高级表情主要是针对那些仿真角色模型面部表情的技法，这种技法通过使用Bone【骨骼】对角色的面部网格进行蒙皮绑定，依据真实人体面部肌肉的走向分布来对角色模型面部变形的控制。这种用Bone【骨骼】来对角色面部进行蒙皮控制的办法要比使用Morph【变形】修改器拾取头部表情模型的方式要更加多变和自然，能适应任意的表情表演，能表现一些只有真人会有的那些比较微妙的表情动作，就像完全仿真的角色动画都是通过Motion Capture【运动捕捉】来实现，而不是靠动画师手动设置关键真的方法，因为真人会有很多很微妙的动作，如此细微的动作在卡通角色通用的Morph【变形】修改器上是很难实现的，在本章中将对这种高级表情应用技术的原理做相关的阐述和演示。

STEP 01 观察和研究真实人类面部的肌肉分布和走向，通过人类面部肌肉的解剖学图例和相关科学资料去揣摩这些在我们面部的肌肉是怎么组成和走向的，这些研究有助于之后我们使用Bone【骨骼】来模拟这种走向，

从而对三维动画角色的面部网格形成绑定，从而产生逼真的面部表情的动画效果，如图21-33所示。

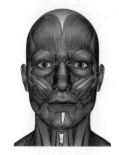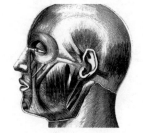

图21-33

STEP 02 在最终完成版的教学文件中观察可以发现在面部骨骼最终的完成版中，这些在解剖学上面部肌肉群都已经转化成了以3ds Max自带的Bone【骨骼】充当的肌肉，并且骨骼的走向与真实解剖的结构是一致的，如图21-34所示。

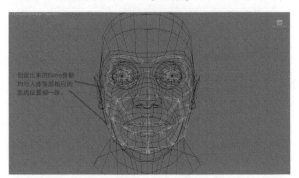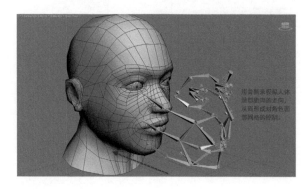

图21-34

STEP 03 人类的肌肉不管是粗壮的肱二头肌，还是面部只有几毫米厚的表情肌，都具有肌肉物体共有的特性——【压缩体积变形】的特性，如图21-35所示。

图21-35

所以当使用Bone【骨骼】对角色面部进行绑定的时候，Bone【骨骼】也必须具备这种特性，如图21-36所示。

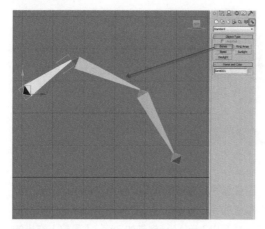

图21-36

STEP 04 在视图中创建一条Bone【骨骼】，如图21-37所示。

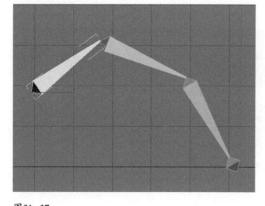

图21-37

STEP 05 然后在3ds Max菜单的Animation栏目里选择Bone Tools【骨骼工具箱】选项，如图21-38所示。

选择之后会弹出Bone Tools【骨骼工具箱】，如图21-39所示。

这个选项的Object Properties【物体属性】卷展栏下有个Stretch【拉伸】的控制选择集，里面选择Squash【挤压】类型以后，这些Bone【骨骼】在受到位移或者旋转的影响的时候就会发现变形，而且还是非等比缩放的变形，也就是有了挤压的效果，这时的Bone【骨骼】就可以作为肌肉使用了，如图21-40所示。

图21-38　　　　图21-39　　　　图21-40

知识提示： Bone【骨骼】不会像CAT骨骼那样，拉动一块骨骼，与其相连的骨骼就会被拉长，从而产生变形。对Bone【骨骼】来说，如果要让它产生变形，就必须要创建控制器，创建控制器的解说在本节中会有演示。

STEP 06 对场景中预备好的这个角色的头部模型创建一些与人类面部肌肉走向一致的Bone【骨骼】，作为技术演示，本案例针对角色眼睛周围的部位进行Bone【骨骼】的创建于绑定演示，模拟的是人类面部肌肉的眼轮匝肌，如图21-41所示。

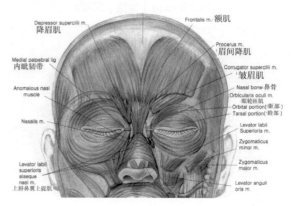

图21-41

STEP 07 创建3个Bone【骨骼】作为眼轮匝肌的上缘，并通过旋转和移动将这些Bone【骨骼】调整到与角色面部模型的表面一致，并将这些骨骼放置在模型的表面下面，尽量不要裸露在外面，这是为后面骨骼的蒙皮做好基础。然后以同理创建3个Bone【骨骼】作为眼轮匝肌的下缘，安放在下眼帘合适的位置，如图21-42所示。

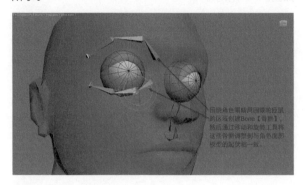

图21-42

STEP 08 在调整Bone【骨骼】位置的时候，可以通过选中角色头部以后单击鼠标右键，将角色头部模型在Object Properties【物体属性】里面勾选See Through【透视】选项，如图21-43所示。

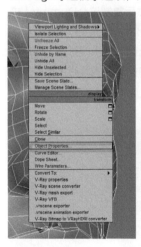

图21-43

STEP 09 也是在右键弹出的菜单里选择Freeze Selection【冻结选择的物体】并冻结住这个头部模型，这样旋转和移动Bone【骨骼】的时候就不会无选择头部模型，减少误操作，如图21-44所示。

STEP 10 打开Bone Tools【骨骼工具箱】，在需要调节扮演眼轮匝肌Bone【骨骼】物体长短的时候，需要将Bone Tools面板里面的Bone Edit Mode【骨骼编辑模式】按钮激活，如图21-45所示。

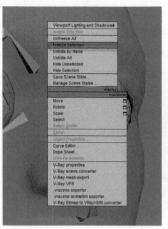

图21-44

图21-45

这样骨骼可以在创建完毕后任意改变长短，进行调节，如图21-46所示。

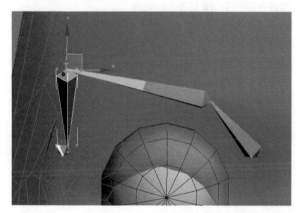

图21-46

STEP 11 当上下模拟眼轮匝肌的Bone【骨骼】位置和大小摆放到位后，接下来需要为这些骨骼创建控制器，如图21-47所示。

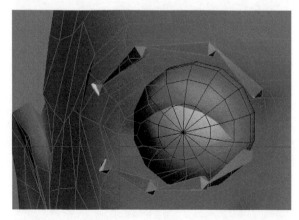

图21-47

控制器的选择很多样，这里选用创建虚拟体面板里面的Dummy【虚拟体】物体来作为Bone【骨骼】的控制器。在场景中任意位置创建一个Dummy【虚拟体】物体，如图21-48所示。

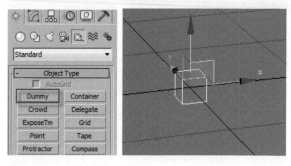

图21-48

STEP 12 使用【对齐工具】将这个虚拟体对齐到上眼睑的根部骨骼，选择轴心（重心）对齐方式，并勾选角度对齐的三个勾，如图21-49所示。

图21-49

这样这个Dummy【虚拟体】就与Bone【骨骼】的重心对齐，同时角度也对齐，如图21-50所示。

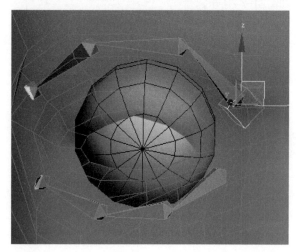

图21-50

STEP 13 虽然在本案例中不会出现文件管理的困难，因为场景中的骨骼和模型数量都不多，但是在真实的工作中不会只有上下眼睑的骨骼，而是脸部全部需要模拟肌肉的骨骼存在的，这时就会遇到场景文件管理的问题，所以一定要使用Manager Layer【层管理器】对场景中的文件进行管理，为复杂的工作培养良好的习惯，如图21-51所示。

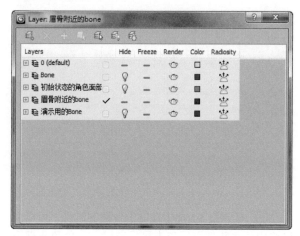

图21-51

STEP 14 调整Dummy【虚拟体】物体的大小，使其与骨骼的大小比例合适即可，然后复制这个Dummy【虚拟体】物体，再将这个复制出来的Dummy【虚拟体】物体使用对齐工具对齐组成上眼睑的中间骨骼，然后以此类推，直到将上下眼睑所有的骨骼的轴心（重心）位置都有一个对应的Dummy【虚拟体】物体存在，如图21-52所示。

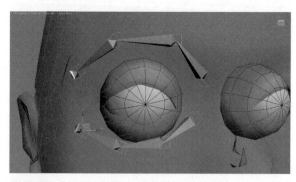

图21-52

技术提示： 这些Dummy【虚拟体】物体在这里起到的作用是担当这些Bone【骨骼】物体的控制器的任务，这里就有一个矛盾了，Bone【骨骼】物体本身的骨骼与骨骼之间就是有父子关系链接的，现在又来了个Dummy

【虚拟体】物体要成为父物体去控制这些Bone【骨骼】，这样就出现了链接问题里面的父子关系重叠的矛盾。所以，在这里，既要保留Bone【骨骼】物体特有的骨骼式的父子关系链接关系，也要让新来的Dummy【虚拟体】物体对骨骼的关节形成控制，就必须使用3ds Max菜单栏里面Animation【动画】栏下面的Constraint【约束】选项，让这些Dummy【虚拟体】物体成为Bone【骨骼】物体的约束器，才能解决父子关系重复的矛盾。

STEP 15 选择上眼睑Bone【骨骼】链根部的一根Bone【骨骼】，然后在3ds Max菜单栏的Animation【动画】栏下面选择Constraint【约束】，再选择它下面的Position Constraint【位移约束】，如图21-53所示。

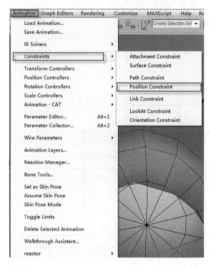

图21-53

STEP 16 选择了Position Constraint【位移约束】之后，会出现一根虚线，将这根虚线连接到上眼睑根部最后一个Dummy【虚拟体】物体上单击鼠标左键，如图21-54所示。

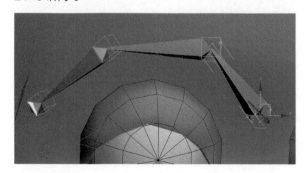

图21-54

这时在运动面板中就会显示出这根骨骼现在受到Dummy001的位移约束，表示约束成功，如图21-55所示。

图21-55

STEP 17 然后照着第一个骨骼约束在第一个Dummy【虚拟体】物体上的做法，将剩下的骨骼也依次约束于与它们相对应的Dummy【虚拟体】物体上，如图21-56所示。

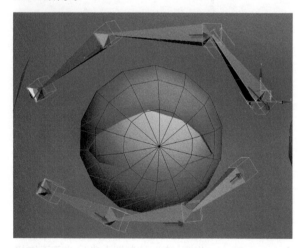

图21-56

知识提示： 为什么不能用Bone【骨骼】自己的骨骼式样的父子关系来控制角色眼睑和眉头的运动呢？因为Bone【骨骼】骨骼式的父子关系在运动形态上是关节旋转式的，而不是像肌肉一般牵拉扯曳式样的，为这些Bone【骨骼】添加控制器，就是为了让这些控制器可以牵拉扯曳这些Bone【骨骼】产生肌肉影响皮肤的效果。具体牵拉扯曳的形制是什么样的，本节后面会有演示。

STEP 18 当所有的骨骼都约束在其相应的Dummy【虚拟体】物体控制器上以后，在外表上看不出有什么变化，但是当移动一个Dummy【虚拟体】物体控制器时，会发现Bone【骨骼】就分离了，如图21-57所示。

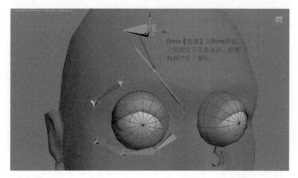

图21-57

知识提示： 注意这里的分离不是Bone【骨骼】原本骨骼式的父子链接关系被瓦解了，而是前一块骨骼和后一块骨骼在旋转的轴向上会因为位移发生偏移以后产生错位，而Bone【骨骼】与Bone【骨骼】之间的相互父子链接关系的影响还是存在的，当提起上眼睑（眉骨）的Dummy【虚拟体】物体控制器时可以看到，Bone骨骼互相的Squash【挤压】效果还是在起作用，由于距离缩短，一块骨骼被压扁，变粗，而另一块骨骼因为距离拉长而变得细长。

STEP 19 这时，需要对骨骼与骨骼之间的旋转问题进行修正，这里采用一个叫Look At Constraint【注视约束】的旋转修改器来修正这种错误。选择上眼睑（眉骨）的根部Bone【骨骼】（名叫RHeyebrows-Bone01），来到3ds Max的【运动面板】，在Assign Controller【指定控制器】卷展栏下面选择Rotation【旋转】分量，然后单击它左上角的绿色钩选小按钮，也就是Assign Controller【指定控制器】按钮，如图21-58所示。

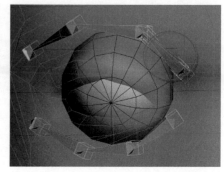

图21-58

在弹出的Assign Rotation Constraint【旋转控制器选择对话框】中选择Look At Constraint【注视约束】控制器，单击OK按钮，如图21-59所示。

STEP 20 给最后一块Bone【骨骼】（名叫RHeyebrows-Bone01）添加了Look At Constraint【注视约束】控制器以后，按下Add Look At Target【添加注视目标】按钮，如图21-60所示。

图21-59　　　　　　　　　图21-60

选择这块骨骼的子物体骨骼上的Dummy【虚拟体】物体，也就是前一块骨骼的Dummy【虚拟体】物体（名叫Dummy002），将这个Dummy【虚拟体】物体作为这块骨骼的注视目标，如图21-61所示。

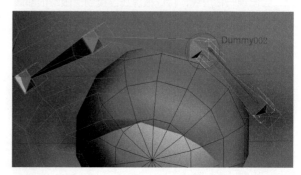

图21-61

选择以后骨骼可能会发生反转等怪异的现象，如图21-62所示。

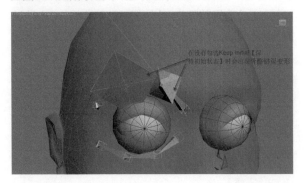

图21-62

不要紧张，只需要勾选一下Keep Initial【保持初始状态】即可恢复原样，如图21-63所示。

图21-63

勾选之后一切恢复正常，如图21-64所示。

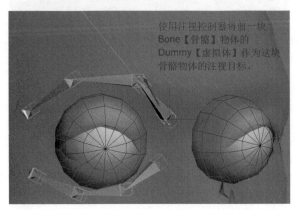

图21-64

STEP 22 然后依次将每一根骨骼都按照这个办法应用Look At Constraint【注视约束】控制器，将前面骨骼上的Dummy【虚拟体】物体作为注视目标，每一根Bone【骨骼】都看着前面的一个Dummy【虚拟体】，这样每一个Bone【骨骼】之间的旋转错位问题就可以解决了，如图21-65所示。

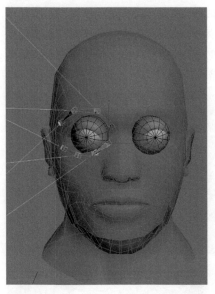

图21-65

知识提示： Look At Constraint【注视约束】控制器会产生一根很长的蓝色虚拟线，这根线是不可渲染物体，只是用来起注视的提示作用，在面部肌肉Bone【骨骼】的设置过程中会出现很多这样的线，会影响到对骨骼的观察和操作。

STEP 23 由于妨碍操作，所以这些线都设置不显示为好，只要把运动面板的Look At Target【被看对象】卷展栏下的View Length Absolute【注视线】取消勾选即可，如图21-66所示。

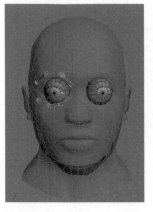

图21-66

STEP 24 把全部的Bone【骨骼】都指定完了相对应的Look At Constraint【注视约束】目标以后，再拖曳Dummy【虚拟体】物体控制器时可以发现这些骨骼与骨骼之间就没有了之前的那些错位，而是保持着非常好的结合关系，同时骨骼与骨骼之间的Squash【挤压】

效果也呈现得非常好。不管如何极端地拉扯Dummy【虚拟体】物体控制器，这些Bone【骨骼】都不会互相脱离开，同时还具有骨骼特性的父子链接关系和肌肉的Squash【挤压】变形特性，如图21-67所示。

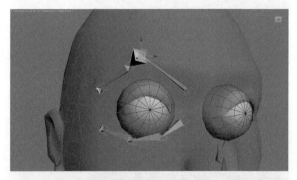

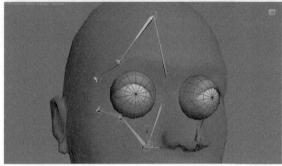

图21-67

STEP 25 旋转Dummy001时可以发现，相应的RHeyebrows-Bone01并没有跟随这个虚拟体进行旋转，如图21-68所示。

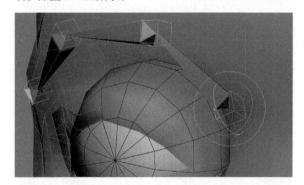

图21-68

知识提示： 当旋转Dummy【虚拟体】控制器时会发现Bone【骨骼】物体并没有跟随Dummy【虚拟体】控制器旋转，这是因为3ds Max系统对应用了Look At Constraint【注视约束】控制器的物体默认其"前置节点"为世界坐标，而不是Dummy【虚拟体】控制器。

STEP 26 选择RHeyebrows-Bone01，在运动面板的Look At Constraint【注视约束】卷展栏下的Select Upnode【选择前置节点】处把默认勾选的World【世界】取消勾选，然后单击其右侧的按钮，在视图中点选Dummy001作为这根骨骼的前置节点，如图21-69所示。

图21-69

这时再去旋转Dummy001，RHeyebrows-Bone01就会随着它的轴向的变化而变化了。然后对其余的骨骼做同样的操作，使它们都与它前面的虚拟体能在轴向上保持同步，如图21-70所示。

图21-70

STEP 27 接下来就可以把角色的头部模型解冻，取消透视显示，给头部模型添加一个Bones Pro【蒙皮】修改器，如图21-71所示。

图21-71

然后将场景中上下眼睑的Bone【骨骼】都添加进来，作为骨骼进行绑定。关于Bones Pro的相关知识已经在前面的章节解析过，这里便不做赘述了，请参看相应章节，如图21-72所示。

图21-72

STEP 28 将选择滤镜更改为Helper【帮助物体】，这样在操作Bone【骨骼】上的Dummy【虚拟体】控制器的时候就不会出现选择上的麻烦，可以方便地选中这些控制器，如图21-73所示。

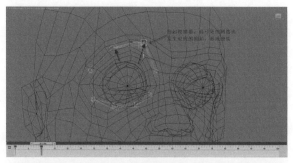

图21-73

STEP 29 点选上眼睑（眉骨）的一个Dummy【虚拟体】控制器，向上拖动它，可以看到其对应的眉弓就会向上抬起，形成一个瞪大眼睛吃惊的表情；将上眼睑（眉骨）处的Dummy【虚拟体】控制器向下拖曳，并调节下眼睑的一些Dummy【虚拟体】控制器，就可以得到一个愤怒的表情，如图21-74所示。

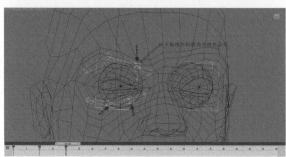

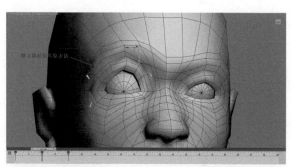

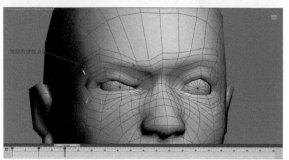

图21-74

这便是使用Bone【骨骼】来模拟人类面部肌肉的好处，可以随机地制作出面部的表情变化，而不需为了新增一个表情再去建模制作一个新的Morph【表现】表情的目标物体。虽然在前期设置的时候会比较繁杂，但是对于表情变化微妙的真人面部来说，在后期的运用中还是会提供很多便利的，在很多电影大片中，这些角色面部的控制器会与真人面部佩戴的传感器的数据相连接，在动画时甚至都不需要动画师来手动控制，只需要调取运动捕捉到的面部传感数据即可，为很多电影大片的制作提高了效率和演绎上的丰富性。在本章节中只是对这种技术的应用原理做了一个演示，其更多深入而精妙的技术内涵还需要各位读者在以后的书籍中进一步地获得研习，如图21-75所示。

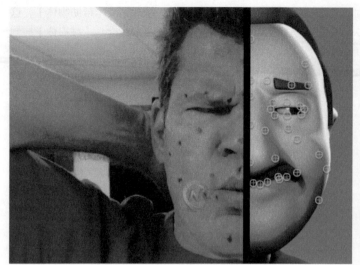

图21-75

蝴蝶角色项目制作

第 **22** 章

本章内容

◆ 项目简报分析
◆ 项目制作中三维技术难点的分析

22.1 项目简报分析

本章主要通过实际案例的方式来一步步解析在一个成功的实际活动包装项目里的一个三维动画的角色——蝴蝶，它是如何从概念构思到最终动画被创作出来，并成功完成《2015珠江小姐选拔赛启动片》的全过程，如图22-1、图22-2所示。

图22-2

《2015珠江小姐选拔赛启动片》是为2015珠江小姐选美大赛这个主题活动做前期预热和话题准备的一个早期预告片。由于是早期预告片，其核心理念需要突出的是一种悬念式的，含苞欲放的，惊鸿一瞥的感觉，同时由于珠江小姐选美这个活动已经走过10个年头，在中国南方地区是一项传统、富有历史文化底蕴并颇有知名度的活动。这条启动片还需要呈现出这个活动的历史跨度，让观众知道这是一个广东省的荣誉产品，承载着美丽与希望的10年来的蜕变与进步，如图22-3所示。

图22-1

图22-3

介于珠江小姐的Logo本身取自于蝴蝶翅膀的轮廓，所以这条片子最佳的，不跑题的处理方式一定是使用蝴蝶来展现。但只是不跑题的话又缺乏了对于10年蜕变与进步这个含义的诠释，后来项目组创意出了一个绝妙的方式来让蝴蝶与10年这个概念可以完美结合，这个结合方式的绝妙之处就在于蝴蝶作为一种昆虫本身具有的一种生活周期——从毛毛虫到破茧而出，如图22-4所示。

这个创意非常巧妙地表现了美丽与希望，酝酿与展翅高飞；化蛹成蝶又体现了过去十年的一步步蜕变与进步，同时蝴蝶也是珠江小姐大赛的Logo形象。所以这个创意不但非常切题，完整地展现了所有需要通过画面来呈现的内容，还强调了美丽不仅是外表的光亮，更是来自一种时间沉淀和历练所带来的品质，如图22-5所示。

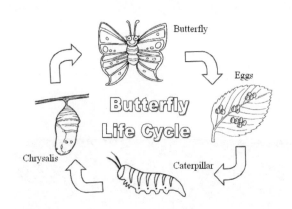

图22-4

图22-5

22.2 项目制作中三维技术难点的分析

本节主要介绍了从蝴蝶的三维动画技术的角度对其进行观察和分析，理清其中的制作难点和容易出问题的地方，并拟定好制作方案。本节从五个方面去展开工作。

- 蝴蝶种类的选定；
- 蝴蝶三维建模的观察方法（使用的建模技术为Edit Poly【编辑多边形】）；
- 蝴蝶翅膀材质上的推敲（使用的技术为Vray材质的Blend【混合材质】）；
- 蝴蝶骨骼造型与动画设计上的推敲（使用的技术为Bone【骨骼】的对称动画脚本和手动Key帧的动画）；
- 蝴蝶飞舞粒子特效的制作思路（使用的技术为Particle Flow【粒子流】、FumeFX【烟雾模拟插件】和Krakatoa【粒子渲染加速插件】）。

蝴蝶种类的选定

接下来，就要确定到底选用哪种蝴蝶的形象来作为这个启动片里面的主角，查看了很多蝴蝶的资料，最后选定了产自南美的光明女神蝴蝶作为这只三维蝴蝶的创作原型。选择光明女神蝴蝶的好处是它属于蝴蝶里面的闪蝶科，所以它的翅膀是一种倒梯形的，前翅大于后翅，这样蝴蝶在朝着摄像机扇动翅膀的时候前翅会有非常好的角度可以被规划在构图里，如图22-6所示。

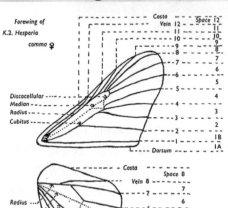

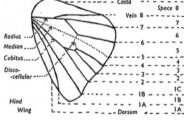

图22-6

还有一些其他科目的蝴蝶虽然也很好看，但是前翅不是那么美丽和突出，它们很多都是后翅比前翅更漂亮，但是珠江小姐的这只蝴蝶需要一个有力的破茧而出的升腾动作，所以一定是前翅的动作比后翅来得重要，因此必须找一只前翅更加突出和美丽的蝴蝶，这样闪蝶科的光明女神蝴蝶就成了最佳"人选"，如图22-7所示。

闪蝶科

图22-7

蝴蝶三维建模的观察方式

蝴蝶的品种确定以后，就要开始对其在三维动画制作的技术难度进行分析了。首先是模型方面，在模型上有一个关键的问题是关于蝴蝶的翅脉是否需要进行三维的建模。翅脉是蝴蝶等有翅类昆虫特有的一种结构，类似鸟类翅膀里面的血管，它是中空的，里面充填着液体，为翅膀提供加固和供养的任务，如图22-8所示。

图22-8

查看了很多其他宣传片和电影里面的蝴蝶，发现大部分出现在影片里的三维动画蝴蝶的翅脉都是贴图绘制的，几乎没有三维建模的翅脉，但是珠江小姐的这只蝴蝶在艺术表现上需要突出透明和轻盈，这样的话，平面绘制的翅脉就会和透明这个要求产生一定的矛盾，并且它不仅要应用在启动片的三维动画里，还要应用在海报等平面媒体上，这样一来它出现在分辨率要求很高的海报上的时候，二维绘制的翅脉贴图很可能无法满足需要，如图22-9所示。

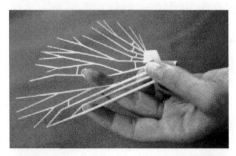

图22-9

考虑到种种实际情况以后，最终决定对蝴蝶翅膀上的翅脉进行三维建模，虽然用这样的工艺来处理翅脉是一件非常有建模难度的事情，但是为了质量和效果还是有必要去这样做的。在建模的时候找了很多真实的闪蝶科蝴蝶翅脉的图样，严格地按照蝴蝶翅膀的解剖学结构科学地制作翅脉，确保其分布在翅膀上的时候看起来和真的蝴蝶一模一样。具体工作步骤非常烦琐，本节只对其一些基本步骤进行以下示例。

STEP 01 在3ds Max的Front【前视图】中使用键盘上的Alt+B快捷键，弹出背景图片选择对话框，单击File【文件】按钮，如图22-10所示。

图22-10

在弹出的文件选择对话框中选择"闪蝶科 翅脉"这个文件，单击打开按钮，如图22-11所示。

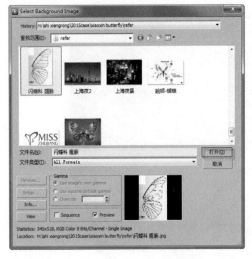

图22-11

STEP 02 单击打开按钮后，画面会回到之前的背景图片选择对话框，这时单击Match Bitmap【匹配位图】选项，此选项可以让"闪蝶科 翅脉"这张位图的大小和视图的大小匹配，然后勾选Lock Zoom/Pan【锁定放

大和平移】选项，此选项可以让背景图片锁定在背景上，当使用鼠标中键或者Pan View【平移】工具对视图进行平移时，这张背景图片也会随着视图移动，然后单击OK按钮，如图22-12所示。

图22-12

STEP 03 单击OK按钮后可以看到3ds Max的Front【前视图】中已经以"闪蝶科 翅脉"这张图作为背景了，使用Pan View【平移工具】平移，或者使用鼠标中键进行视图的缩放时可以发现这张位图会随着视图的变化而变化，如图22-13所示。

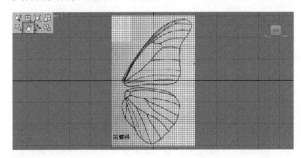

图22-13

STEP 04 在创建面板的Shape【二维形状】中使用Line【样条线】沿着位图所示的翅脉进行描边，如图22-14所示。

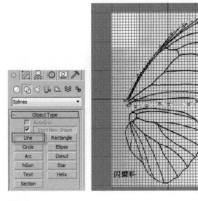

图22-14

直到形成如下图所示的蝴蝶翅脉的Line【样条线】的描边为止（具体如何使用Line【样条线】沟边在前面的城市蚂蚁中已经详细阐述过，这里不再细说），如图22-15所示。

图22-15

技术提示： 虽然有位图像作为翅脉的参考样式，但是位图毕竟是以像素的方式构成的图像，在放大去仔细描摹的时候就会混乱不清，所以还是需要使用Line【样条线】沿着这张位图图像去沟边，这样在后面进行细节调整的时候不至于会看不清。

STEP 05 在视图中创建一个Box【盒子】物体，其尺寸和分段数设置如图22-16所示。

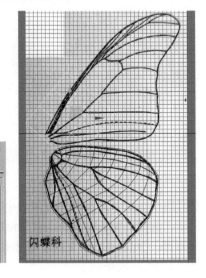

图22-16

并将盒子摆放到与背景位图相应的合适位置，如图22-17所示。

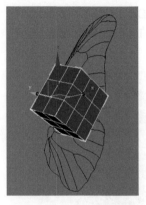

图22-17

STEP 06 在Front【正面】视图中使用键盘上的Alt+B快捷键弹出背景图片选择对话框，勾掉Display Background【显示背景】这个选项，这是为了把这张位图图片给隐藏掉，因为现在已经有了使用Line【样条线】沟边的翅脉参考了，如图22-18所示。

STEP 07 在命令面板中给Box【盒子】添加一个Edit Poly【编辑多边形】命令，如图22-19所示。

图22-18   图22-19

使用移动工具移动它的点，把Box【盒子】的方形形状调整为像翅脉的外轮廓形状，如图22-20所示。

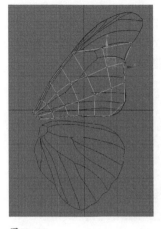

图22-20

STEP 08 通过移动点和使用Cut【切线】命令把翅膀的边缘厚度做出来（使用方法在前面城市蚂蚁的建模中已有详述），如图22-21所示。

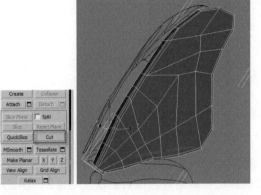

图22-21

STEP 09 使用Cut【切线】工具在蝴蝶翅膀的模型表面切出与翅脉参考线一样的很多切线，如图22-22所示。

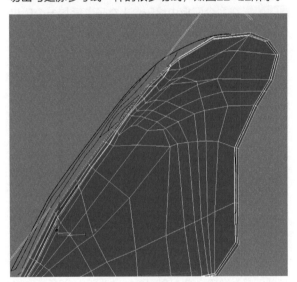

图22-22

STEP 10 继续使用Cut【切线】工具和Chamfer【开槽】工具，对已经切出来的线进行厚度的加工，把细小的翅脉的厚度做出来，如图22-23所示。

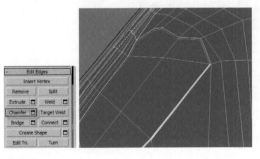

图22-23

STEP 11 通过不断的模型的调整，逐渐得到如下的蝴蝶前翅的模型，如图22-24所示。

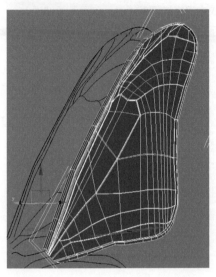

图22-24

可以为其添加一个Turbo Smooth【涡轮光滑】来观察一下光滑以后的前翅的样子，如图22-25所示。

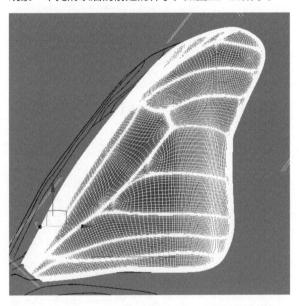

图22-25

STEP 12 为前翅模型在命令面板中添加一个Shell【壳】的厚度命令，为翅膀增加Shell【壳】这种类型的厚度。Outer Amount【外厚度参数】为0.12mm即可，如图22-26所示。

图22-26

添加了Shell【壳】命令，设置厚度为0.12mm后，在视图中很难通过肉眼观察到其厚度上的显著变化，但是这也正是昆虫类翅膀与鸟类翅膀在形制上的区别之处，虽然现在在模型上看不出有什么变化，而之后的材质编辑的效果则正是通过这种Shell【壳】的厚度所产生的蝴蝶翅膀的通透折射光线和反射光线的效果，如图22-27所示。

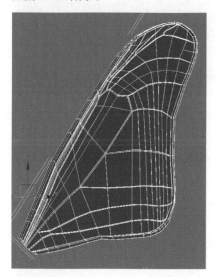

图22-27

知识提示： 在蝴蝶翅膀的制作上，有一个非常值得注意的科学客观现象是它与鸟类翅膀的不同之处，在制作了蝴蝶翅膀的一面以后，很传统地将蝴蝶翅膀的一个面通过Symmetry【对称】命令镜像出一个它的厚度，这样蝴蝶翅膀的翅脉就变成中空的，在光线的照射下会产生真实的反射和折射效果，但是通过Symmetry【对称】命令镜像出来的蝴蝶翅膀不管怎么压瘪其厚度，它还是看起来感觉像是一个天使的禽类翅膀，而不是一个森林精灵蝴蝶的昆虫类的翅膀，如图22-28所示。

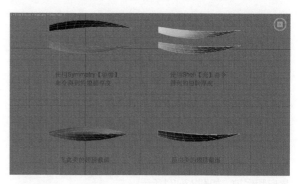

图22-28

这其实是一个科学的问题，鸟类的身体比蝴蝶重很多，其翅膀的空气动力学结构是为它拍打翅膀产生升力和驾驭空气滑翔而生长出的结构，这种结构和飞机翅膀横截面的结构是一样的。而昆虫的身体重量相对于其巨大的翅膀扇动产生的升力而言几乎可以忽略不计，所以昆虫翅膀不需要张成鸟类的那种空气动力学结构，昆虫与鸟类翅膀的比较类似于飞机里的直升机桨叶与喷气式飞机翅膀的区别，如图22-29所示。

图22-29

所以在蝴蝶翅膀的厚度问题上，应该采用的方法就不是镜像产生厚度，而是应该使用Shell【壳】命令产生厚度，镜像产生的厚度是对称的厚度，而Shell【壳】产生的厚度则是平行的厚度，这让蝴蝶的翅膀在横截面上继续保持扁平状而不是镜像以后的对称外凸的隆起状，扁平状才是蝴蝶翅膀看起来应该有的样子。虽然在视图中很难通过肉眼观察到厚度的变化，但是在材质添加了以后，便可以通过Shell【壳】厚度对光线的反射和折射的效果来彰显出这种厚度的效果，如图22-30所示。

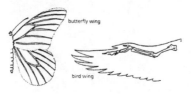

图22-30

蝴蝶翅膀材质上的推敲

蝴蝶翅膀的材质也是一个难点，因为蝴蝶需要有色彩和花纹，但是这只珠江小姐选美的蝴蝶又不能看起来只是一只"虫子蝴蝶"，希望它给人的感觉是一只很艺术化的蝴蝶。通过观察发现，自然界里的蝴蝶翅膀上的各种图案花纹生长出来的目的主要是用来恐吓对蝴蝶造成威胁的鸟类捕食者，鲜艳的颜色和奇形怪状的图案对鸟儿的暗示是有毒的、可怕的，这些花纹主要起的作用是自我保护，如图22-31所示。

图22-31

而珠江小姐的蝴蝶是在一个选美舞台上的，它不需要恫吓谁，也不是用来保护自己的，而是需要突出和彰显蝴蝶之王、蝴蝶之后的卓然气质，所以不能拿一只自然界里真实的蝴蝶的花纹照搬到珠江小姐的蝴蝶翅膀上去，而是需要采用更加抽象和概括的图案。同时材质还要兼顾到蝴蝶给人透明和轻盈的感觉，轻盈的感觉可以通过动画的方式来体现，而透明的感觉就不是那么容易了，因为自然界中可以参考的蝴蝶材质大部分都是不透明的翅膀，昆虫里面拥有透明翅膀的都是蜻蜓这类膜翅目昆虫，而蝴蝶是鳞翅目的昆虫，它的翅膀是有很多细小的鳞片组成的，其实是不透明的，如图22-32所示。

图22-32

珠江小姐的蝴蝶翅膀既需要具有蝴蝶鳞翅目昆虫的色彩，还要有蜻蜓这种膜翅目昆虫的通透，在现实世界中其实没有这样的昆虫可以参考的。所以当自然界没有这样可以参考的材质的时候，制作材质时就不能简单地通过拍照和临摹的方式获取材质了，而必须把膜翅目和鳞翅目的特点结合一下。通过多次测试后，发现蝴蝶的前翅靠身体的部位是被选定为透明的理想区域，同时通过黑白透明贴图的绘制让前后翅膀的边缘都有一定的不规则，使蝴蝶翅膀的外轮廓不是那么的死板，这有点类似工笔画或者速写角色时加入一些线条上的变化会令角色更加有动感和活力。材质的操作步骤示例如下：

STEP 01 在Unfold3D中将蝴蝶的翅膀的UV进行展开，如图22-33所示。

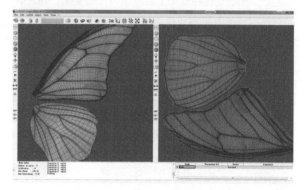

图22-33

STEP 02 在3ds Max中给导入的蝴蝶翅膀添加Unwrap UVW【展开UVW】命令，然后单击Edit【编辑】按钮，弹出Edit UVWs【编辑窗口】，如图22-34所示。

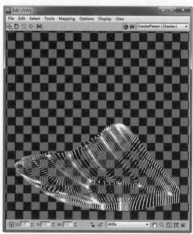

图22-34

在编辑窗口上单击Tools【工具】菜单，在弹出的菜单中单击Render UVW Template【渲染UVW模板】，如图22-35所示。

在弹出的Render UVs小面板上设置宽和高的像素为4096×4096，然后单击Render UV Template【渲染UVW模板】按钮，如图22-36所示。

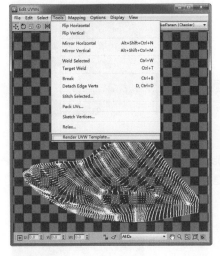

图22-35   图22-36

图22-38

得到一张只有网格线的模板，如图22-37所示。

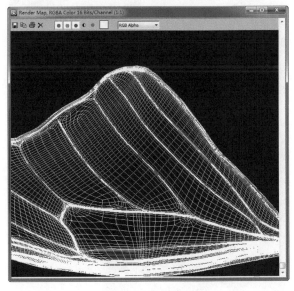

图22-37

图22-39

将这张图保存为PNG格式，这样就可以在Photoshop中打开这张有网格线同时黑色为透明的图，进行PS的贴图绘制，如图22-38所示。

STEP 03 在Photoshop中依据翅膀的UV模板，绘制彩色的Diffuse【漫反射】贴图，如图22-39所示。

黑白的Opacity【透明】通道贴图，如图22-40所示。

图22-40

STEP 04 给蝴蝶的模型添加一个VrayBlendMtl【Vray混合材质】，如图22-41所示。

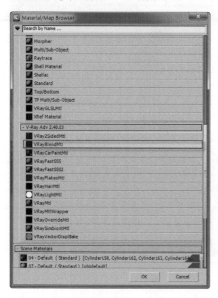

图22-41

在材质编辑器中可以看到Vray的混合材质有两列材质槽组成，左侧的为材质，右侧的为遮罩，如图22-42所示。

STEP 05 将Base Material【基础材质】的材质命名为"底图"，然后扩展槽点开以后，如图22-43所示。

图22-42   图22-43

给它一个Vray的标准材质，如图22-44所示。

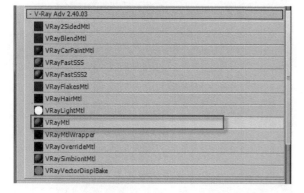

图22-44

在这个标准Vray材质球中的Diffuse【漫反射】材质槽中贴入在PS中绘制好的彩色漫反射贴图，如图22-45所示。

图22-45

STEP 06 在Opacity【透明】材质槽中贴入之前在PS中绘制好的黑白通道图，如图22-46所示。

图22-46

这时可以观察到这个材质已经呈有颜色的透明状态，如图22-47所示。

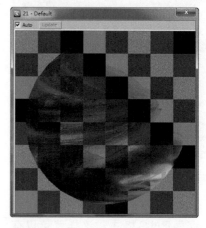

图22-47

STEP 07 单击"底图"材质的Reflect【反射】边上的黑色矩形，弹出颜色选择框，将R、G、B三个参数都设置为17，让蝴蝶的翅膀有反射的效果，如图22-48所示。

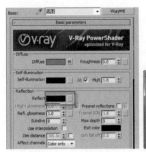

图22-48

STEP 08 在Mudbox软件中导入之前在Unfold3D中分好UV的蝴蝶翅膀，并绘制蝴蝶翅膀上的巨量细节，如图22-49所示。

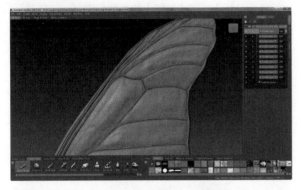

图22-49

并导出翅膀的Normal【法线】贴图，如图22-50所示。

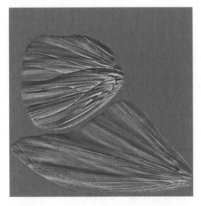

图22-50

STEP 09 点开底图的Bump【凹凸贴图】材质槽，如图22-51所示。

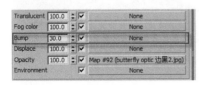

图22-51

在弹出的材质选择栏目中选择并双击，如图22-52所示。

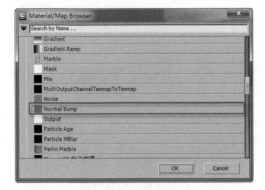

图22-52

之后，材质编辑器界面会变成下图所示，单击Normal【法线】材质槽，如图22-53所示。

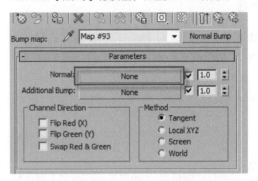

图22-53

在弹出的材质选择栏目中双击Bitmap【位图】，如图22-54所示。

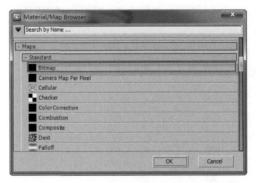

图22-54

在弹出的位图选择对话框中选择之前在Mudbox中生成的发现贴图（蓝色），如图22-55所示。

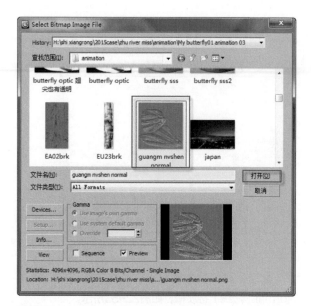

图22-55

然后将Bump【凹凸】贴图材质槽的参数由默认的30改为60，如图22-56所示。

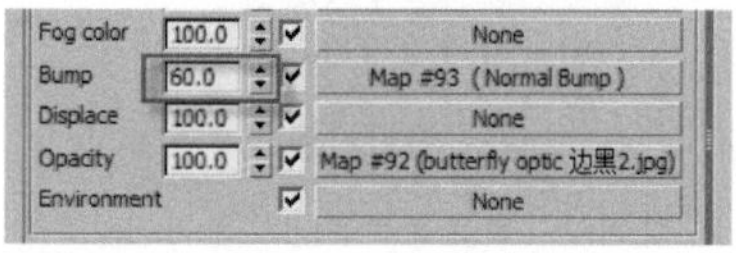

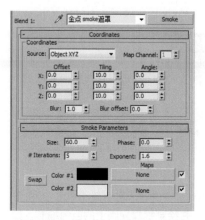

图22-58

Speckle【小斑点贴图】的参数如图22-59所示。

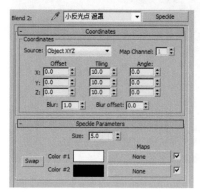

图22-56

STEP 10 回到材质编辑器Vray材质的Blend【混合材质】的层级，在这里使用了两个混合通道，第一个混合蒙版通道采用的是Smoke【烟雾贴图】，第二个混合蒙版通道采用Speckle【小斑点贴图】为蝴蝶翅膀的贴图增加了一个不规则点状物的通道，如图22-57所示。

图22-59

STEP 11 然后为这个Smoke【烟雾贴图】通道透出来的Coat【采色通道】采集的是黄金材质的属性，如图22-60所示。

图22-60

其黄金材质的参数设置如图22-61所示。

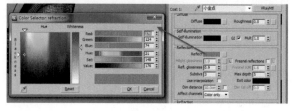

图22-57

Smoke【烟雾贴图】的参数如图22-58所示。

图22-61

同时需要给"小金点"的Bump【凹凸】材质槽内贴上之前在Mudbox中生成的法线贴图和在Opacity【透明】材质槽上贴上黑白透明贴图，如图22-62所示。

图22-62

然后是Speckle【小斑点贴图】通道透出来的Coat【采色通道】内的材质设置，如图22-63所示。

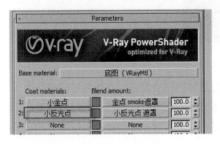

图22-63

其材质的设置参数如图22-64所示。

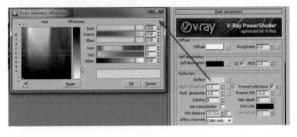

图22-64

同样对其Bump【凹凸】材质槽和Opacity【透明】材质槽贴上法线贴图和透明贴图，如图22-65所示。

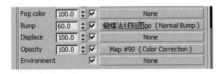

图22-65

STEP 12 渲染蝴蝶可以得到如下的图，这样的渲染效果是正确的，如图22-66所示。

图22-66

知识提示： 材质上最为关键的就是如何让位图贴图能与模型和场景中的灯光照明融为一体。在为一个角色贴上了位图贴图（Bitmap贴图）后，这张位图贴图往往会在场景灯光的照射下变得很突出（由于材质与环境没有关系，造成与环境看起来格格不入），而不是融合在场景里，就像这张绘制好的蝴蝶贴图，直接套在蝴蝶模型上渲染时，它所呈现的色彩和与周围环境的关系都显得那么古怪和孤立，这是由于这张位图贴图太完整、太完美了，也就是它实在是太简单、太光滑、太干净，没有细节，没有摩擦造成的劳损，也就没了有生命的痕迹，所以当放在场景中渲染时就会感觉这个角色是孤立于场景之外的。

乔治·卢卡斯的工业光魔在早期的好莱坞电影特效中能独树一帜的重要原因就是它开创了为那些奇奇怪怪的生物角色、器械角色，还有场景都增加了大量的破损细节，做旧效果，让这些角色看起来很有经历，富有岁月的痕迹，也就增加了它们的可信度。在新西兰的维塔特效公司凭借《指环王》崛起之前，乔治·卢卡斯的工业光魔始终是西方电影特效的霸主，最有代表性的就是《星球大战》系列，如图22-67所示。

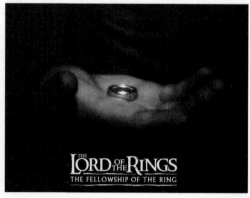

图22-67

　　所以针对蝴蝶材质非常呆板的问题，创作者通过仔细观察鳞翅目昆虫的翅膀的特点发现，这类昆虫的翅膀上其实都是有很多非常细小的鳞片和绒毛的，这些鳞片和绒毛正是蝴蝶类昆虫飞舞时悄无声息的原因。而在三维材质制作上，则需要为蝴蝶的翅膀贴图增加大量不规则的点，同时这些点是能进行光线的反射，促使蝴蝶过于整齐的翅膀材质效果变得更加不规则。

　　比如，Speckle【小斑点贴图】通道也可以采集蝴蝶贴图的信息，也就是直接把蝴蝶翅膀的"底图"材质用在Speckle【小斑点贴图】的Coat Material【涂层材料】通道里，并给予一定的反光，这样黄金的不规则小反光点与蝴蝶贴图通过不规则蒙版以后形成的与原来蝴蝶贴图颜色一致但是反光值不一致的两层混合通道就叠加在了原始使用了基本蝴蝶位图贴图的Vray基础材质球上，这样蝴蝶渲染出来的效果就会反射环境里的光线和物体，它不会突兀于场景之外了，同时蝴蝶翅膀的反光与透明的效果都能得到比较完美的体现。

知识提示： *另外需要注意的是光有这些效果还是不够的，珠江小姐的这只蝴蝶是需要近看的，而不是很多建筑动画里面充当背景的蝴蝶，因为需要近看，所以这只蝴蝶的翅膀必须具备更多的细节才行。之前已经通过复杂的建模工作制作了三维立体的翅脉，在这个基础上还需要通过第三方的软件，像Mudbox或者Zbrush这样的雕刻软件对蝴蝶进行翅膀上的凹凸褶皱细节的加工，在展好UV以后，便可导入雕刻软件去进行这些细节的工作了，这个过程里面使用了手工直接绘画和真实蝴蝶贴图相结合的方法去雕刻出蝴蝶翅膀上更多的小的凹凸和大的凹凸细节，然后通过从3ds Max导出法线贴图和AO贴图的方式获得可以在Vray渲染时呈现巨量翅膀细节的效果，如图22-68所示。*

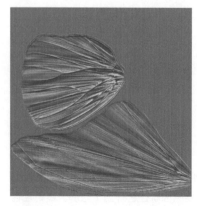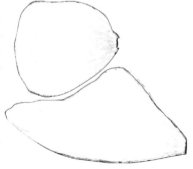

图22-68

通过Vray材质的编辑和Mudbox雕刻软件的工作，最终得到了可以让蝴蝶完美融合进场景灯光，同时又可以被摄像机近处拍摄，而不用担心细节不够的材质效果。

蝴蝶骨骼造型与动画设计上的推敲

在动画问题上最重要的是科学和研究的精神，蝴蝶的动画与其他的角色动画一样，首先在面对蝴蝶这个角色的时候不应该按照自己凭感觉随便一想的那一套去做，而是要先来到自然界里面去仔细地观察一下真实的蝴蝶是如何飞行的，通过仔细观察之后，往往都会推翻之前自己臆想的那一套。

这样的工作方式在美国很多大型的动画工作室比如工业光魔、迪斯尼、皮克斯等都很受推崇。他们不仅有成套的供动画设计师调取参考的各种人物和动物运动的素材库，还有专门的"练功房"和摄像机，允许动画师在"练功房"里面自己演练要做的动画的动作，同时拍摄下来，再回到电脑前进一步推敲运动的细节，这样的研究方式是很值得尊敬和提倡的，也是能出好作品的必要科学研究态度，如图22-69所示。

图22-69

在蝴蝶飞舞的动画上，通过仔细观察现实中蝴蝶和蜻蜓的飞行以后，发现蝴蝶和蜻蜓的飞行与鸟儿的飞行是有很大区别的。蝴蝶由于自身体重轻，身体小，而翅膀相对身体是非常巨大的，所以它们每扇动一下所产生的升力足够将蝴蝶的身体抛向空中，而鸟儿则不行，鸟儿需要不停地扇动翅膀，特别是翼展与身体比例不是很悬殊的小型鸟类更是这样。而且珠江小姐的蝴蝶需要近距离观察，同时其材质是透明和彩色的，所以它既具备蝴蝶的翅膀特点，也具备蜻蜓翅膀在舞动时会受空气阻力而扭转的特点，如图22-70所示。

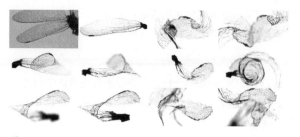

图22-70

所以在飞行轨迹上蝴蝶呈现一种正弦曲线的样子，而小型的鸟儿则是非常直线地前进，同时蝴蝶这种昆虫的翅膀只有翅脉对其进行支撑，而鸟儿的翅膀是由很多骨骼对其进行支撑的，所以蝴蝶的翅膀在剧烈扇动的时候的变形程度一定是超过鸟类的翅膀的，后者可能几乎都没有什么变形。这样就造成蝴蝶在动画的时候不能简单地先把它从一个点移动到另一个点以后再做其翅膀的扇动，而必须按照翅膀扇动产生的升力对蝴蝶轻盈的身体产生的在空中托举停留（达到峰值以后会有微弱的下降），同时还要考虑到扇动翅膀时产生的空气阻力对蝴蝶翅膀的反向变形效果以及对蝴蝶整体在下一次扇动翅膀之前的驾风滑翔的各种空气阻力效果，如图22-71所示。

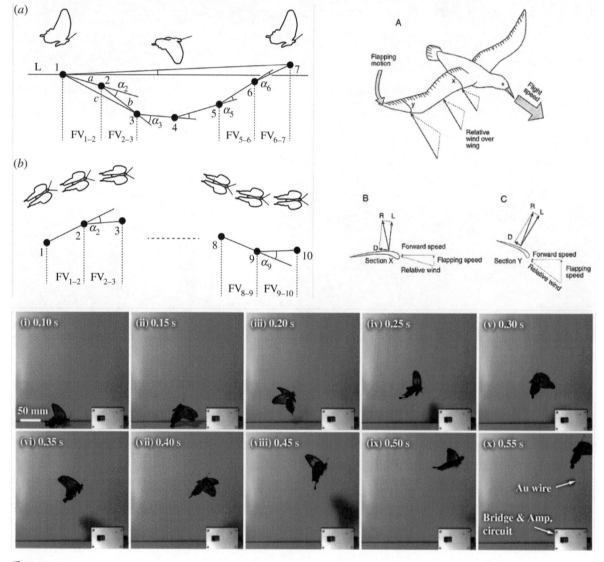

图22-71

通过对蝴蝶运动的科学分析，就可以知道如何对蝴蝶的骨骼进行科学的搭建。骨骼与动画是如影随形的一对儿，骨骼设计得不好，动画也一定不会呈现出优质的效果。在设计蝴蝶的骨骼时，就要考虑到空气是由升力和阻力组成。这个场景中有一个看得见的角色叫蝴蝶，同时还有另一个看不见的角色叫空气，每一次向下扇动翅膀，空气必定会产生两个力，而这两个力同时会在时间的流逝中作用于蝴蝶的翅膀，而形成蝴蝶有别于鸟儿和飞机的特殊运动轨迹，正确的动画必须把空气的效果制作出来，而不是只看到有一只蝴蝶在扇翅膀，如图22-72所示。

图22-72

因为要表现出升力与阻力的效果，所以蝴蝶的骨骼被设计成一种由中心开始的放射状布局，与很多非近看蝴蝶骨骼布局不同的是，珠江小姐的蝴蝶骨骼设置了更多的小支，用来制作更加细微的蝴蝶翅膀在升力和阻力上的变形。同时骨骼的分布必须严格按照蝴蝶翅脉的走向来布置，这样蝴蝶在动画的时候会呈现出基于翅脉对翅膀的支撑而形成的升力和阻力效果，这一点是科学的工作章法，对制作出令人信服的蝴蝶近景飞舞镜头是至关重要的，如图22-73所示。

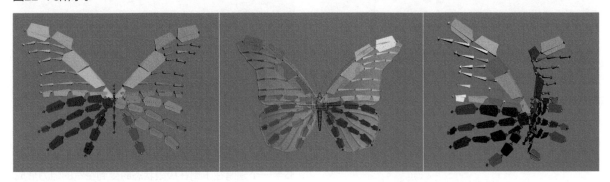

图22-73

在动画制作方面，对于动画师来说最重要的是对蝴蝶扇动翅膀时产生的空气升力和阻力的感悟能力，这一方面需要有科学研究的工作章法，另一方面则有赖于每一个人自身的"感受力"了，如果一个动画师的感受力不足的话，就必须找到一段蝴蝶飞舞的视频，然后一帧帧地去把蝴蝶的动作分解出来，再对着参考图制设置关键帧。而在珠江小姐蝴蝶骨骼动画制作时，采取的是手动设置关键帧和控制器脚本相结合的方式，示例动画操作步骤如下。

STEP 01 首先通过旋转工具，手动制作出蝴蝶单侧翅膀运动的基础效果，也就是上下拍打的基础动画。首先是翅膀的平展姿态如图22-74所示。

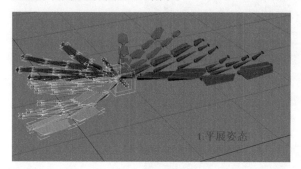

图22-74

STEP 02 使用旋转工具将蝴蝶的单侧Bone【骨骼】调节至一个扇翅膀的准备状态，如图22-75所示。

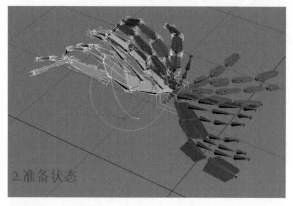

图22-75

STEP 03 使用旋转工具将蝴蝶的单侧Bone【骨骼】调节至一个扇翅膀准备动作的加剧动作，如图22-76所示。

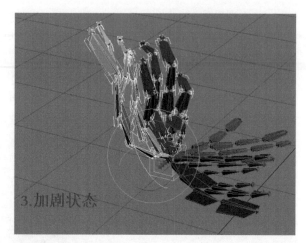

图22-76

STEP 04 使用旋转工具将蝴蝶的单侧Bone【骨骼】调节至一个翅膀往下扇的一个初始状态，如图22-77所示。

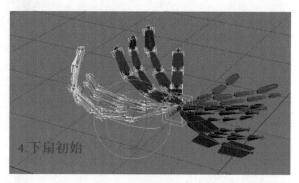

图22-77

STEP 05 使用旋转工具将蝴蝶的单侧Bone【骨骼】调节至一个翅膀往下扇的极限状态，如图22-78所示。

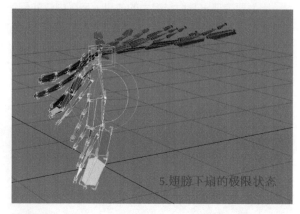

图22-78

STEP 06 使用旋转工具将蝴蝶的单侧Bone【骨骼】调节至一个翅膀往下扇在极限状态时受到空气的阻力形成的反作用力对翅膀的一个反应，如图22-79所示。

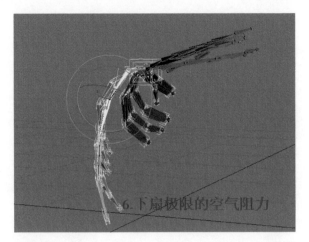

图22-79

使用旋转工具将蝴蝶的单侧Bone【骨骼】调节至翅膀改平时的状态，不过这时翅膀的翼尖的骨骼需要因为空气阻力的关系出现弯曲，如图22-80所示。

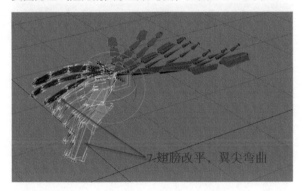

图22-80

技术提示： 当蝴蝶翅膀再次改平的时候就可以与步骤1中蝴蝶处于平展的样子重合了，这个时候一个扇翅膀的循环就建立好了，后面不管蝴蝶怎么扇翅膀都是建立在这7个动作上，只需要根据具体的飞行姿态进行一定的细节调节即可。

然后在3ds Max主菜单的MAXScript【MAX脚本菜单】菜单栏下选择Run Script【运行脚本】运行一个叫作"骨骼镜像脚本"的3ds Max脚本文件，这个脚本文件可以在网络上搜索并购买，如图22-81所示。

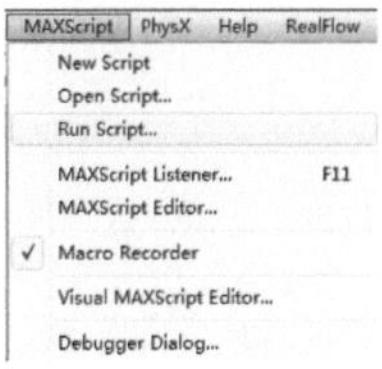

图22-81

在弹出的对话框中打开这个骨骼镜像脚本，如图22-82所示。

图22-82

打开后会弹出一个小的镜像命令工具箱，如图22-83所示。

图22-83

通过这个脚本文件，可以把对称且为Bone绑定的角色一侧完成的动画镜像到另一侧，从而实现鸟类、蝴蝶等的扇动翅膀的飞舞效果，这个小脚本的使用非常简单，却能起到大大节省工作量的效果。选择一根Bone【骨骼】，如图22-84所示。

图22-84

点击Copy Pose【复制姿态】按钮之后，Paste Pose【粘贴姿态】按钮就激活了，如图22-85所示。

图22-85

然后选择这根骨骼对应的蝴蝶身体另一侧的骨骼，如图22-86所示。

图22-86

STEP 10 将Copy/Paste Transfer【拷贝粘贴工具箱】面板上的Affect Position【影响位移】和Affect rotation【影响旋转】两个选项后面都选择flipped【镜像反转】，这是告诉软件在粘贴的时候是进行反转粘贴，也就是镜像复制的意思，如图22-87所示。

图22-87

然后单击Paste Pose【粘贴姿态】按钮,把蝴蝶骨骼一侧的动画成功反转复制到另一侧的骨骼上，如图22-88所示。

图22-88

STEP 11 然后按照上面复制粘贴的办法，逐一地将已经做好动画的蝴蝶一侧骨骼的动画复制粘贴到它的另一侧骨骼上去，直到两边的骨骼运动呈现完美的对称效果位置，如图22-89所示。

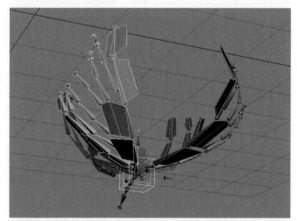

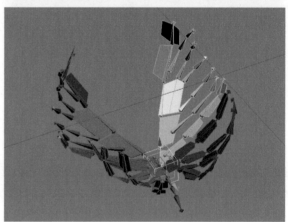

图22-89

技术提示: 不过需要注意的是这个脚本的镜像动画功能只能在水平没有旋转的状态下实现，如果蝴蝶的轴向发生了旋转偏移，镜像出来的动画就是不正确的了，所以要制作出逼真的蝴蝶飞舞，一定是在蝴蝶整体位移和角度未发生变化之前，也就是蝴蝶中心的总控Dummy【虚拟体】处于没有旋转过的状态时，先调节基本的蝴蝶单侧上下扇动翅膀的基础动画，然后通过镜像脚本把做好的动画镜像复制到另一侧去，再动画蝴蝶整体在镜头里的位移和旋转。

正确的镜像效果如图22-90所示。

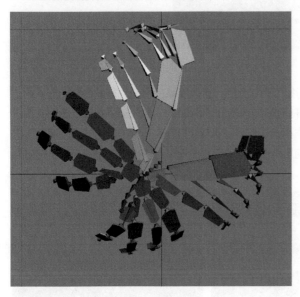

图22-90

错误的镜像效果如图22-91所示。

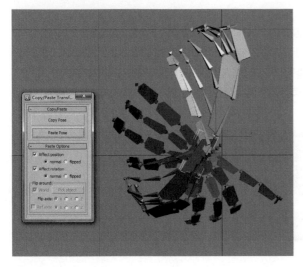

图22-91

当大的Animation Layout【动画布局】完成以后，再去调整蝴蝶翅膀受到升力和阻力影响而在各个小的枝杈bone上产生的细节变化，由整体到局部一点点地去调节才是分解一个复杂动画的正确做法。

关于动画节奏的设计：

虽然珠江小姐启动片只有30秒，蝴蝶部分是10秒，但这不是一段展示蝴蝶扇翅膀动画技法的演示，而是一段富有节奏感的栏目包装，整个30秒里面分为：

❶ 倒计时，如图22-92所示。

图22-92

❷ 蛹在枝头晃动，如图22-93所示。

图22-93

❸ 蝴蝶展翅跃出，如图22-94所示。

图22-94

④ 蝴蝶落定淡出珠江小姐的Logo，如图22-95所示。

图22-95

珠江小姐启动片中这4部分的时间并不是平均分配，而是有张有弛的，所以蝴蝶的动画也是需要有松有紧的。从视觉功效和艺术角度去考虑，蝴蝶从画面底部跃出到展开翅膀是可以快的部分，因为这个部分蝴蝶距离镜头相对较远，接下来蝴蝶扇两下翅膀飞到近景特写的时候需要动作稍慢一点，以便观众可以有足够的时间看到蝴蝶翅膀的特写，然后蝴蝶转身飞向画面中心落定可以快一些，这样前后紧中间松的节奏分布就与背景音乐相得益彰了，如图22-96所示。

图22-96

蝴蝶飞舞粒子特效的制作思路

本书为角色动画学习的书籍，但是由于角色动画所涉及的面十分广泛，从建模、材质，到动画一应俱全，有时还涉及一些特效方面的技术，比如在珠江小姐动画中使用到的粒子特效技术，虽然由于篇幅关系在这里不能详细地阐述蝴蝶飞舞时像粉尘和闪亮粉一样的粒子是如何一步步制作出来的，但是介于角色动画所需要掌握的技术的广泛性，在这里还是做一些基本思路上的概述，读者通过阅读可以为自学粒子特效做一些有益的准备，如图22-97所示。

图22-97

在特效方面有一个重点就是蝴蝶翅膀扇动的时候需要带出大量如粉末和闪光点一般的粒子跟随运动，虽然一些后期软件的二维粒子插件也可以制作出很绚丽的粒子特效，可是这种跟随蝴蝶整体飞行，同时还跟随蝴蝶翅膀扇动的粒子只能通过有空间的三维粒子来模拟。下面概括地论述一下这些粒子制作时的技术性思路。

STEP 01 在珠江小姐启动片中这种粒子是用3ds Max的Particle Flow【粒子流】、FumeFX【烟雾模拟插件】和Krakatoa【粒子渲染加速插件】共同完成的，如图22-98所示。

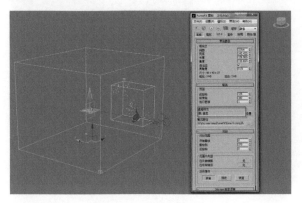

图22-98

STEP 02 使用FumeFX【烟雾模拟插件】以蝴蝶的翅膀作为烟雾发射物体先模拟烟雾，然后在输出通道里提取"烟"和"速度"给Particle Flow【粒子流】使用，粒子的发射率设定为1000000，如图22-99所示。

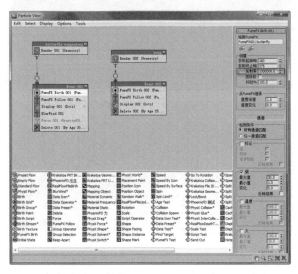

图22-99

STEP 03 然后在Krakatoa【粒子渲染加速插件】的控制面板里计算一个25倍的Partitioning【细分份数】，也就是1000000个粒子每一个粒子都会分为25份，这样这些粒子就会呈现出如烟似雾的效果，如果你的电脑非常强劲的话，还可以增加粒子的数量，这样效果更好，如图22-100所示。

图22-100

STEP 04 在3ds Max视图中观察出来的粒子效果如图22-101所示。

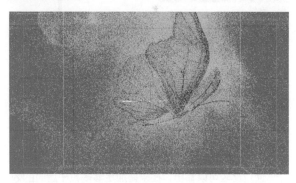

图22-101

STEP 05 当然有了如烟似雾的粒子效果以后，还需要闪闪发亮的粒子效果，这些粒子就不是雾状的感觉了，而应该是具有较强的颗粒感，这时只需要不计算Partitioning【细分份数】即可得到较少数量的粒子，然后通过Krakatoa【粒子渲染加速插件】渲染设置里面的Final Pass Density【整体透光密度】与Density Exponent【每一个粒子的单独透光指数幂】的参数调节即可以使一小部分粒子发光，而大部分粒子由于过于透光而不渲染出来，这样这些颗粒感的粒子就不用再模拟一遍，直接可以通过渲染参数的调节来得到颗粒感的粒子，如图22-102所示。

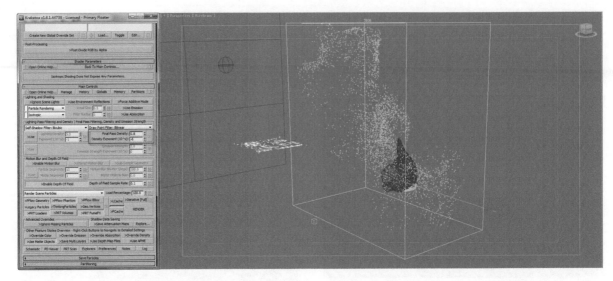

图22-102

STEP 06 最终这些颗粒感的粒子在After Effect【后期软件】制作合成的时候通过层混合效果和叠加层的数量或者加Glow【光晕】等办法就可以让这些颗粒感粒子非常的闪亮与显眼，如图22-103所示。

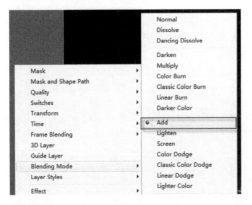

图22-103

通过比较可以看出，在未叠加足够多粒子层时的效果如图22-104所示。

图22-104

当添加了足够多粒子层时的效果如图22-105所示。

图22-105

AE中的叠加层处理方式，如图22-106所示。

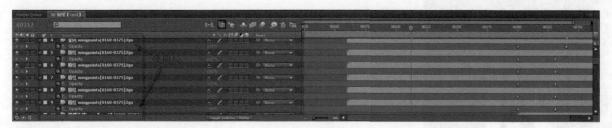

图22-106

技术提示： 虽然3ds Max的Krakatoa【粒子渲染加速插件】渲染巨量粒子的速度非常快，但是由于高级巨量粒子在模拟阶段的耗时还是非常之久，一般情况下在制作的时候会在Krakatoa【粒子渲染加速插件】里面模拟一层粒子的效果，并带通道渲染出来，然后在After Effect【后期软件】里面通过不断叠加这一层粒子图层的办法来让粒子看起来足够的多，足够的亮，这样的做法比较经济实惠。Particle Flow【粒子流】、FumeFX【烟雾模拟插件】和Krakatoa【粒子渲染加速插件】每一个插件几乎都可以写一本书了，所以留着以后有机会再和大家仔细讲解，这里只做制作思路上的分析。

频道版式中角色的应用

第 **23** 章

本章主要通过理论加举例的方式阐述在频道版式中三维动画角色是如何抓住观众注意力，并完成传达节目信息的任务的。电视频道的版式就如同书籍的排版一样通过艺术设计让观看的效果更加美观，同时它也有不同于书籍排版的客观情况，由于电视版式和栏目信息稍纵即逝，最长的也就30秒，一般的是10~15秒，最短的只有5秒，所以不像书籍放在架子上，当读者走进书店可以拿在手上看个仔细再决定买不买，这就决定了频道包装中出现的角色一定要具有趣味性和信息性兼有的特点。通过本章节的学习，读者可以对这种角色的应用有一个基础的了解。本章节实例部分采用"城市蚂蚁"在电视购物中的一个场景——"休息一下马上回来"为实例演示，如图23-1所示。

图23-1

23.1 项目分析

时间紧、任务重造成频道版式具有了一些独特的特点，比如，频道版式需要考虑电视节目与广告之间的进出衔接关系，也需要预告下一个节目是什么，还需要宣传频道近期即将要播放的节目有哪些，在智能手机普及以后，还有很多即时互动的内容都会涉及版式里面，这些版式在设计的时候就和书籍的排版不尽相同，它们使用的是电视化的语言，在运动中把观众的注意力吸引住去读取相应的信息，因为不管是什么角色，就算它只是一个再简单不过的正方形，当它像活的一样运动起来的时候，仍然是非常吸引眼球的，所以在各种频道版式的包装里，角色可以说是被相当广泛地应用的，如图23-2所示。

图23-2

　　角色可以在频道版式中大量应用的核心就是因为它可以像"活的"一样激发观众的思绪，当观众的大脑开始跟随角色的运动思考的时候，观众停留在这个频道的时间就会保持住，直到看完全部频道希望观众看到的信息为止。首先需要展示一条动画方面的原则，就是"预备原则"，这条原则是迪斯尼的9位最资深的动画老人提出的众多动画原则中的一条，这条原则正是赋予一个角色具有"活的"特性中最重要的一条，比如有一个球从山坡上滚下去的运动，如何动画才能吸引住观众的注意力呢？如果只是把球沿着山坡的斜坡滚下去了，是不会吸引观众的注意力的，因为观众一看就明白："这不就是个球滚下去嘛……我不看都已经知道了，所以我决定换台了……"请相信观众是很聪明的群体，当观众还没看，就已经猜到结果的时候，他们就已经没有兴趣在这个频道上浪费时间了，这和看电影、看电视剧的人最讨厌剧透是一样的道理，人类的大脑讨厌已经知道结果的事情，所以一定会忍不住地拿起遥控器换台，如图23-3所示。

　　所以要在频道包装里做出有效的版式，把观众的注意力保持住直到把全部的信息都接收完，那就必须让版式里的元素"活"起来，比如还是那个球滚下山坡的动作，如果让这个球在滚下山坡前做一个向后退的"预备"动作，虽然只是一个简单的向后的预备动作，但是这个动作会给聪明的大脑一个暗示——这个球好像有点意思，它好像要干点什么，它似乎有所企图，它不是一个简单的球，而是一个活的……大脑在接收了这个暗示以后，便会放下手中的遥控器去一看究竟，人类是目前地球上唯一能接受暗示的生物，当大脑因为这个球的独特行动开始有所思考的时候，一个有效的版式就开始了，如图23-4所示。

图23-3

图23-4

23.2　案例欣赏

The Hub是美国有线数字电视与卫星电视联合制作的一个英语儿童电视频道。探索频道Discovery Communications, Inc.与 孩之宝 Hasbro的合资公司.Hub 面对的是双重的观众，在白天的时间就是儿童卡通节目，晚上就是适合男女老少全家的节目，如图23-5所示。

图23-5

Hub频道的版式里虽然会使用大量正在播放的卡通片里面的角色但是真正贯穿其版式的是它的Logo，这个Logo就是一个"活的"物体的典型代表，通过Hub的版式动画可以看出这个Logo是非常活跃的一个小家伙，它会随着背景正在预告的动画片的情节表演相关应景的动作，不仅非常搞笑，还会变身成适合背景情节的瓢虫、机器人怪兽等，反正想尽一切办法把注意力容易涣散的小孩们牢牢地留在电视机前，时不时还要前后扭一扭呼应一下它是一个白天和夜间播不同节目的频道的这个宗旨，以Logo形象作为角色，"活"起来贯穿整个频道版式，Hub是一个非常成功的典型，如图23-6所示。

图23-6

Nickelodeon是美国知名的国际儿童频道，经常会凭空制造出一些非常怪，但是又非常萌的各种小角色来充当其频道版式里面的主角，这些角色虽然一直在换，但是一点也不影响这个频道给人的整体感觉，观众记住的还是橙色的、萌萌的、出乎意料、稀奇古怪的那些感受，如图23-7所示。

图23-7

　　国内的儿童频道在做频道包装的时候总会把收视儿童的年龄段作为自己的市场，好像有了年龄段的针对性以后，这个年龄段的儿童就已经被频道全拿下了似的。看看Nickelodeon版式里使用的角色可以发现这个频道在面对市场的时候不是按照年龄段这种粗略又无知的方式去做针对性来获得收视率，而是做得很有性格，它针对的不是某个年龄段，而是某种人，是某种很有个性，总是有古怪想法，还萌萌的那种人，这种人既有孩子，也有大人，就像迪斯尼从最早期的《汽船威利号》开始，所针对的就是大萧条里面美国人自己的自嘲和解闷，皮克斯的动画电影总是在说一个不受待见的草根是如何奋发向上的，注意，这些成功的所谓儿童频道、儿童电影都没有针对过年龄层，而是对所有年龄层一视同仁的，在他们眼中只有什么样的人就会被什么样的频道吸引这一条原则，如图23-8所示。

图23-8

　　Nickelodeon频道包装版式里经常出现的各种稀奇古怪的角色，和这些角色做的各种匪夷所思的事情就吸引了喜欢这些角色个性的观众，角色在版式中的作用远不止只是拿手指示一下"接下来"这行字在哪里，引出广告等这种把角色当木偶用，把角色当仆人用，把角色当元素用的最基础的角色使用方法，Nickelodeon把版式里的角色应用到了"是什么样的人，就能吸引什么样的人"的市场直接占有方式和"近朱者赤近墨者黑"慢慢溶解掉中间分子的营销策略的程度，如图23-9所示。

图23-9

　　对Nickelodeon来说要想在儿童频道多如牛毛的今天立于不败之地，就必须始终把注意力放在"人"身上，时刻把握住人在思想和意识形态上的新变化，所以它的版式里面的角色经常在换，而且都很多，目的就是时刻根据市场的情况做出调整。而国内的很多儿童频道都还停留在把角色作为频道版式里面的一个工具在用的水平，这点在觉悟上的区别非常值得去深思。

Cartoon network也是一家老牌的少儿频道，经过多次修改定位以后，最终确定了其定位为播放有活力的动画，包括动作、历险和日本动画，说白了就是这是一个"热血频道"，通过其版式中应用的各种角色可以看出这些角色的基因与这个频道的定位是完全一致的，在西方，他们始终坚持的是以清晰的性格定位来吸引相应喜欢这样风格的观众群体，而非国内经常说的高幼还是低幼的分类，如图23-10所示。

图23-10

最后当然要谈到最老牌的迪斯尼频道了，迪斯尼80年间创造了大量无与伦比的经典角色，米老鼠的经典形象当然当仁不让地成为整个频道在版式应用上最有识别性的角色，它无论是正面、侧面、背面都可以成为频道的识别系统，甚至它的一个大耳朵的外轮廓也可以成为非常容易识别的版式，在电视画面呈现时，由米老鼠头部的外轮廓形成的字幕版、角标、过场等担当了整个频道版式的责任，不管岁月如何更替，在新的版式替代老的版式的时候，米老鼠的形象仍然是迪斯尼频道最重要的无形资产，继续被重新设计和保留下来，如图23-11所示。

图23-11

这是迪斯尼青少频道的Logo演绎，其中除了保留了米老鼠的外轮廓形象、唐老鸭的衣服形象以外，还增加了很多富有趣味的简化小角色，有弹吉他的摇滚小人、树袋熊小人、小狗、小女孩等，各种简化外形以后的角色点缀在Logo中，整体风格有点积木拼装玩具的感觉，同时兼具不同主题的应用功能，这些简化后的角色自然融入这套新Logo演绎风格中，成为了米老鼠唐老鸭两个经典角色的好助手，共同帮助迪斯尼青少频道在Logo演绎中形成更加多变、有趣、亲民的演绎效果，如图23-12所示。

图23-12

迪斯尼80年来一直致力于全家收看的这种家庭氛围的建设，所以使用更多的角色放在版式里就势在必行，同时又不能因为角色的增加而加大电视版式设计和制作的难度，毕竟电视是需要不断更新的，有时一个特别的情况，一个特殊的节日，就需要临时增加一款设计，从设计到三维动画制作再到渲染都是需要很多时间去完成的，所以这些简化的角色风格就像模板一样大大地减少了设计师构思一个新角色的时间，同时动画也不必去做复杂的骨骼绑定动画，最后渲染的时间也会因为这些角色都是块面化的而大大缩短，如图23-13所示。

图23-13

综上所述，频道版式中角色应用的核心是通过角色的参与引起观众大脑的好奇与思考，从而在短短15秒中让观众把手里的遥控器放下，直到看完希望他们接收的所有信息，这才是角色在频道包装中的真正意义。通过对Hub、Nickelodeon、Cartoon network还有迪斯尼Junior频道的分析，可以发现角色参与的频道版式设计是可以影响收视率的，重点在吸引不同性格的人，而不是针对不同年龄的人。在应对电视媒体需要快速反应、快速出片的行业特点上，简化的、风格化的角色可以大大提高设计和制作的效率，保证制作团队能对版式的改变做出及时的反应。

23.3　频道版式中角色应用的实例部分

作为电视购物的节目，其中的"休息一下，马上回来"是一个必备的隔断，这个隔断为10秒，也就是PaL制的250帧，它可以作为节目与节目直接衔接时的过渡，也可以作为一个节目结束时的落款，对于"城市蚂蚁"的电视表现来说，最重要的是以一个角色的动画形态来告诉观众现在可以稍事休息一下，等一会可以再回到电视机前继续观看，由于是电视购物频道，而不是一般的新闻或者娱乐频道，所以角色不需要像新闻或者娱乐一样真的去休息了，而是可以继续保持一种敬业的样子，在观众去休息的时候，这只"城市蚂蚁"还在认真地工作中，反映这个电视购物频道的认真严谨的态度，针对这样的情况，"城市蚂蚁"有了如下的制作，如图23-14所示。

STEP 01 把"城市蚂蚁"设定为一个客服人员，它需要几个与客服身份配套的装备，一个是客服的耳机。耳机可以使用Edit Poly【编辑多边形】建模得到，也可以在网上下载现成的模型进行改造，在本案例中使用的耳机就是采用网络下载和Edit Poly【编辑多边形】改造相结合制作而成的，如图23-15所示。

图23-14   图23-15

STEP 02 "城市蚂蚁"作为客服，还需要一张它可以坐着的椅子，椅子的大小要根据蚂蚁本身的尺寸来进行适合的缩放，椅子的模型可以使用Edit Poly【编辑多边形】建模得到，也可以在网上下载现成的模型进行改造，在本案例中使用的椅子就是采用网络下载和Edit Poly【编辑多边形】改造相结合制作而成的，如图23-16所示。

图23-18

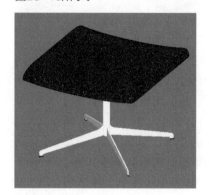

图23-16

STEP 03 "城市蚂蚁"作为客服，还需要一张它可以办公的桌子，桌子的形态要比较有科技感和未来感，能体现干练和科技的感觉。桌子的模型在本案例中采用的是网络下载和Edit Poly【编辑多边形】命令加以一定改造所得到的，如图23-17所示。

图23-19

来到3ds Max的运动面板，为CAT的Layer Manager【层管理器】添加一个Abs【绝对层】，如图23-20所示。

STEP 06 打开CAT Layer Manager【层管理器】上的动画模式开关，如图23-21所示。

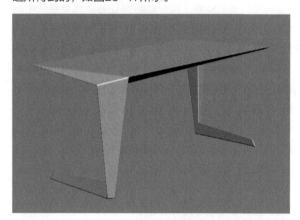

图23-17

STEP 04 为了体现科技和智能快捷的感觉，还需要给做客服的"城市蚂蚁"添加一个电脑，当然这个电脑当属苹果的一体机最能体现这种感觉了，所以在本案例中"城市蚂蚁"的工作电脑采用的是下载了一个苹果电脑一体机的模型的办法，把电脑放在桌子上，如图23-18所示。

STEP 05 选择"城市蚂蚁"CAT骨骼的底部三角形物体，如图23-19所示。

图23-20　　　　　图23-21

选择蚂蚁CAT骨骼的胯部重心物体Pelvis【胯部】，如图23-22所示。

图23-22

打开动画记录Auto Key【自动关键帧】，如图23-23所示。

图23-23

STEP 07 使用移动工具和旋转工具把蚂蚁调节至如图23-24所示的样子，这是一个蚂蚁坐在椅子上看着电脑屏幕的姿态。

图23-24

STEP 08 使用移动和缩放工具把前面准备好的耳机、座椅、桌子和电脑都配套地移动到蚂蚁坐姿的相应位置，并进行一定的大小缩放调节，如图23-25所示。

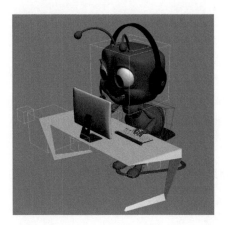

图23-25

STEP 09 选择蚂蚁左手的CAT骨骼LArmPalm，在运动面板的Limb Animation【肢体动画】卷展栏下先单击Create IK Target【创建IK目标物体】按钮，单击之后其会显示为灰色，表示IK目标物体已经被创建到场景中了。在这个"城市蚂蚁"的客服动画中，其左手采用IK反向动力学的设置更能表现左手支撑身体，有时打打键盘的动画，如图23-26所示。

图23-26

然后单击Move IK Target to Palm【移动IK目标去手掌】按钮，单击之后，IK目标物体会移动到手掌上，如图23-27所示。

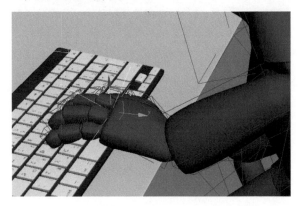

图23-27

STEP 10 给场景中打一台有目标体的摄像机，如图23-28所示。

图23-28

将角度调节至如图所示的样子。由于蚂蚁的形象最后需要在AE中采用后期合成的办法上文字，所以在摄像机沟通中不需要考虑后期落文字的空白位置，如图23-29所示。

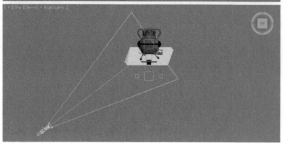

图23-29

STEP 11 选择蚂蚁右手的CAT手掌骨骼RArmPalm，按照步骤9的操作，把蚂蚁的右手也设置为IK反向动力学，同时IK目标物体需要和手掌在位移和轴向上吻合，如图23-30所示。

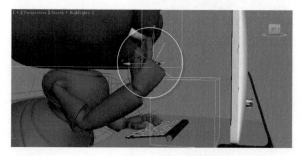

图23-30

STEP 12 双击蚂蚁左手的中手指最后一块骨骼LArm Digit21，这时整个一根中指的三节骨骼都会被选择，如图23-31所示。

图23-31

然后把时间滑块往后移动三帧，使用旋转工具旋转中指最后的那块骨骼，可以看到中指变翘起来了。然后以同样的办法，把食指和小手指，还有大拇指也按照同样的办法，每隔3~4帧变换一下交替的样子即可，如图23-32所示。

图23-32

知识提示： 蚂蚁这类卡通角色的手指一般为4根，比真人少1根，一般是把小手指和无名指合并了，造成卡通角色只有小手指而没有无名指的状态，这个传统是从迪斯尼开始的，因为这样可以明确卡通与真人的不同，同时也不妨碍表现。在本案例中，蚂蚁的左手需要在键盘上做一些打字的动画，由于打字动画并不是特写，所以并不需要做的每一个手指的动作都与键盘上的按钮的位置匹配，只需要示意一下即可。

STEP 13 选择蚂蚁右手的IK目标体（当为手设置了IK反向动力学以后，就可以直接操控IK目标体来动画手臂），让蚂蚁的右手手臂在0~72帧之间保持下图这个动作不变，如图23-33所示。

图23-33

STEP 14 选择蚂蚁头部的耳机麦克，给它在命令面板添加一个Bend【弯曲】修改器，如图23-34所示。

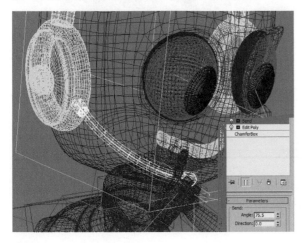

图23-34

再给这个麦克在命令面板里添加一个FFD2×2×2晶格调节器来微调一下麦克和右手手指的距离，让它们不要穿帮即可，如图23-35所示。

图23-35

STEP 15 选择蚂蚁CAT骨骼的头部骨骼Head【头】，使用旋转工具，每隔8帧制作一个蚂蚁微微点头的动画，以模拟这只客服的蚂蚁好像在和耳麦里的客户在通话的样子，如图23-36所示。

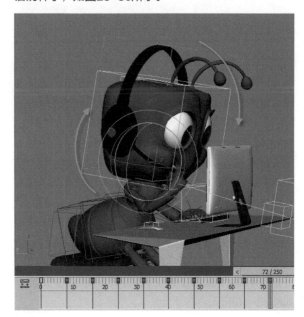

图23-36

STEP 16 同时别忘了动画耳机麦克的FFD2×2×2晶格调节器，使用移动工具也每隔8帧略微移动晶格顶端在耳机麦克尖尖上的两个Control Points【控制点】，使麦克与蚂蚁的右手手指在每一个蚂蚁点头的动作的时候不穿帮，同时这个麦克也会呈现出略微的弯曲效果，如图23-37所示。

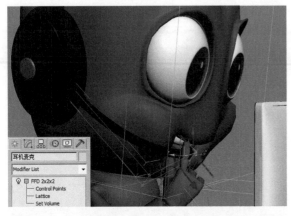

图23-37

图23-38

技术提示： 在本案例中，弯曲的动画并没有使用传统的 Bend【弯曲】修改器的弯曲角度来制作，而是使用了一般在建模阶段用作调整物体大形的FFD晶格调整器，这是具体情况具体解决造成的，在本案例中，这个耳机麦克的弯曲幅度非常之小，使用全身都会发生弯曲变形的Bend【弯曲】修改器的话可能会产生不必要的多余弯曲，所以只做局部的时候，就采用FFD晶格变形来做了。

STEP 17 在第90帧到第190帧之间制作一下蚂蚁右手去摸鼠标的动画，使用移动工具把手的IK目标体拖曳到鼠标的位置，然后让手和鼠标都在桌面上略微移动起来，就好像蚂蚁在使用鼠标一样，如图23-38所示。

STEP 18 使用移动工具和旋转工具在第190帧到第207帧的时候让蚂蚁右手从鼠标上移回到耳机麦克上，还是扶着麦克的姿势，当然也可以在第207帧之后的帧把手移回去，这个根据角色设定来决定，如图23-39所示。

STEP 19 最后，在第250帧，也就是本段动画最后一帧的地方要把蚂蚁全身上下所有的关键帧从动画的第0帧开始使用Shift+鼠标左键拖曳的方式复制到第250帧，如图23-40所示。

图23-39

图23-40

让动画在结尾和开始保持一模一样的状态，如图23-41所示。

图23-41

图23-42

STEP 20 最后将渲染出来的客服蚂蚁序列帧放在After Effect（AE）后期软件中添加上文字，这段"城市蚂蚁"角色在电视包装中的角色呈现就制作完成了，如图23-42所示。

知识提示： 这样做是电视包装的一个常见和必要的处理，因为参与电视包装的短片都要求进和出是可以循环的，这样方便编导把这段动画进行任意的延长播放。

第 **24** 章 电视广告中的角色动画应用

本章内容
◆ 案例赏析
◆ 实例：电视广告——"斗地主"

本章的主要内容是以理论加案例赏析的方式阐述三维动画角色在电视广告中是如何担当重任传递广告信息完成商业目标的。读者通过本章三个经典案例的学习可以了解到角色动画在电视广告中的应用特点和发展历程，可以在实例演示部分通过"斗地主"的电视节目广告环节学习角色在电视广告里面的应用方式。

24.1 案例赏析

24.1.1 赏析1

Budweiser百威啤酒是一家经常使用三维制作的动物作为其广告主角的快速消费品制造商，曾经推出一系列以聪明的蚂蚁作为广告主角的商业电视广告，这个系列可以说是三维角色电视广告的开山鼻祖级别的，要知道同样适用三维动画角色风靡大银幕的《侏罗纪公园》和《玩具总动员》也差不多是1995年前后，而蚂蚁系列的百威啤酒广告是1994年开始的，可见百威公司是非常乐于尝试一下新兴媒体科技的公司，如图24-1所示。

图24-1

这种尝试也从此一发不可收拾，在蚂蚁之后螃蟹、青蛙、变色龙，甚至蜘蛛侠等虚拟的三维动画角色也成为了其电视广告的主角，这些广告不仅让百威公司在戛纳广告节中大放异彩，也让其啤酒销售事业如虎添翼，如图24-2所示。

图24-2

1997年，百威啤酒推出了一款可回收啤酒瓶的啤酒，广告只有30秒，讲述几只蚂蚁通过齐心协力和聪明才智把一瓶被它们喝完的酒瓶搬出蚁穴，通过杠杆原理抛进回收站的故事。故事虽然很短，但是由于采用了三维动画的独特视角，将当时的观众带入了平时不可能观察到的微观世界里面，看着蚂蚁们像人一样地协作搬酒瓶，把酒瓶架在一个支点上，通过杠杆关系抛进回收站……如图24-3所示。

图24-3

在三维动画技术应用于影视广告领域这个风潮刚刚兴起的时候，对当时的观众来说真的是一段非常奇特的视觉体验。从今天的三维动画制作水平的角度来看，这支1997年的百威啤酒广告中的小蚂蚁们确实做得很一般，但是这正是三维动画角色应用于电视广告的开始，也是三维动画角色第一次拓展创意人员的思维空间和带给观众新的广告观看体验的开始。

百威是一家有着环保和公益事业传统的美国企业，他们发起了线下的号召，呼吁大家去关心环境保护环境，并组织了回收酒瓶，喝酒要找代驾等公益社会性活动。线下活动由于时间多，往往可以把工作做得很充分，但是试想，要在30秒的电视广告时间内告诉消费者百威推出了一款可回收的酒瓶，大家在尽兴欢愉之后别忘了把酒瓶扔到回收站去，因为这是一款可回收酒瓶的……

如果这样做一则广告的话是非常费劲并且没人会有耐心看30秒的，如果是由演员来演的话这个故事会变得很无趣，虽然三维动画在电视广告领域方兴未艾，但是美国可是影视艺术的故乡，大众消费者早就对各种表演习以为常，特别这则广告又是号召大家接受百威新出的可回收酒瓶的新的消费习惯，有点类似在传授知识，含有说教信息的传递最容易显得乏味无趣，何况电视广告只有短短30秒，可能都还没把环保的理念说清楚，时间就没了。如果要抓住观众的眼球，势必要邀请明星来出演，这样广告费用又会变得太高，也不一定能起到作用，如图24-4所示。

图24-4

在这个时候三维动画制作的角色就很有用了，因为三维动画角色是虚拟的，完全不受各种客观条件的制约，创意人员可以有更大的空间去创新，结果一支由三维动画制作的蚂蚁广告就诞生了。这些蚂蚁们喝啤酒、搬酒瓶，做出弹射酒瓶的姿态时用掉了广告30秒时长的15秒，在这15秒里面观众的眼睛被蚂蚁带来的微观世界的独特视角牢牢地抓住，同时观众的大脑一直在思考这些小家伙把酒瓶架起来到底要干什么呢？这时在观众还没反应过来的时候酒瓶已经被高高弹起，飞进了一个像盒子一样的东西里面，这时用掉了广告时长的20秒，而广告还没有揭开谜底——这些蚂蚁这么折腾，到底是要干什么？，正是这种新奇神秘将观众牢牢地留在沙发上，要知道百威的广告很多时候是体育比赛的中场休息阶段播放的，很多观众可能已经喝了不少了，正准备去趟洗手间，这时必须来点特别的才能把观众留在电视机前30秒。当镜头下移显示出Recycle Glasses【回收玻璃】的文字时，已经是第25秒了，观众似乎已经知道将会发生什么了，但是时间已经不容许他们做出反应了，随着广告片尾音乐的响起，一行文案出现——Brewing Solutions for Better Environment（百威酿酒也为更好的环境提出解决方案），意思就是百威不仅只会酿酒，同时也很关注环境保护，所以推出了一款可回收的玻璃瓶，希望大家知道，以后在欢愉之后别忘了把它们扔进回收站。

这么枯燥平淡的信息唯有出点奇招才能吸引住观众的注意力，而三维动画制作的蚂蚁就是这个任务最好的担当，虽然以今天三维角色动画的角度看这些动画没有什么难度，但是使用三维虚拟角色担当动画中的主角在那个时代已经是非常创新和很有想法的广告创意了，如图24-5所示。

图24-5

24.1.2 赏析2

M&MS巧克力也是一个经常可以在它的电视广告中看到三维虚拟角色作为广告片主角的一个著名食品品牌。它是世界最大的巧克力食品商美国玛氏（Mars）集团的荣誉产品，早期这款巧克力被开发出来的时候恰巧是第二次世界大战期间，这款巧克力的独特性质——只溶于口，不溶于手，让它随着出征的军人迅速红遍全球，如图24-6所示。

第二次世界大战后，玛氏公司也是全球第一家采用市场调研来指导营销决策的糖果公司。通过调研，玛氏公司发现这种豆子状的巧克力非常吸引小孩，但是小孩没有购买的决策能力，它便把广告的对象转为大人，以不溶于手的巧克力不会把小孩衣服弄脏为题的电视广告插播在米老鼠俱乐部的电视节目中，这款产品迅速变成非常受欢迎的产品，如图24-7所示。

图24-6

图24-7

值得注意的是，美国迪斯尼的米老鼠俱乐部是一个全家收看的家庭节目，恰巧，M&MS巧克力的文化也是一个亲近社会圈的文化，非常适合与迪斯尼的节目共同搭配起到相辅相成的作用，这一点并不是玛氏公司的运气好，而是它经过仔细的市场调查和分析的结果，而有的商家的产品如果在全家收视的节目里播出，则可能正好被家长认为只是一个给孩子自己娱乐游戏的产品，而不是一个对家长和孩子都有利的产品的话，反而会遭到家长的抵制，而M&MS巧克力在全家收视的电视节目里插播的广告是经过仔细考虑的，他们的切入点不是孩子个人馋嘴的欲望，而是——这是一款不会融化在手里把孩子衣服弄脏的巧克力，对家长来说就是很讨好的一个切入点，这才是关键，如图24-8所示。

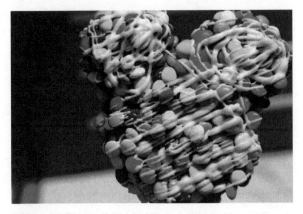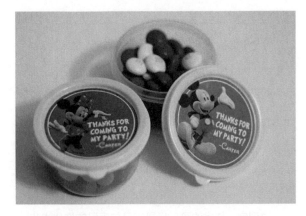

图24-8

  M&MS巧克力是豆状的，易于分享，非常适合在家庭圈，朋友圈的亲近社会关系所产生的活动里面食用，所以M&MS巧克力从一开始就以生活化的环境和口语化的交流作为电视广告的格调，从第二次世界大战时期的海报广告到今天的电视广告依然如此，这已经成为了M&MS巧克力的文化传统，每一支M&MS巧克力的电视广告都是以巧克力豆家族的形式出现，它们扮演朋友，亲人，同学等非常亲近的社会关系，然后以很生活化很调侃的方式进行交流，如图24-9所示。

图24-9

  因为广告的着力点在日常生活环境中发生的有趣事情上，所以这样的广告对大人和孩子有着同样的吸引力，每当M&MS巧克力豆的卡通角色形象出现在电视广告中，观众的大脑立刻就会被这样一群圆头圆脑，有着和人一样表情和情绪的巧克力所吸引，如图24-10所示。

图24-10

  随着动画技术的发展，最适合去表现M&MS巧克力的三维角色动画可以做到让虚拟的M&MS巧克力豆角色们在日常人类生活场景里的空间透视、光影着色、动画准确度、表情生动性等变得更加真实，也就可以更贴近日常的生活，让M&MS巧克力广告带给观众的亲近感更加强烈，同时也推升了它的巧克力销量，在这一点上三维角色动画有着其他动画形式无以比拟的优势，如图24-11所示。

图24-11

说到底，技术的更新只是工具与手段的迭代进步，任何一个品牌的成功都不可能忽视文化单纯依靠技术革新，文化与传统并不是一句空话，而是植根于一个产业萌发那一刻的一个独特发现，玛氏公司研发的不会在手上融化的巧克力就是一个在战争年代对士兵和野外很有好处的产品，当战争结束，这种不会融化的独特之处又开始帮助孩子不弄脏衣服，减轻家庭主妇的工作量。

这个品牌的文化从对人们在生活中便利性的关爱开始，逐渐演变成为亲近朋友圈的娱乐分享良品，它的电视广告也承接了这样的品牌文化，最后人们看见三维动画制作的M&MS巧克力豆们以亲朋好友的形式说着日常生活中的口头语出现在了电视机荧屏，这个过程缺一不可，才造就了今天的M&MS巧克力帝国，如图24-12所示。

图24-12

24.1.3 赏析3

著名的三维卡通角色小黄人在2015年的夏天携手全球第一快餐品牌麦当劳刮起了一阵快餐界的黄色旋风，它们的形象也同时出现在了全球各大主流媒体的电视广告中。起初这些黄色的小角色是一部名叫《神偷奶爸》的三维动画电影里面的小配角，虽然只是配角，可这些小家伙凭借自己非凡的搞怪和耍萌的能力迅速捕获了全球观众的心，如图24-13所示。

图24-13

麦当劳和小黄人的合作可以说是迟早的事情，因为大家都是黄色的，同样都是倡导快乐，敢作敢为，接纳新一代的文化……由于文化的相近，小黄人自然当仁不让地成为麦当劳全球活动推广的形象大使，借助《神偷奶爸》系列电影和网络上的很多小黄人的小短片积累起来的在全球移动互联网网民里面的超高人气，小黄人在线上以电视广告的方式推广麦当劳的促销广告，线下以附赠玩具模型的方式与消费者零距离亲密接触，如图24-14所示。

图24-14

　　主要针对的是"85后"和"90后"的消费群体，这些群体在网络上使用的"逗比"类的网络语言和朋友圈围观的各种"逗比"类事情的那种对待生活和事情的态度与小黄人的世界观很像，这个年龄段的年轻人目前还不像"80后"那些三十而立的人正忙于生儿育女，忙于工作，他们还有时间可以像小黄人一样做一些纯粹展现性情的事情，而不用太顾及社会和家庭对他们的要求，很明显在35岁以上的人群里面小黄人并不太受欢迎。如果哪天麦当劳需要针对10年后的"85后""90后"做营销攻势的时候，还是可以拿出小黄人打一打怀旧牌，虽然那时的"85后""90后"已经不"逗比"了，但是只要把小黄人从另一个角度——"怀旧"去讲的话，仍然会很有市场的，如图24-15所示。

图24-15

　　从小黄人和麦当劳这个电视广告案例可以看到一向将年轻人作为主要消费群体的快餐巨头麦当劳是如何把握时代的节奏的，记得麦当劳上一次改变其传统喜感大叔形象为酷炫的"I'm lovin'it（我就喜欢）"时，正是街舞等Hiphop文化席卷全球"80后"的时候，当时这种源自美国黑人社区的街头文化伴随着节奏感强烈的音乐成为那个年代最热的时尚，而当时的"80后"也正好被冠以了叛逆一代的称号，麦当劳迅速地捕捉到了这个脉动，果断地改变一贯的文化特征，然后以黑色、黄色为主具有强烈视觉冲击力的图像出现了，店员们也开始嚼着口香糖给顾客递薯条了，如图24-16所示。

图24-16

    现在，正是智能手机和移动互联网兴盛的时代，伴随着这股科技浪潮长大的"85后""90后"更是当下移动社交网络里面的主力军，他们创造了移动互联社交的网络文化，像"逗比""暴走漫画"等都是当下这个时代被创造的文化符号，如图24-17所示。

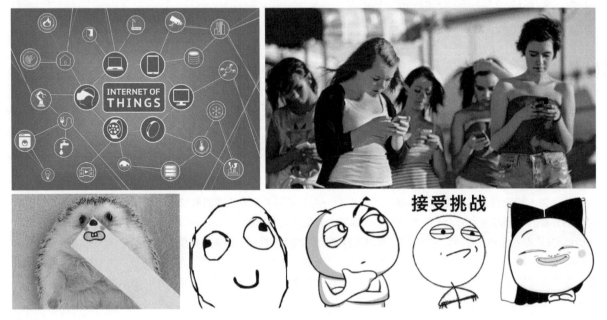

图24-17

    麦当劳自从上一次文化转型以后，它的注意力始终聚焦在年轻人身上，在如今移动互联文化盛行的时候，小黄人必定成为这种"逗比"文化的代言人，应该说小黄人本身并没有那么优秀，而是它恰巧正好出现在这个时代，并有着特别能反映这个时代年轻人的心智，如图24-18所示。

图24-18

　　三维动画角色出现在电视广告里在现如今这个时代已经屡见不鲜了，而真正能在商业和口碑上都取得不错战绩的，还是要通过把握时代的脉搏来实现，因为角色一旦被创造出来，它就像一个人一样，是有生命的，而它的生命就是所留存在人们记忆中的时间，因为不管多奇特的角色，它们都像人，像我们自己，我们会为了自己去购买和自己很投缘的商品。

　　在这一点上，三维动画角色与三维动画制作的特效、光标等图形化的元素有着本质的区别，角色承担着超越三维元素的职责，承载着人们喜怒哀乐的情感，也寄托着人们怀旧与向往自由等各种情怀和时代的集体记忆，所以从米老鼠唐老鸭开始，那些有时代根基的角色往往能连续多年在商业领域创造不错的业绩。

24.2 实例：电视广告——"斗地主"

　　实例如图24-19所示。

图24-19

STEP 01 "斗地主"是民间喜闻乐见的一种纸牌游戏，分为"农民"和"地主"两派，随着电视产业的发展，很多电视台都开始有了当地风格的"斗地主"的电视直

播纸牌游戏，纸牌一般用扑克牌。首先针对电视广告客户方的要求绘制分镜头脚本，如图24-20所示。

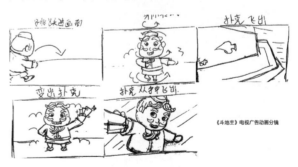

《斗地主》电视广告动画分镜

图24-20

STEP 02 根据分镜所绘故事画面，进行时间的分配工作，并把这些时间分配的分镜在After Effect中制作成动画的分镜，对每一格分镜的动画时长都做到心中有数。首先将分镜的每一格画面在Photoshop里分解开，如图24-21所示。

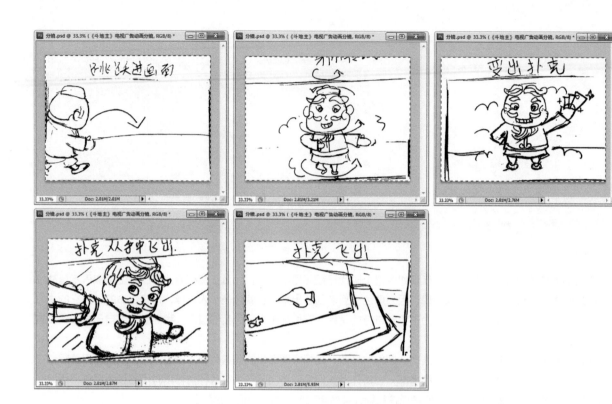

图24-21

STEP 03 在After Effect软件中导入这些单独的分镜图片，如图24-22所示。

图24-22

STEP 04 把图片一张张都放到AE的Composite【混合器】中以后，在混合器的空白处单击鼠标右键，在弹出的菜单中选择创建Text【文字】层，如图24-23所示。

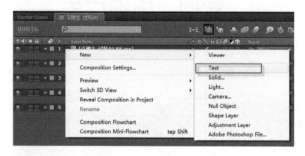

图24-23

STEP 05 在被创建出来的红色Text【文字】层上单击鼠标右键，在弹出的连续菜单的Effect【效果】中找到Text【文字】下面的Time Code【时间码】，然后点选它，如图24-24所示。

图24-24

STEP 06 这时AE的画面上会出现黑色的时间条码，这个时间码有助于导演和动画工作者非常直观地了解到动画现在进行到的位置和整体的时间分布，如图24-25所示。

图24-25

STEP 07 别忘了把Time Code【时间码】的Time Unit【时间单位】设置为每秒25帧，因为国内做动画一般都是采用Pal制的，如图24-26所示。

图24-26

STEP 08 在AE的Composite【混合器】中通过反复推敲，将分镜头里面的每一幅画面都设置为相应的段落时间，对整个5秒的动画进行时间分配和管理，这个过程叫动画分镜。可以看到整个动画为5秒，也就是125帧，入画大约0~20帧，转一圈变出扑克大约20~35帧，做飞扑克的动作35~60帧，飞扑克60~100帧，剩下100~125帧为动画和节目衔接的转接处，如图24-27所示。

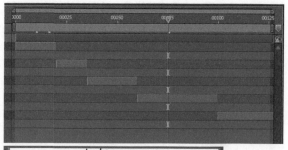

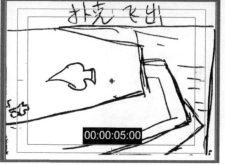

图24-27

STEP 09 当整体的时间已经被正确地划分以后，就可以来到3ds Max中对地主飞扑克牌这个动画进行制作了，地主角色的建模、表情、材质和骨骼绑定的技术内容一方面都是大同小异的，另一方面由于前面的章节已经多次反复阐述了，读者可以研读前面的章节来进行学习，这里就直接进入动画的制作内容，如图24-28所示。

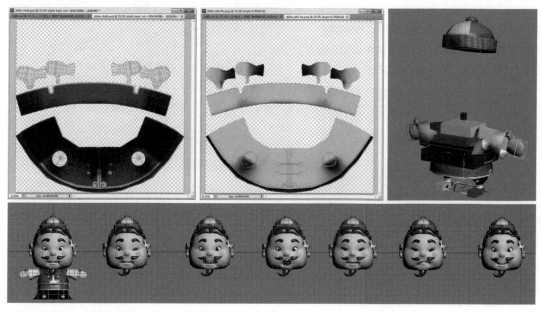

图24-28

STEP 10 根据动画分镜的设计，推算出地主在0~5帧的时候是处于一个跳跃的准备蓄力动作。使用移动工具把地主的HumanPelvis【胯部重心】在第5帧的时候往下拉，让地主呈现一个下蹲的样子。并同时使用旋转工具调整其头部和手臂的角度，配合这个下蹲的动作，如图24-29所示。

图24-29

技术提示： 虽然地主下蹲的动作（0~5帧）并不在摄像机的取景范围内，但是由于关系到整个跳跃动作的真实性和连贯性，虽然这个动画不在画面里面，但还是强烈建议大家老老实实地制作出来为好。

STEP 11 根据动画分镜的设计，推算出地主应该在第11帧的时候处于跳跃的峰值，使用移动工具拖动地主的HumanPelvis【胯部重心】将地主向上、向前提拉到合适的位置，并同时使用旋转工具调整其头部和手臂的角度，配合这个跳跃动作，如图24-30所示。

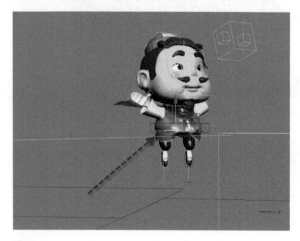

图24-30

STEP 12 根据动画分镜的设计，推算出地主应该在第17帧的时候双脚落于画面内的地面上，使用移动工具拖动地主的HumanPelvis【胯部重心】，将地主向前落于地面上，并使用移动和旋转工具调整其头部和手臂的角度，配合这个落地动作，如图24-31所示。

图24-31

STEP 13 地主在第20帧之前完成了从画外跳入画内的跳跃动作，从17帧落地到25帧（一秒的位置）地主是一个向下抵消重力加速度缓冲的动作，继续垂直向下拖曳地主的HumanPelvis【胯部重心】，让地主下蹲，以减缓冲力，如图24-32所示。

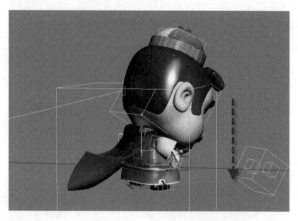

图24-32

STEP 14 在地主下蹲抵消重力加速度之后，紧接的是一个快速简短的原地跳，改转身为正面朝向摄像机，这种短的原地跳在前面"城市蚂蚁"的跳跃相关章节已经详细说明过其用处，这里就不再赘述。接下来需要做的是在25~28帧的时候把地主的HumanPelvis【胯部重心】继续向下稍微做一点点的起跳前的蓄力准备动作的移动即可（这时在摄像机的画面里地主基本上还是背对着摄像机的），如图24-33所示。

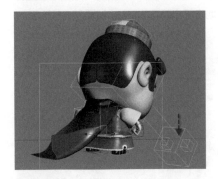

图24-33

STEP 15 在接下来的第28~32帧和第32~35帧这两个跳跃节点上把地主在前一个节点处使用旋转工具顺时针旋转至地主与摄像机的相对角度为90°，也就是其侧面对着摄像机，如图24-34所示。

图24-34

然后在第二个跳跃节点上把地主旋转到正对摄像机，并落地，如图24-35所示。

图24-35

STEP 16 在第35~40帧的时候使用移动工具把地主的HumanPelvis【胯部重心】向下拖曳一定的距离，做一个缓冲，如图24-36所示。

图24-36

STEP 17 在第40~43帧的时候，让地主快速地把扑克变出来，配合这个变，也可以做一定的小跳跃，如图24-37所示。

图24-37

变出扑克的动作动画非常简单，其实就是一个总控扑克牌的Dummy【虚拟体】的缩放动画，当这个虚拟体的缩放比例为0的时候，它就是带着扑克一起没有体积，等到Key【设置帧】了缩放帧以后，就会显现出来，如图24-38所示。

图24-38

STEP 18 在第48~75帧，也就是3秒前的这1秒的时间里让地主站在原地小幅度地挥舞一下手中的扑克，如图24-39所示。

图24-39

知识提示： 这个1秒原地晃扑克的动作很重要，目的是为了让观众可以看清这堆扑克，免得在后面地主抛出扑克后让观众不知所措，大脑反应不过来。人的大脑是唯一会受到暗示的器官，当地主亮出扑克以后，还在不停地晃，观众会意识到地主可能会掷出扑克。

STEP 19 在第75~83帧的时候需要做一个地主准备飞扑克的准备动作，在78帧的时候让地主用3帧的时间跨出他的右脚，并适度地下蹲，这里只需要用移动工具移动地主右脚的Base HumanRPlatform【IK目标体】和下拉地主的HumanPelvis【胯部重心】即可。头和另一只手也可以制作适度的动作配合一下，如图24-40所示。

图24-40

STEP 20 在第83~91帧的时候使用移动和旋转工具做一个地主原地起跳后360度旋转扔出扑克的动作，360度的旋转可以显示出地主扔出扑克的迅猛，如图24-41所示。

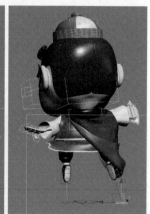

图24-41

STEP 21 摄像机的目标体Camera001.Target从第90帧的时候跟随飞出的扑克移动，采用的技术是给摄像机的Camera001.Target在运动面板里使用link Constraint【链接约束】控制器，让摄像机目标在90帧的时候链接上扑克牌的总控Dummy 全部的扑克。此控制器的使用方法参见前面章节，如图24-42所示。

图24-42

STEP 22 在第100帧的时候，由于摄像机跟随飞出的扑克运动，所以这一帧需要将扑克铺满整个画面，以起到遮挡画面的作用，方便在这个动作之后节目的编导可以把画面切入斗地主的电视直播中去，如图24-43所示。

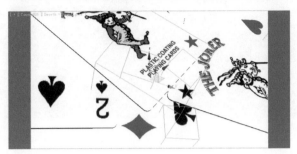

图24-43

技术提示： 扑克不可能每一张都很听话，很自然地正好在100帧的时候把画面都挡住，其实这一帧的时候需要使用移动工具和旋转工具手动去调节每一张扑克，让它们正好可以在第100帧的时候把画面遮住。

STEP 23 渲染一下第100帧，检查一下扑克是否把画面都完全遮挡了，如图24-44所示。

STEP 24 在第100~103帧的时候快速使用移动工具和旋转工具把扑克迅速散开，露出空白的背景来，如图24-45所示。

图24-44

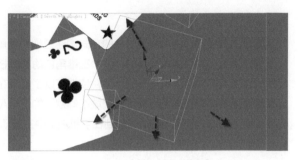

图24-45

这样便完成了一个电视广告的角色动画，对于电视广告来说，角色动画需要每一个动画创作人员最大限度地在非常有限的时间里发挥创意地去表演、去表达，这样才能在短短的十几秒甚至几秒的时间里抓住观众的注意力。

第 **25** 章 App中角色动画的应用

本章内容
- ◆ 案例欣赏
- ◆ 实例："城市蚂蚁"手机App应用——蚂蚁动画

本章主要通过理论加案例赏析的方式阐述三维动画角色在移动互联的时代背景下是如何在各种App应用程序里扮演重要角色，吸引全球粉丝的。虽然三维角色动画的技法大同小异，但是当应用在不同媒介的时候，还是有它自己的一些特点的，通过本章节的学习，读者可以了解到在当下这个移动互联的时代，作为三维动画的创作者来说在哪些方面需要提高和发展，并且以"城市蚂蚁"的手机App应用程序中一个蚂蚁的动作来作为本章节实例部分加以阐述，读者通过这个实例可以了解到在手机App中三维动画角色可以做些什么。

25.1 案例欣赏

25.1.1 欣赏1

随着智能手机的普及，移动互联已经成为人们日常生活的一部分，在人们找个地方小憩的时候，在与家人朋友促膝而坐的时候，人们渴望只要打开手机就享受到能独乐乐、众乐乐并且简单有效的娱乐方式。在这样的时代与科技背景下，一系列会说话的手机应用App便应运而生了，其中最为大家津津乐道的一款App就是由Outfit 7公司开发的"会说话的汤姆猫"，这款游戏至今已经累计了超过15亿的下载量，并还保持着2亿多活跃的用户，介于其极为简单的游戏程序而言，这款游戏的大受欢迎真的是开发者对生活和需求的悉心观察体会而创造出来的一个奇迹，如图25-1所示。

图25-1

汤姆猫这个角色起初是米高梅公司的Tom和Jerry里面那只叫汤姆的猫，汤姆猫和老鼠杰瑞在过去75年里的打打闹闹让Tom/汤姆就是猫，猫肯定是汤姆/Tom，这个习惯性的认定已经潜移默化地植根于全世界人们的认识里了。对于汤姆这只贱猫来说人们最想做的事情就是像老鼠杰瑞一样去捉弄它，然后再与人分享自己是如何捉弄这只贱猫的。这样一来，在移动互联时代里Outfit7开发的"会说话的汤姆"就充分满足了人们内心的这种心理，同时这款游戏又在过去70年里被米高梅的《猫和老鼠》在人们的记忆里建立过根基，在技术与文化的最佳时机的促成中，这款简单到不能再简单的手机APP应用便获得了成功，如图25-2所示。

图25-2

在2010年Outfit7开发的"会说话的汤姆"发布的同时，市场上同时在热销的还有很多同类的产品，这些会说话的APP也都无一例外的由一个3D制作的角色作为这款游戏的主角，人们可以根据App中设定好的办法来逗趣这些虚拟角色。比如有"会说话的刺猬""会说话的泰迪熊""会说话的鸵鸟""会说话的长颈鹿""会说话的机器人"等，如图25-3所示。

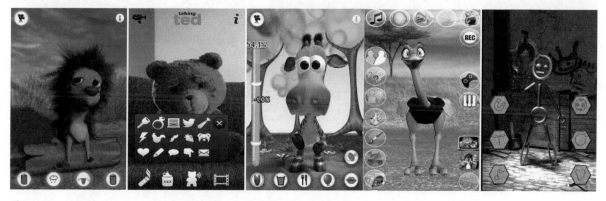

图25-3

而其中表现最好的，到现在还兴盛不衰的只有Outfit7旗下的会说话系列App，其中最成功的当然是"会说话的汤姆猫"。其次相对好一点的是借助赛思·麦克法兰指导，《变形金刚4》的男主角马克·沃尔伯格主演的电影《泰迪熊》衍生出来的手机App"会说话的泰迪熊"，其余的都已经不是那么热门了，大部分都已经湮灭在瞬息万变的市场需求的海洋里了，而且"会说话的泰迪熊"不仅推出线上的手机版的会说话的软件，还在线下售卖同款会说话的绒毛玩具，同样取得了一定的成功，如图25-4所示。

图25-4

25.1.2 欣赏2

通过市场对产品的选择结果这里给广大读者提出一个重要的观念——当使用角色作为应用软件App的卖点的时候，这个角色是否在人们的心中是有根基的才是最重要的，其次才是App的各种程序技术和游戏设置。这个观念在像"会说话的汤姆猫"这类说话门类App里的效果更加显著，因为这类手机App的游戏规则非常简单，技术也很平常，其最吸引玩家的地方是玩家的心理，而非这个App通过手机或者IPAD的麦克风收录用户的声音以后再复读出来的声音有多搞笑，要知道如果是App复读搞笑声音是游戏成功的关键的话，那应该每一款会说话App都成功了，而事实只有Outfit7的"会说话的汤姆猫"大获全胜，另一个胜利者是借助电影《泰迪熊》而登上App下载前列的"会说话的泰迪熊"，如图25-5所示。

图25-5

其实这只熊在美国观众的心里也早有根基，程度和米高梅的《汤姆和杰瑞》一样，最早这只熊是1920年美国总统西奥多·罗斯福在一次狩猎活动中赦免的一只小熊，后来这个放生的仁爱事迹被一位叫贝丽曼的政治漫画家描绘成了漫画，再后来这个漫画中的小熊又被一位经营小生意的夫妇制作成了绒毛玩具出售，后来罗斯福知道了这个事情以后，便给这只源自他本人的事迹，并已经被制作成绒毛小熊的玩具起了个名字叫泰迪（Teddy），如图25-6所示。

图25-6

泰迪熊从那时起就已经是西方人生活中的一部了，是西方人表达爱、友谊、忠诚的象征，泰迪熊对欧美的家庭而言承载着非常丰富的情怀，比如北美冰球队的传统慈善活动就有抛泰迪熊的盛况，每年圣诞将至，冰球队会号召观赛球迷把泰迪熊扔进冰球场。这些小熊会被当地慈善机构收集，作为圣诞礼物送给福利院的孩子们。在2012年的一次比赛中，只加拿大的卡尔加里冰球队一场比赛就收获了26000只泰迪熊玩偶，如图25-7所示。

图25-7

　　基于这个文化根源，麦克法兰指导的小成本电影《泰迪熊》才能获得成功，现在已经出了续集《泰迪熊2》了，基于文化根基和电影的成功，这款同名手机App才能在漫天都是"会说话的汤姆猫"的局面下在App领域取得一定的成功，如图25-8所示。

图25-8

　　角色动画在App中的应用非常广泛，正如各种会说话的系列App一样，但是真正能脱颖而出成为用户手机应用中一款不舍得删除的App，真的不是仅仅靠动画做得有多逼真能成功的。当然用户对"会说话的泰迪"在动画上的评价还是超过"会说话的汤姆猫"的，普遍评价前者比后者"更贱"，可见后来者"会说话的泰迪"在三维角色动画的制作时确实是更下了一番工夫，这与它是脱胎于真人电影有关，因为真人电影对于动画质量的要求会更高，如果"会说话的泰迪熊"App制作方从电影的制作工程中调取了相关数据的话，其三维角色动画的质量一定是会超过"会说话的汤姆"的。

　　反观Outfit7的"会说话的汤姆猫"，它真的没有什么特别惊艳的角色动画，最大的动作戏就是被玩家一直拍脑袋而昏倒在地，然后被狗冲进画面泼的一桶水浇醒。要么就是换换衣服，吃点东西，猜猜手里有什么等，都是非常简单的动画，而且早期"会说话的汤姆猫"应该也不是实时三维计算的，应该是前期由三维动画制作渲染成序列帧以后，由程序根据玩家捉弄汤姆猫的方式实时调取不同的动画帧来实现的，如图25-9所示。

　　但这一点也不影响移动互联时代的人们在"会说话的汤姆猫"身上寻找"捉弄别人"和"自我犯贱"的玩耍体验，正如在观看米高梅70年经久不衰的《猫和老鼠》里面猫被铁毡砸成茶几时一样的心理反应，其实《猫和老鼠》这部动画片也没什么情节，70年来都是猫和老鼠这对欢喜冤家互相追逐，打打闹闹，那个时代的观众观看这部动画片满足的也是在现实生活中不能那样过分地去捉弄别人的心理投射。如今时代不一样了，观众不仅可以作为第三者去观看这样的捉弄，还能亲身参与到这样的捉弄里面去，三维动画角色在手机App里面同游戏程序的协作应用，一起满足了人们对消费体验升级的需要，如图25-10所示。

图25-9

图25-10

25.1.3　欣赏3

　　"愤怒的小鸟"，也是一款以各种小鸟的角色动画作为页面呈现的成功游戏应用App，它与"会说话的汤姆猫"不同的是它是一款休闲益智类游戏，而汤姆猫更侧重心理和情绪上的宣泄与分享。"愤怒的小鸟"由芬兰的一家叫Rovio Entertainment Ltd.的创新公司开发，于2009年12月首发，在游戏中设定了9种基本的小鸟，它们为了夺回被绿色猪偷走的鸟蛋，将自己作为炮弹架在弹弓上射向猪们把守的阵地，每一种小鸟都有自己特有的攻击特点。像红色的小鸟体型小，重量轻，能射很远，但是对比较硬的混凝土就缺乏攻击力；而蓝色小鸟体型就更小，可以在发射出去以后变成3个，对玻璃有很强的攻击力；黄色小鸟很适合攻击木头；而黑色小鸟很适合攻击混凝土等。同样小鸟们的对手，那些绿色的猪也是有很多不同的角色，分为普通猪、钢盔猪、猪老爷、猪国王还有巨型猪等，防御力依次递增，如图25-11所示。

　　益智类游戏像俄罗斯方块，弹桌球等都是通过碰撞产生的巧合所形成的玩家完成任务后的成就感来满足玩家对自己智力和控制力的肯定。为什么"愤怒的小鸟"没有使用一个"球"作为弹弓发射的东西，而是使用一种匪夷所思的方式让小鸟把自己作为弹丸装载在弹弓上弹射出去攻击猪群？凡是玩过"愤怒的小鸟"和"俄罗斯方块"或者"弹桌球"之类动脑计算的，考验掌控力的游戏的读者，肯定能感受到在玩"愤怒的小鸟"的时候能体会到一种"欢乐"的感觉，而后面的两个益智类游戏只有在成功地完成一排削去的俄罗斯方块，或者将桌球打入洞中之后才能体会到"快乐"，如图25-12所示。

图25-11

图25-12

这就是"愤怒的小鸟"使用角色作为这款游戏App应用核心的原因，因为类似这种益智类游戏普遍都是颇有难度的，如果玩家只是在完成任务以后才能体会到"欢乐"的话，那就会大大降低了这款游戏的趣味性，同时也无法让它在益智类游戏林立的游戏市场里脱颖而出，如图25-13所示。

图25-13

而当游戏开发者决定使用角色作为游戏玩耍时体验人类心理的投射物时，是不是能成功通关也就变得次要了，玩家就算在手指的控制力和脑部对于重力、反作用力、空气阻力等干扰因素上的计算能力相对较弱的话，也是不要紧的，玩家只是将这些一个个气鼓鼓的小鸟架在弹弓上射出去这件事本身就已经很"欢乐"了，如图25-14所示。

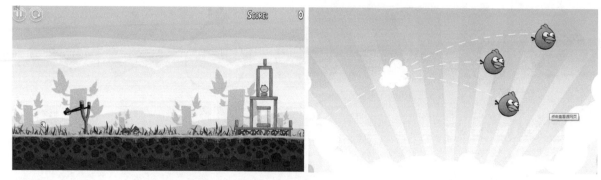

图25-14

　　使用角色的一个非常大的好处就是——不管角色是人的形状，还是鸟的形状，只要角色在设计的时候是拟人化的，玩家都会在玩耍的时候将自己设想为这只鸟，或者将自己的朋友设想为这只鸟，将讨厌的人设想为偷走鸟蛋的绿猪们，轻轻拉动手指，将小鸟射出去，看着小鸟们前仆后继地撞向绿猪的堡垒，看着绿猪一只只被消灭，或者就算这些猪都没有被消灭，只是看着小鸟们砸向猪的堡垒，玩家也会体会到欢乐和有趣。当这种搞笑自己，捉弄鸟儿的体验居前的时候，玩家对于过关所需要具备的各种复杂计算的大脑复核与心理期待就小了，也就是对于输赢没有那么看重了，这有助于降低游戏的参与难度，鼓励玩家尝试玩耍和与朋友分享这款新的益智类游戏，引导玩家在玩耍中逐渐掌握游戏规则，然后再一步步过关。

　　这样的一种布局非常易于各种不同年龄层的玩家都来加入到试玩的行列，并积极分享给朋友圈再进一步扩大下载这款游戏的人数，这就是作为新进入益智类游戏的新人——"愤怒的小鸟"所采用角色作为游戏主体的一种战略规划，如图25-15所示。

图25-15

　　当然一直惯着玩游戏的人，不给点刺激和挑战也是不行的，因为由于无聊，这些玩家也是不会长久地玩下去的，这就是"愤怒的小鸟"在玩家不能过关的时候会让这些贱贱的猪出来嘲笑一下玩家，发出一些贱贱的笑声去刺激玩家总结经验再来一次，这种效果也是一个球状的元素无法完成的，猪虽然是猪，但是它的角色设计为具有人的面部特征的样子，在它们嘲笑玩家的时候，玩家心中不服输的劲头会被激发起来，然后接着玩一局，不断在失败中总结经验，直到战胜这些讨厌的猪为止。

　　总结，角色在App中应用时，不管是三维的角色也好，还是二维的角色也好，也不管这些角色是哺乳动物还是蛋里面生出来的，在角色设计上都会尽量保持类人化设计，也就是让角色的面部呈现人类的五官和表情特征，这样容易让玩家把这些角色移情为自己本身或者周围的朋友，有助于玩家投入情感在游戏里，也有助于分享这些游戏给自己的朋友圈，如图25-16所示。

图25-16

在移动互联的时代，游戏的好玩与不好玩已经不是以前单机和网络平台的个人胜败或者团队胜败的那种体验了，在移动互联时代，像"会说话的汤姆"和"愤怒的小鸟"这样重点不在过关，而"逗趣"与"易于分享"则变得越来越重要，角色们在这样的时代背景下也承担着没有以前在PC平台时那么酷的任务，而是更加注重搞怪和贱萌，这也与它们发挥作用的手机屏幕这样的小尺寸舞台相得益彰，在这个移动互联的时代，游戏的过关输赢已经变成小事，坐下来互相逗趣才是头等大事。

25.2 实例："城市蚂蚁"手机App应用——蚂蚁动画

实例如图25-17所示。

图25-17

STEP 01 首先"城视生活"的App主要作用是给用户在手机端操作用来下订单的一个终端工具，所以它在一开始的时候的使命就是很清晰的，提出了一个"第一时间抢购更多实惠"和"码上有精细"这样有助于销售的口号，如图25-18所示。

图25-18

STEP 02 其次城视生活是一个非常本地化的网购平台，就算用在了手机App上，所面对的人群仍然是本地的街坊四邻为主，这样的人群目标在当下的情况下对于网购一些本地化的土特产，比如蔬菜、水果、鸡鸭鹅等并不习惯通过手机App网购的方式来进行消费，所以需要一个号召大家进行扫码订购的动画演示来引导本地用户逐渐采纳新的生活方式，这时"城市蚂蚁"这个角色便当仁不让地成为了演示和引导的角色，如图25-19所示。

图25-19

STEP 03 在网上下载一个iPhone手机的模型，手机界面上的文字是俄文的，这没有关系，因为本案例中小蚂蚁只会让手机背面朝向观众，如图25-20所示。

图25-20

STEP 04 给这个iPhone手机的中心部位添加一个Dummy【虚拟体】，以便之后和蚂蚁的手掌链接。并使用链接工具，将手机与虚拟体相连接，虚拟体为父物体，如图25-21所示。

图25-21

STEP 05 打开小蚂蚁的CAT绑定版文件，首先观察一下这只黑色小蚂蚁的样子是否符合案例中想让它来推介扫码的那个身份，如图25-22所示。

图25-22

通过观察可以看到这样一个蚂蚁的角色作为推介者来说还是过于单薄了，似乎无法支撑起它承担的任务。

STEP 06 以Cylinder【圆柱体】为原型，在命令面板中用给这个圆柱体添加Edit Poly【编辑多边形】命令的方法给小蚂蚁制作一顶超市导购员常常会佩戴的帽子，Edit Poly【编辑多边形】的具体操作方法在前面的章节已多次解析，这里便不做赘述，如图25-23所示。

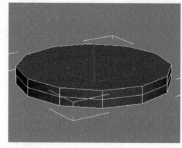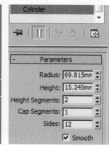

图25-23

通过添加FFD【晶格调整器】和Edit Poly【编辑多边形】命令逐渐将这个圆柱体变成一顶导购员戴的帽子，如图25-24所示。

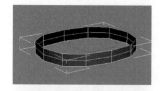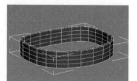

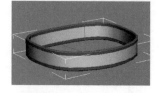

图25-24

STEP 07 从一个Plane【平面】开始编辑，如图25-25所示。

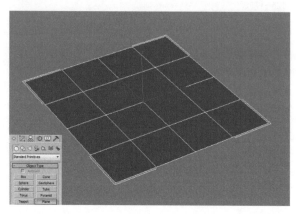

图25-25

用Edit Poly【编辑多边形】建模的方式，给帽子添加一个帽檐，如图25-26所示。

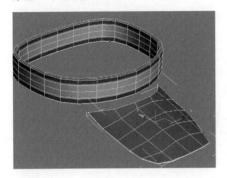

图25-26

也可以添加FFD2×2×2【晶格调整器】来对帽子的大形进行调整，如图25-27所示。

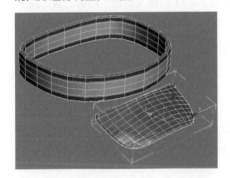

图25-27

通过逐步的调节，最后添加Turbo Smooth【涡轮光滑】命令后，帽子就呈现如图25-28所示的样子。

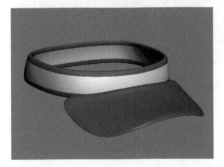

图25-28

STEP 08 给帽子的中心位置创建一个Dummy【虚拟体】，可以命名为"帽子"，这个Dummy【虚拟体】和前面手机中心的虚拟体一样都是用来和蚂蚁的CAT骨骼进行连接用的。并使用链接工具将帽子和虚拟体相连接，虚拟体作为父物体，如图25-29所示。

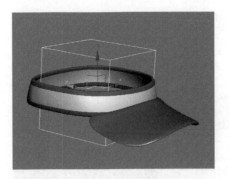

图25-29

STEP 09 使用Alt+A快捷键，让帽子和蚂蚁头部的虚拟体在空间位置上对齐，如图25-30所示。

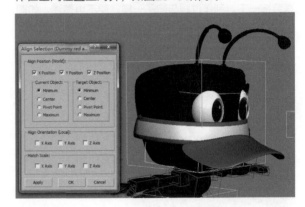

图25-30

然后再使用移动和旋转工具将帽子放在正确的位置，如图25-31所示。

图25-31

STEP 10 同理，手机也对齐移动到蚂蚁的RArmPalm【右手手掌】骨骼上，并使用链接工具将手机的Dummy【虚拟体】链接在蚂蚁的RArmPalm【右手手掌】骨骼上，后者为父物体，如图25-32所示。

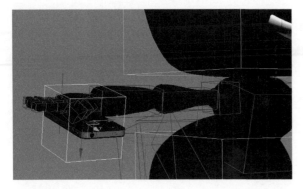

图25-32

STEP 11 黑色蚂蚁的胸前太闷，需要为其制作一根领带来装饰一下，制作过程与帽子一样，便不再赘述，如图25-33所示。

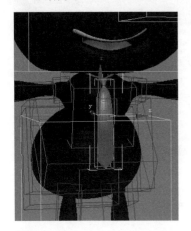

图25-33

技术提示： 领带在动画的时候是通过链接工具连接在蚂蚁的CAT骨骼的颈部骨骼上的，但是领带随着蚂蚁动作的晃动和弯曲是通过在命令面板里添加了Bend【弯曲】修改器来实现的，而不是采用骨骼绑定或者Cloth【布料】模拟的方式，使用Bend【弯曲】命令的好处是易于调整，想做的地方就做，不想做的地方可以省略，比较自由。在本案例中给领带添加了两个Bend【弯曲】修改器，一个负责前后的摆动，一个负责左右的摆动。

前后摆动的参数如图25-34所示。
左右摆动的参数如图25-35所示。

STEP 12 旋转蚂蚁骨骼的任意一块，来到运动面板的CAT Layer Manager【层管理器】卷展栏，给蚂蚁骨骼创建一个Abs【绝对层】，如图25-36所示。

图25-34   图25-35   图25-36

然后激活CAT的动画开关，如图25-37所示。

也打开Auto Key【自动关键帧】动画记录，接下来便可以给蚂蚁制作动画了，如图25-38所示。

图25-37   图25-38

STEP 13 使用旋转工具将蚂蚁的手臂和头、胸进行适度的旋转，将蚂蚁由下图这个姿态，如图25-39所示。

图25-39

调整成一个拿着手机的待机姿态，如图25-40所示。

图25-40

STEP 14 动画全长125帧，也就是Pal制的5秒，内容为小蚂蚁用手机扫描一个空间里的二维码，然后按确定，扫描成功，很高兴的样子。首先是制作小蚂蚁挺身去扫描的准备动作，在第0~5帧的时候使用移动工具下拉蚂蚁CAT骨骼的Pelvis【胯部】，给蚂蚁一个适度的小幅度下蹲，如图25-41所示。

图25-41

STEP 15 在5~9帧的时候使用移动工具拉蚂蚁的Pelvis【胯部】，把蚂蚁拉回之前待机时的高度。同时调整蚂蚁眼睛的虚拟体，让蚂蚁注视着手机屏幕，如图25-42所示。

STEP 16 在第9~15帧的时候，使用移动工具让蚂蚁重心，也就是Pelvis【胯部】向后靠，同时蚂蚁的右脚向后伸出支撑身体新的重心，左脚保持不动，如图25-43所示。

图25-42

图25-43

技术提示： 用移动工具移动蚂蚁的脚的时候，移动的是蚂蚁右脚的IK目标体——RLegPlatform，而不是去移动蚂蚁的脚部骨骼。

STEP 17 在第15~20帧和第20~25帧的时候分两个阶段，使用移动工具让蚂蚁向后伸出的右脚着地，同时让Pelvis【胯部】重心向下压，如图25-44所示。

STEP 18 在第25~40帧的时候使用移动工具略微向前移动蚂蚁的Pelvis【胯部】，同时使用旋转工具也略微旋转调整身体其余部位配合这个动作。这个动作是在表现蚂蚁正在用手机去对准一个二维码，如图25-45所示。

图25-44

图25-45

STEP 19 在第40~60帧的时候使用移动工具和旋转工具适度向上调整蚂蚁的体态,让它开始有一个自下而上的扫码的动作,这个动作可以做得略微夸张一些,以便观众看明白它在干嘛,如图25-46所示。

图25-46

STEP 20 在第60~75帧的时候,让蚂蚁从扫码的姿态回到原地站立的姿态,所不同的是这个时候蚂蚁的左手需要有一个食指伸出的动作,因为这是蚂蚁扫完码以后,要去按确认的准备动作,如图25-47所示。

图25-47

STEP 21 在第75~89帧的时候,使用移动和旋转工具把蚂蚁右手拿手机的手指和左手点确定的手指向身体的中间靠拢,同时旋转蚂蚁CAT骨骼的头部、胸部等部位去配合这个动作,需要做得有点含胸的样子,如图25-48所示。

图25-48

STEP 22 在第89~95帧的时候让蚂蚁动作大体上保持不变,只使用移动和旋转工具将蚂蚁去点确定的左手食指在手机屏幕上做一个滑动的动作，表示蚂蚁单击过了，如图25-49所示。

图25-49

STEP 23 在第95~115帧这段时间使用旋转和移动工具把蚂蚁的姿态调整成看着观众，然后扫码成功，开心地伸出左手，做一个胜利的手势即可，如图25-50所示。

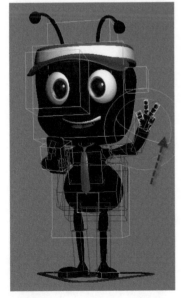

图25-50

STEP 24 关闭Auto Key【自动关键帧】，给场景中架设四盏灯，左右两盏灯是轮廓灯，为Vray的平面灯光，顶部的Omni【泛光灯】是体积光，负责给蚂蚁照明体积，在蚂蚁的底部还有一盏Vray的平面灯光，用来给蚂蚁的下方制造一些反光的效果，如图25-51所示。

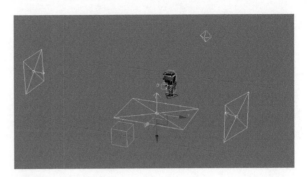

图25-51

技术提示： 由于本案例中蚂蚁是踩在地面上的，所以蚂蚁底部的灯光如果要想起作用的话，必须点击其灯光命令面板的Exclude【排除】按钮，在排除对话框中将地面排除出它的照明才行，如图25-52所示。

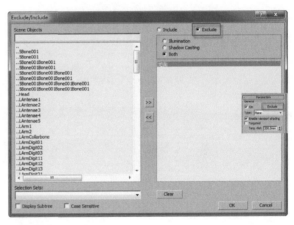

图25-52

STEP 25 渲染图像，得到蚂蚁扫码的渲染图，如图25-53所示。

图25-53